汉译世界学术名著丛书

近代物理科学的形而上学基础

〔美〕埃德温·阿瑟·伯特 著

张卜天 译

商务印书馆
创于1897 The Commercial Press

Edwin Arthur Burtt

THE METAPHYSICAL FOUNDATIONS OF MODERN PHYSICAL SCIENCE

A Historical and Critical Essay

Copyright © 2003 by Dover Publications

根据美国多佛出版社 2003 年版译出

埃德温·阿瑟·伯特

(Edwin Arthur Burtt,1892—1989)

汉译世界学术名著丛书
出 版 说 明

我馆历来重视移译世界各国学术名著。从20世纪50年代起,更致力于翻译出版马克思主义诞生以前的古典学术著作,同时适当介绍当代具有定评的各派代表作品。我们确信只有用人类创造的全部知识财富来丰富自己的头脑,才能够建成现代化的社会主义社会。这些书籍所蕴藏的思想财富和学术价值,为学人所熟悉,毋需赘述。这些译本过去以单行本印行,难见系统,汇编为丛书,才能相得益彰,蔚为大观,既便于研读查考,又利于文化积累。为此,我们从1981年着手分辑刊行,至2020年已先后分十八辑印行名著800种。现继续编印第十九辑,到2021年出版至850种。今后在积累单本著作的基础上仍将陆续以名著版印行。希望海内外读书界、著译界给我们批评、建议,帮助我们把这套丛书出得更好。

商务印书馆编辑部
2020年7月

目　录

前言 …………………………………………………………………… 1
修订版前言 …………………………………………………………… 3
第一章　导论 ………………………………………………………… 5
　第一节　近代思想的本性所暗示的历史问题 ………………… 5
　第二节　近代科学的形而上学基础：此问题之关键 ………… 16
第二章　哥白尼和开普勒 ………………………………………… 28
　第一节　新天文学的问题 ……………………………………… 28
　第二节　前哥白尼时代数学进步的形而上学意义 ………… 34
　第三节　哥白尼步骤的根本意涵——毕达哥拉斯主义的
　　　　　复兴 …………………………………………………… 44
　第四节　开普勒对新世界体系的早期接受 ………………… 49
　第五节　对新形而上学的最初表述——因果性、量、第一
　　　　　性质和第二性质 ……………………………………… 57
第三章　伽利略 …………………………………………………… 67
　第一节　"位置运动"的科学 …………………………………… 67
　第二节　自然作为数学秩序——伽利略的方法 …………… 70
　第三节　第二性质的主观性 …………………………………… 79
　第四节　运动、空间和时间 …………………………………… 87
　第五节　因果性的本质——上帝与物理世界——实证主义 … 94

第四章　笛卡儿 …………………………………………… 102
第一节　数学作为知识的钥匙 ………………………… 103
第二节　对物理宇宙的几何构想 ……………………… 108
第三节　"广延实体"与"思想实体" …………………… 113
第四节　心身问题 ……………………………………… 119

第五章　17世纪的英国哲学 ……………………………… 123
第一节　霍布斯对笛卡儿二元论的攻击 ……………… 124
第二节　对第二性质和因果性的处理 ………………… 128
第三节　摩尔的作为精神范畴的广延概念 …………… 134
第四节　"自然精气" …………………………………… 140
第五节　空间作为神的在场 …………………………… 143
第六节　巴罗关于方法、空间和时间的哲学 ………… 150

第六章　吉尔伯特和波义耳 ……………………………… 163
第一节　非数学的科学潮流 …………………………… 164
第二节　波义耳作为科学家和哲学家的重要性 ……… 168
第三节　对机械世界观的接受和捍卫 ………………… 173
第四节　定性解释与目的论解释的价值 ……………… 178
第五节　对第二性质实在性的强调——人的观念 …… 181
第六节　对人类知识的悲观看法——实证主义 ……… 186
第七节　波义耳的以太哲学 …………………………… 191
第八节　上帝与机械世界的关系 ……………………… 195
第九节　对牛顿之前发展的总结 ……………………… 204

第七章　牛顿的形而上学 ………………………………… 209
第一节　牛顿的方法 …………………………………… 209
　　1. 数学方面 ……………………………………… 211

目 录

  2. 经验方面 ··· 214

  3. 对"假说"的攻击 ··· 217

  4. 牛顿对数学和实验的结合 ································ 222

 第二节 实证主义学说 ··· 229

 第三节 牛顿关于世界以及人与世界之关系的总体
     观念 ·· 233

 第四节 空间、时间和质量 ·· 242

  1. 质量 ··· 243

  2. 空间和时间 ·· 247

  3. 对牛顿时空哲学的批判 ································ 260

 第五节 牛顿的以太观念 ·· 269

  1. 以太的功能 ·· 270

  2. 牛顿的早期思辨 ·· 274

  3. 提出一种更确定的理论 ································ 284

 第六节 上帝——世界秩序的创造者和维护者 ··········· 289

  1. 作为神学家的牛顿 ······································· 290

  2. 上帝在宇宙体系中的现时职责 ······················ 297

  3. 牛顿有神论的历史关联 ································ 303

第八章 结论 ··· 310

参考书目 ··· 334

索引 ··· 350
译后记 ·· 360

前 言

本书所要处理问题的一般范围在导论中已有充分说明。这里只需补充一点:由于要承担哥伦比亚大学的一门英国哲学史的高等课程,我才把注意力转向这个问题的深刻意义。对英国古典思想家的深入研究早就告诉我,只有掌握了一个英国人的哲学,才可能指望理解他们工作背后的动机,这个英国人在近代的权威和影响堪比亚里士多德在中世纪晚期的权威和影响,这个人就是艾萨克·牛顿爵士。

我要特别感谢哥伦比亚大学的哲学系主任伍德布里奇(F. J. E. Woodbridge)教授教诲的激励,以及他本人对牛顿哲学批判性的兴趣;感激这一领域的权威——纽约城市学院的科恩(Morris R. Cohen)教授;感谢小兰德尔博士(Dr. J. H. Randall, Jr.),他在这一领域的广泛研究使他的批评非常有助益;最后要感谢我的妻子,没有她的忠实陪伴与合作,这项工作就不可能完成。

还要说一下本书中的引文。由于我处理的主要是尚未翻译过来的原始材料,所以我必须为如下作者的著作翻译负责:哥白尼(除了致教皇保罗三世的信,那封信我使用了 Dorothy Stimson 在其 *Gradual Acceptance of the Copernican Theory of the Universe* 中的译文)、开普勒、伽利略(除了他的《关于两大世界体系的对话》和《关于两门新科学的谈话和数学证明》,在那些地方我引用了已经注明的译文)、笛卡儿(取自其著作 Cousin 版的所有引文)、摩尔的《形而上学手册》、巴罗和牛顿(取自其著作的 Horsley 版 Vol. IV, pp. 314 - 20 的引文)。其余引文则取自本领域已有的译本。

衷心感谢我的朋友和同事——芝加哥大学的史密斯(T. V. Smith)教授,他与我分担了阅读校样的工作。

E. A. 伯特
于芝加哥大学

修订版前言

要是我能带着对牛顿时代以来科学界所发生变化的清晰把握,特别是根据当前物理学中发生的转变来重写本书,那该多好!作为对这种想法的替代,我听从别人的劝告,决定只对整部著作做很少的修改。在过去的6年间,我所熟悉的历史研究似乎并没有要求对本书的考察作本质性的改变。

不过,结论一章几乎全部重写。它原先的重点已经不再符合我目前的哲学线索,它无法恰当地显示出历史研究的教益,从而为当代思考提供中肯的建议。

E. A. 伯特

于斯坦福大学,加州

1931年11月

第一章 导 论

第一节 近代思想的本性所暗示的历史问题

我们近[现]代人思考世界的方式是多么奇特啊！而且,它也太过新颖。构成我们心理过程之基础的宇宙论只有三百年的历史,它还只是思想史中的一个婴儿,可我们却像年轻的父亲爱抚他的新生儿一样热情而又窘迫地眷恋它。像这位父亲一样,我们对这个新生儿的本性一无所知,却虔诚地视之为自己的亲生骨肉,允许它以微妙的方式无拘无束地全面控制我们的思想。

任何一个时代的世界观都能以各种不同的方式被觉察到,但最好是看看在当时的哲学家那里反复出现的问题。哲学家们从未成功地步出他们那个时代的观念之外,以便对其进行客观审视——事实上,这未免期望过高了。剪短头发以引人注目的少女们同样不会透过老修女的眼光来看待自己。但哲学家的确成功瞥见了当时的形而上学概念所牵涉的一些问题,并以多少有些徒劳的方式对这些问题进行了思索,且获得了天真的愉悦。让我们以这种方式检视一下近代世界观。对哪些问题的正确处理被普遍认为是形而上学思想家理所当然的主要任务呢？嗯,最明显的是所谓的知识问题。自笛卡儿以来,思辨研究的主流一直渗透着这样一种信念:研究知识的本性和可能性是成功处理其他基本问题的必要前提。那么,这种局面是如何产生的?当人们沉浸在这些深奥的认识论思考之中时,他们正在接受什么假定?这些假定又是如何进入人们的思维之中的?当然,在一个人人都坚信哲学必须做这种事情的时代,提出这样的问题是不合时宜和徒劳的,可是既然一些当代哲学家已经大胆地抛弃了认识论,认为它研究的是不真实的难题,那么提出这些问题的时机也就成熟了。知识问题是否把思想引入了错误的方向,因不可靠的前提而导致结论无效?这些前提是什么?它们是如何与近代思想的其他本质特征相联系的?到底是什么东西在诱使近代人以这种方式进行思考?认识论在近代哲学中的中心地位绝非偶然。它很自然地源于一种更加普遍和重要的东西,那便是关于人本身尤其是人与周围世界之间关系的观念。对于在中世纪占主导地位的哲学来说,知识并不成其为一个问题。人们理所当然地认为,人的心灵可以理解整个世界。后来知识开始被视为一个问题,这意味着人们被引导着接受了某些关于人的本性和人试图理解的事物的不同信念。这些信念是什么?它们在近代是如何出现和发展起来的?它们以什么方式迫使思想家们做出那些充斥于近代哲学著作的形而上学尝试?那些诋毁认识论的当代思想家本人真能完全客观地看待整个过程吗?总而言之,为什么近代思想的主流是这个样子?

在以这种笼统的方式谈及"近代思想的主流"时,必须补充一句,以表明我们并未盲目陷入某种明显的危险。近代哲学真正有建设性的观念很可能根本不是宇宙论观念,而是诸如"进步"、"控制"之类的伦理-社会概念。这些概念的确是解释近代思想的一把迷人的钥匙,它们所呈现的近代思想与我们在追究它的形而上学概念时它所呈现的轮廓相当不同。但在这里,我们并不关心近代思想的那一方面。归根结底,一个时代形成的关于世界本性的基本图景才是它所拥有的最根本的东西。这种图景最终控制着一切思想。我们很快就会看到,和以往任何一个时代一样,近代心灵显然也拥有这样一幅基本图景。那么,这幅图景的本质要素是什么,它们又是如何出现在那里的呢?

在今天如此自信地开始进行的所有发生学研究中,近代科学思维本身的确切本性和假定并未成为真正不偏不倚的批判性研究的对象,这无疑没有什么神秘的。之所以如此,不仅是因为(这本身也足够重要)我们都很容易受制于我们这个时代的看法,会不加质疑地接受它的主要预设,而且也是因为我们的心灵会把权威主义原则与近代思想成功叛离的占统治地位的中世纪哲学联系在一起。近代思想家异口同声地强烈谴责外在权威把大量命题强加给天真无辜的心灵,以至于人们很容易理所当然地认为这些命题本身极不可靠,而新的自由原则背后的基本假定、如何在自由原则支持下成功地寻求知识以及在寻求知识的过程中似乎涉及的关于世界的最一般结论则是有充分根据的。但我们有什么权利把所有这一切当成可靠学说呢?我们能够证明它是正当的吗?我们清楚它的含义吗?这里我们确实需要对近代思想所特有的那些基本假定的兴起作一种批判性的历史研究。至少,它将迫使我们对自己的思想假定和方法做出更加客观的洞察,以代替那种轻松的乐观主义。

让我们试着尽可能精确地初步确定中世纪思想与近代思想关于人与自然之间关系的基本的形而上学对比。对于中世纪思想的主流来说,人在宇宙中占据着一个比自然界更重要也更具决定性的位置,而对于近代思想的主流来说,自然却占据着一个比人更独立、更具决定性和更为持久的位置。更具体地分析一下这种对比也许是有益的。对于中世纪来说,人在任何意义上都是宇宙的中心。整个自然界被认为在目的论上从属于人及其永恒命运。在中世纪的综合中统一起来的两大潮流——犹太-基督教神学和古希腊哲学——已经不可避免地导向了这一信念。这一时期盛行的世界观持有一种深刻而持久的信念,即拥有希望和理想的人是宇宙中至关重要乃至起支配作用的事实。

这种观点构成了中世纪物理学的基础。整个自然界被认为不仅是为人而存在,而且也直接呈现于人的心灵,并且能为人的心灵完全理解。因此,用来解释自然界的范畴不是时间、空间、质量、能量等等,而是实体、本质、质料、形式、质、量——这些范畴是在尝试为人对世界的独立感觉经验以及对世界的主要利用过程中觉察到的事实和关系赋予科学形式时发展起来的。在获取知识的过程中,人被认为是主动的,而自然则是被动的。人在观察到远处的物体时,是某种东西从眼睛发出到达物体,而不是从物体到达眼睛。当然,关于对象的真实的东西是那些能被人的感官直接感知的东西。看似不同的东西就是不同的实体,例如雪、水和蒸汽。同样的水对一只手热,对另一只手冷,这个著名的难题对于中世纪物理学来说是一个真正的困难,因为对中世纪物理学来说,热和冷是迥异的东西,同样的水怎么可能既热又冷呢?能为感官所区分的轻和

第一章 导论

重被认为是同样真实的迥异的性质。同样,在目的论方面,按照事物与人的目的关系而作的解释与按照动力因果性(表示事物之间的关系)而作的解释被认为同样真实,甚至往往比后者更重要。雨因为要养育人的庄稼而下落,这与因为在云中受推挤而下落同样真实。源于目的活动的类比被大量运用。轻物,比如说火,倾向于上升到它们的固有位置;重物,比如说水或土,则倾向于下落到它们的固有位置。量的差异正是源于这些目的论区分。由于较重物体的下落倾向比较轻的物体更强,所以如果允许自由下落,则较重的物体将更快地到达地面。水中的水被认为没有重量,因为它已经处于其固有位置。我们无需再举更多的例子便足以表明中世纪科学从多个方面为其预设提供了证据,这条预设就是:拥有认识手段和需要的人是世界中起决定作用的事实。

此外,人们理所当然地认为,人所栖息的这个地球处于天文学领域的中心。除少数几位大胆的思想家以外,从未有人想过在天文学中把地球以外的点选为参考点是否正当。地球似乎是一个巨大而坚实的寂静无声的东西,星空则像是一个轻柔飘渺、不太遥远的球体在毫不费力地围绕地球运转。即使是古代最敏锐的科学研究者也不敢提出,太阳与地球的距离只有实际距离的1/20。让这些有规律的发光体围绕着人的栖息地旋转,简言之是为了人的愉悦、教诲和使用而存在,这难道不是最自然的事情吗?整个宇宙是一个不大的有限处所,它是人的处所。人占据着中心,自然界主要是为人而存在的。

最后,这个可见宇宙本身无限地小于人的领域。中世纪思想家从未忘记他的哲学是一种坚信人的不朽命运的宗教哲学。亚里士多德所说的不动的推动者与基督教的上帝合为一体。存在着一种永恒的理性和大爱,他既是整个宇宙体系的创造者也是其目的,人作为一种理性的、爱的存在者本质上近乎于他。这种相似性在宗教体验中得到了揭示,而对中世纪哲学家来说,宗教体验是最高的科学事实。理性已经与神秘主义的灵性和出神联姻。一个人最圆满的时刻便是心醉神迷地、不可言喻地瞬间看到上帝,也正是在这一时刻,人的整个认识获得了最终的意义。自然界存在着,人可以认识它,享有它。继而人存在着,他可以"认识上帝,永远享有上帝"。对于中世纪哲学来说,在人与永恒的理性和大爱之间的这种被赐予的相似性中存在着一种保证:现有的整个自然界只是一场横贯古今的伟大神剧中的一个瞬间,人在这场神剧中的地位坚不可摧。

让我们借助于中世纪哲学所造就的卓越诗作——但丁的《神曲》中的一些诗句来生动地表明这一切。事实上,《神曲》只是以崇高的形式表达了那种流行的信念,即宇宙本质上具有人的特性。

万物原动者的荣光照彻宇宙,反光强弱,因地而异。

我曾去过那受光最多的天体,看到了回到人间的人无法也无力重述的事物。

因为越接近向往的东西,就越深入其中,记忆力再无法追溯它的痕迹。

虽然如此,我仍要把在神圣王国珍藏在心中的一切组成我吟咏的题材……

我们的官能在那里能做到许多在人间做不到的事,因为

第一章 导论

那个地方是作为人类本来的住处创造的……

万物之间井然有序;这是使宇宙和上帝相似的形式。

在这秩序中,高级创造物看到"至尊者"的足迹,这"至尊者"便是这秩序所力求达到的目的。

在我所说的秩序中,万物皆根据各自不同的命运而有不同的倾向,因为有的距本原较近,有的距离较远;

因此,它们在宇宙万物的大海上,凭借各自天赋的本能,向着不同的海港行驶而去。

这本能使火向月天上升,让必有一死的造物心中升起动力,把泥土聚在一起紧紧粘合。

这弓弦上的箭不仅射那些缺乏理智的造物,就连那具有理智和爱的造物也会射出……

那原始的、难以形容的能力,怀着他和圣子永恒产生的爱,凝望着他的儿子,

创造出由天使们的理智推动的在空间中旋转的秩序井然的诸天,凡观天者莫不感知这能力。

因此,读者啊,同我一起举目眺望那些高远的天轮,正视那一种运动和另一种运动交叉之处;

从那里深情地凝望那位巨匠的技艺,他心中那么热爱这件作品,甚至不能把目光从那里挪移。

你看那负载行星的倾斜环带,像树杈一般从那里分出来,以满足向行星呼吁的人世;

若是它们的轨道不那么倾斜,诸天中的好多功能都将失效,地上几乎一切潜能都会死亡;

若是偏离那直路更远或更近,整个宇宙不论在上或在下,都不会秩序井然。

关于但丁与上帝最终的神秘合一是这样描述的:

至高无上的光芒啊,你如此超乎凡人思想之上,请重新让你当时显现给我的形象稍微浮上我的脑海,

并给予我的言语以力量,让我至少能把你万丈荣光中的一粒火花传给将来的人们……

我相信,我那时忍受的活生生的光极为强烈,假如当时我的眼睛从它那里移开,我一定会迷失在茫茫一片黑暗中。

我记得,我那时曾壮着胆子尽量久久观望那光芒,使我的观照与无限的善结合。

无比浩荡的天恩啊,依靠你,我才敢于长久仰望那永恒的光明,直到我的眼力在那上面耗尽!

在那光明的深处,我看到分散在全宇宙的书页被结集在一起,为爱装订成一卷;

实体与偶性,以及其间的关系,仿佛不可思议地糅合融化在一起,使我所讲的仅仅是真理的一线微光而已……

我的心就这样全神贯注、坚定不移、固定不动、专心致志地凝望着,并在凝望中辉煌起来。

面对着那辉煌灿烂的光明,人就变成如此幸福,以至于永不肯从那里移开目光去看别的景象。

因为善,那意志所追求的目标,完全集中在那光明里,凡

第一章 导论

在其中的都完美,在其外的都有缺陷……

哦,永恒的光啊,只有你在你自身之中,只有你知道你自身,你为你自身所知道而且知道你自身,你爱你自身并对你自身微笑!

那个在你里面显现出来的圈环,仿佛只是作为反射的光产生的,当我用眼睛稍加注视的时候,

我似乎看到用它自己的颜色,在它本身里面绘成了人像,因此我的视线完全集中于这人像上面。

如同一个几何学家专心致志地测量圆周,为了把圆画成等积的正方形,绞尽脑汁也找不到他所需要的原理;

我对于那新奇的景象也是如此;我想知道那人像如何同那圈环相符,又如何把自己安放其中;

但是我的翅膀飞不了这样高,忽然我的心被一道闪光照亮,在这道闪光中它的愿望便得以满足。

要达到那崇高的幻想,我力不胜任;但是我的欲望和意志已像均匀转动的轮子为爱推动——

这爱推动着太阳和其他星辰。①

让我们把这些诗句与当代颇具影响力和代表性的一位哲学家的文字作一比较,后者相当极端地表达了在现时代广为流行的关于人的学说。在引用了梅菲斯特对创世的说明(把创世描述成一

---

① 选自 *Paradiso*, Cantos I, X, and XXXIII, Temple Classics edition。

个相当无情和任性的存在者的行为)之后,这位哲学家继续说:[1]

> 概而言之,这就是科学让我们相信的世界,它甚至更没有目的,更没有意义。在这样一个世界中,我们的理想从今以后必须找到一个归宿。人是各种无法预知结果的原因的产物。他的孕育和成长,希望和恐惧,情爱和信念,都只是原子偶然聚合的结果。没有哪一种热情,没有哪一种英雄主义,没有哪一种强烈的思想和情感,能够维持个体生命不死。古往今来的所有辛劳,所有奉献,所有灵感,所有如日中天的人类天才,都注定要在太阳系的无边静寂中寂灭。而整个人类成就的殿堂,必然会无可避免地埋葬在宇宙废墟之下——这或许会引起争议,但所有这一切是如此地近乎确定,以至于任何否认它们的哲学都不能指望站得住脚。从此以后,只有在这些真相的脚手架之中,只有在彻底绝望的坚实基础之上,灵魂的居所才能安全地构筑起来……
>
> 人的生命是短暂而脆弱的。缓缓袭来的死亡会冷酷而黑暗地降临到他和他的同类身上。那种无视善恶、不顾及毁灭的全能的东西正以无情的方式运作着。对人来说,今天被宣判要失去他的至爱,明天就亲自穿过黑暗的大门。在灾难降临之前,他唯有珍视那些使其短暂生命变得高贵的崇高思想;鄙视命运奴隶的怯懦恐慌,而去崇拜自己亲手建立的圣所;不

---

[1] Bertrand Russell, *A Free Man's Worship* (Mysticism and Logic), New York, 1918, p. 46, ff.

因为偶然性的主宰而泄气,保持心灵的自由,不受统治其外在生活的蛮横暴虐的束缚;自豪地藐视只能暂时容忍其认识和谴责的不可抗拒的力量,就像精疲力竭但却顽强不屈的阿特拉斯(Atlas)①那样,不顾无意识力量的蹂躏践踏,独自支撑起以自己的理想塑造出来的世界。

这种观点与但丁那种沉着、静观且无限自信的充满热情的哲学形成了多么强烈的反差啊!在罗素看来,人只是盲目而漫无目的的自然界偶然的临时产物,是其行为无关紧要的旁观者,仿佛未经许可而闯入了她的领域。②在宇宙的目的论中,人的地位并不高。他的理想、希望和神秘狂喜,都只是他自己误入歧途的热情想象的创造,在一个通过时间、空间和无意识的(尽管是永恒的)原子进行机械解释的实际世界中,这些东西毫无地位和用处。他的地球母亲只是无限空间中的一粒微尘,即使在地球上,人的地位也无足轻重,而且岌岌可危。总之,人任由一股冷酷无情的力量摆布着,这股力量无意中使他应运而生,但可能很快就会不知不觉地熄灭他生命的小蜡烛。人和人所珍爱的一切都会渐渐"埋葬在宇宙废墟之下"。

这当然是一种极端的立场;与此同时,在这种宇宙论的基调之

---

① 阿特拉斯:希腊神话中以肩顶天的壮汉。提坦巨人伊阿珀托斯和仙女克吕墨涅(或亚细亚)之子,普罗米修斯的兄弟。据希腊诗人赫西俄德的说法,阿特拉斯是提坦巨人之一,曾参加过反对宙斯的战争,为此他受到惩罚,被判将天空高高举起。——译者

② 在这些方面,罗素现在的立场已经不再那么极端。(修订版)

下,反思性的近[现]代人难道不觉得这种状况分析越来越有说服力吗？诚然,总有一些人试图回避宇宙论,也有一些唯心论哲学家和更多热衷于宗教的人信心十足地持有不同的观点。然而,即使在他们之中,难道不是也有一种非常隐秘的恐惧吗？他们担心,如果绝对坦率地面对真相,上述信念将是不可避免的。因为这些状况和所有其他状况一样也是有道理的。无论如何,思辨显然一直在朝着这个方向运动：正如在中世纪的思想家看来,认为自然从属于人的认识、目的和命运是完全自然的；现在,人们也自然而然地把自然看成独立自足地存在和运作,而且就人与自然的基本关系是完全清楚的而言,人们也自然而然地认为,人的认识和目的是由自然以某种方式造就的,人的命运完全取决于自然。

第二节 近代科学的形而上学基础：此问题之关键

今天,除非了解了理性思想主流中这种真正的剧变在历史上是如何产生的,否则很难真正做哲学。这恰恰就是我们想问的问题。然而（这正是有趣的地方）,当问题以这种方式提出时,我们很快就意识到,对近代哲学——亦即近代哲学史上那些著名人物的著作——的研究对于回答这个问题帮助不大。因为至少是从贝克莱和莱布尼茨的工作开始,近代形而上学拥有一条不同于其认识论兴趣的更重要的线索,它在很大程度上是对这种关于人与自然之间关系的新看法的一系列不成功的反抗。贝克莱、休谟、康德、费希特、黑格尔、詹姆士和柏格森,所有这些人都热情地力图恢复

第一章 导论

具有崇高精神要求的人在宇宙体系中原有的重要地位。这些努力一再更新,但总是无法彻底令人普遍信服,这表明他们正在攻击的这种看法是多么深入人心。现在,我们也许比以前任何一个时代都更容易发现,那些首先渴望在思想上诚实的哲学家眼看就要放弃这场战斗,投降认输。现在,有一种在相关要点上与罗素哲学类似的哲学把自己大胆地称为"自然主义",这种哲学暗示,只要坦率地面对事实,内心不作蓄意歪曲,正常人就必定会默然接受他所得出的结论。

这些努力为何会失败呢?一个可能的回答当然是,它们从一开始就注定不会有什么结果,对人与自然之关系的近代看法虽然从未以这种形式得到承认,但它毕竟是真相。人容易不切实际地过高评价自己,容易轻信一些溢美之辞,说他在时代戏剧中至关重要。由人性的这个可悲特征也许可以很好地解释,为什么几乎在所有时代和所有地方(甚至在理论兴趣已经很强的地方)产生的各种占统治地位的思潮中,人都容易幻想有某种东西埋藏在事物的永恒结构之中,它比关系不断变化的物质微粒更接近于人本身之中最宝贵的东西。对追求事物的真相怀有崇高激情的希腊人的科学哲学之所以会达成一种高贵的人的哲学,也许是由于某些思想史家所强调的一种状况,即希腊形而上学是通过把处理个人和社会状况时所运用的概念和方法有意识地扩展到物理领域而达到了顶峰。这或许是因为把某一个领域中非常正当的观点错误地运用于整个宇宙所致。这种误用归根结底是基于一种没有根据的假定:由于人能够认识和运用其世界的各个部分,因此他那个世界就有了某种根本而永恒的不同。

然而,对于这个问题或许还有另一种可能的回答。随便考察一下中世纪和近代处理形而上学困难的方法便可明显看出,它所使用的基本术语已经彻底转变。我们现在不是用实体、偶性与因果性、本质与理念、质料与形式、潜能与现实来处理,而是用力、运动、定律、时间和空间中的质量变化等等来处理。翻翻任何一位近代哲学家的著作,都会注意到这种转变已是多么彻底。当然,一般哲学著作可能不大会使用像质量这样的术语,但作为基本解释范畴的其他术语却充斥于这些著作的字里行间。尤其是,那些惯于通过空间与时间来思考的近代人很难意识到这些东西对于经院科学来说根本无关紧要。空间关系和时间关系是偶然特性,而非本质特性。经院学者不是去寻求事物的空间关联,而是寻求它们的逻辑关联;想到的不是时间的前进,而是从潜能到现实的永恒过渡。而近代哲学家的巨大难题却都与空间和时间有关。休谟对如何可能知道未来感到好奇,康德强行解决了空间和时间的二律背反,黑格尔为了把存在的冒险(adventures of being)变成一个不断展开的浪漫故事(developing romance)而发明了一种新逻辑,詹姆士揭示了一种关于"流"的经验主义,柏格森要求我们直觉地跳入那种作为实在之本质的绵延之流,塞缪尔·亚历山大(Samuel Alexander)则写了一部关于时间、空间和神性的形而上学论著。换句话说,近代哲学家显然一直在力图通过一种相对新颖的语言背景和新的思想潜流来作本体论探究。近代哲学之所以未能向人更多地保证他曾经如此自信地占据的在宇宙中的位置,也许是因为它无法经由这些变化了的术语来重新思考一种正确的人的哲学。或许正是在这种观念转变的掩护下,近代哲学已经不加批判地接受了某些重要的预设(要么表现为这些新术语所具有的含义,要么表现为随这些新术语悄然潜入的关于人及其知识的学说),这些预设因其本性已经使得借助它们来重新分析人与周围世界之间真实关系的努力不可能成功。

上一代的一些敏锐的思想家已经对这些科学观念做了强有力的分析和批判。他们自问,如果我们试图借助一种更加广泛的、解释更为一致的经验来彻底检查传统观念,这些观念需要作出怎样的改变?眼下,这种批判性的研究最强烈地体现在科学思想的主要概念所发生的极大转变,这一方面得益于像爱因斯坦这样天才的自然研究者所提出的激进的物理假说,另一方面则得益于像怀特海、布罗德(C. D. Broad)、卡西尔这样的科学哲学家力图重新塑造科学的方法和观点。① 这是目前科学哲学界所发生的最为及时和重要的事件。它们正在迫使人们追问一些比从前更加基本的问题,激励科学家们进入一种极为健康的怀疑论状态,从而对其思想的许多传统基础进行怀疑。但这些思想先驱们渴望完成的工作只是实际要做的工作的一部分。要想完成整项工作,不能只是着眼于确保物理科学能有一种一致的方法观念,也不能只是在当前

---

① 特别参见 A. N. Whitehead, *The Principles of Natural Knowledge*, Cambridge, 1919; *The Concept of Nature*, Cambridge, 1920; *The Principle of Relativity*, Cambridge, 1923; C. D. Broad, *Perception Physics, and Reality*, London, 1914; *Scientific Thought*, London, 1923; E. Cassirer, *Das Erkenntniss-problem in der Philosophie und Wissenschaft der neueren Zeit*, 3 vols, Berlin, 1906—20; *Substance and Function and Einstein's Theory of Relativity* (trans. by W. C. and M. C. Swabey), Chicago, 1923;亦参见 K. Pearson, E. Mach, H. Poincare 的早期研究。要想更完整地了解这个领域,参见 Minkowski, Weyl, Robb, Eddington 的著作。

这个科学成就的时代,当物理学范畴向我们显示意义时才对其进行认真分析。卡西尔错在前一方面,怀特海和布罗德则两方面都错了。这位极为敏锐的德国学者[指卡西尔]使我们获得了一种宏伟的历史透视,但在这种艰苦的努力中,却忘记了所研究的这场运动对于近代一般知识人宇宙论思想的普遍影响。而英国的批判者[指怀特海和布罗德]则更进一步,把本来需要(就像我们正在研究的当代问题那样)进行严格探究的过去许多东西当成理所当然的。[1] 我们不可避免会通过继承下来的概念来看待我们有限的问题,而这些概念本身本应是一个更大问题的组成部分。这些人在自己的著作中不加批判地继续使用一些传统观念,比如"外在世界",物理学家的世界与感觉世界之间的二分,心理学假定与生理学假定之间被视为理所当然的区分(如感觉与感觉活动之间的区分)等等,诸如此类的大量例子都很能说明问题。我们必须把问题挖得更深,明确聚焦于一个比所有这些人看到的问题都更加基本且更具普遍意义的问题。要想专心处理这个更广泛的问题,能够在上述那样的选项之间作出判定,唯一的方式就是批判性地考察这些科学术语在近代早期的使用和发展,特别是在它们第一次获得精确的确定性表述时对其进行分析。人们到底是如何开始通过时空中的物质原子,而不是按照经院哲学范畴来思考宇宙的呢?目的论解释(即通过用途和善进行的解释)到底是什么时候遭到明确抛弃,转而认为对人及其心灵以及其他事物的真正解释必须通过其最简单的部分来进行的呢?从 1500 年

---

[1] 这已经不再适用于怀特海。(修订版)

第一章 导论

至1700年间到底发生了什么从而完成了这场革命？在这场转变的过程中，又有哪些基本的形而上学含义被转移到了一般哲学之中？是谁以通行的、有说服力的方式阐述了这些含义？它们如何引导人们作出了像近代认识论那样的研究？它们对近代知识人的世界观产生了怎样的影响？

当我们开始把难题分解成诸如此类的特定问题时，我们意识到自己所提议的其实是一种颇受忽视的历史研究，亦即对近代早期科学的哲学尤其是艾萨克·牛顿爵士的形而上学进行分析。这种分析并非没有人做过，事实上，卡西尔教授本人就曾作过关于近代认识论的工作，在相当长的时期里，它都将是这一领域的一项里程碑式的成就。但还需要做一种更为彻底的历史分析。我们必须把握住整个近代世界观与之前世界观的本质差异，并把这种清晰设想的差异用作指导线索，以根据其历史发展挑选出每一个重要的近代预设进行批判和评价。此前从未有人为此目的作过这种范围的分析。这些考虑也清楚地说明，为什么不能像当今一些思想家天真希望的那样，只要在我们做哲学时大量利用进化生物学的范畴，就能避免这项艰苦的工作。至少在关于生命物质的专题论文中，这些范畴实际上已经有了取代机械论物理学的大量术语的趋势。但整个宏伟的近代科学运动本质上是一体的，后来的生物学和社会学分支从早先大获成功的力学中继承了基本假定，尤其是这样一条极为重要的假定：有效的解释必须总是通过关系发生规律性变化的微小的基本单元来进行。除了在一些最罕见的情形中，还要补充一个假定，即最终的因果性必须到物理原子的运动中去寻找。就生物学有其自身特殊的形而上学假定而言，这些假定还被其模糊的主要概念(如"环境"、"适应"等)掩盖着,所以必须花时间来揭示它们的特殊本性。要想对我们的问题给出总的回答,就必须转向近代科学的创造性时期,特别是17世纪。无论在英国还是欧洲大陆,牛顿之前的科学与牛顿之前的哲学都是同一场运动。科学就是自然哲学,这一时期有影响的人物既是最伟大的自然哲学家,也是最伟大的科学家。主要是由于牛顿本人,这两者才开始真正地区分开来。哲学大体上把科学看成是理所当然的,我们还可以用另一种方式来提出我们的中心论题:哲学家现在致力于解决的问题是否直接源于那种不加批判的接受?对牛顿工作的简要总结将会表明,这是很有可能的。

自牛顿时代以来,牛顿通常会被赋予双重的重要性。一般来说,他杰出的科学成就深刻影响了一般知识人的思维,其中最引人注目的是,通过把地球引力与天体的向心运动联系起来,他以人类科学的名义征服了天空。尽管牛顿的名声在今天很大,但我们很难想象18世纪整个欧洲对他的崇拜。如果我们相信那个时代大量的文献资料的话,那么在当时的人看来,像发现运动定律和万有引力定律这样的成就代表着心灵的一种无与伦比的重要胜利,古往今来,这种胜利只可能降临到一个人身上——这个人就是牛顿。作为牛顿《自然哲学的数学原理》(*Philosophiae Naturalis Principia Mathematica*)第三版的编者和无数评注者之一,亨利·彭伯顿(Henry Pemberton)宣称:"出于对这位伟人惊人创造的仰慕,我认为他不仅会为他的祖国增添荣耀,甚至还给人性带来了光荣,因为他把我们能力中最伟大、最尊贵的部分,即理性,扩展到了在他之前似乎完全超出了我们有限能力范围之外的那些主题。"①其他有科学头脑的人的仰慕可见于洛克为自己指定的角色,他说自己在这位"无可比拟的牛顿先生"旁边只能"打打下手,做做清洁地面、扫除知识道路上一些废物的工作"。② 也可见于拉普拉斯的那段著名颂词,他指出,牛顿不仅是一切时代最伟大的天才,而且也是一切时代最幸运的天才,因为只有一个宇宙,在世界历史中只可能有一个人成为宇宙规律的解释者。像亚历山大·蒲柏(Alexander Pope)那样的文学家以著名的对句表达了对这位伟大科学家的普遍尊崇:

> 自然和自然律隐没在黑暗中。
> 神说:让牛顿去吧!万物遂成光明。③

而以牛顿名义发展起来的新权威主义,虽然贝克莱在《捍卫数学中的自由思考》(*Defence of Free Thinking in Mathematics*)中作了猛烈攻击,但像乔治·霍尼(John Horne)这样的热心研究者在20年后依然对其深感痛惜:

> 对艾萨克爵士的偏见实在太大,可以说已经破坏了其事

---

① *A View of Isaac Newton's Philosophy*, London, 1728, Dedication to Sir Robert Walpole.
② *Essay Concerning Human Understanding*, Epistle to the Reader.
③ 为威斯敏斯特教堂牛顿之墓所作铭文。*Poetical Works*, Glasgow, 1785, vol. II, p. 342.

业的意图,其著作妨碍了他们意欲推进的知识。艾萨克·牛顿爵士已经把哲学推到了它所能达到的顶峰,并且在数学证明的坚实基础之上建立起了一个物理学体系,这已是尽人皆知的。①

这些有代表性的引文揭示了在牛顿的领导下,欧洲知识阶层的心灵中已经创造出一种新的背景。一切问题都必须重新加以审视,因为一切问题都要参照这种新的背景来看待。

研究物理科学史的学者还会赋予牛顿更进一步的重要性,一般人很难认识到这一点。他会把这位英国天才看成发明某些科学工具的领军人物,这些科学工具是像微积分那样卓有成效的进一步发展所必需的。他会发现牛顿第一次明确表述了实验方法与数学方法的统一性,精确科学随后的所有发现都例证了这种统一性。他会注意到在牛顿那里,实证的科学研究与目的因的问题发生了分离。也许最重要的是,从精确科学家的观点来看,牛顿利用了像力和质量这样的模糊术语,但赋予它们一种作为"定量的连续体"(quantitative continua)的精确含义,使得通过运用这些术语,物理学的主要现象变得可以用数学来处理。正是由于这些非凡的科学成就,牛顿以后一个世纪的数学和力学似乎主要都是在努力吸收他的工作成果,并把他的定律应用于各种各样的现象。正是由于牛顿的辛勤工作,物体变成了在他定义的力的作用下在空间和时间中运

---

① *A Fair, Candid, and Impartial State of the Case between Sir Isaac Newton and Mr. Hutchinson*, Oxford, 1753, p. 72.

动的质量,其行为现在可以通过精确的数学而得到完整的说明。

然而,牛顿之所以极为重要还有第三个理由。他不仅对力、质量、惯性等概念作了精确的数学运用,而且还为时间、空间、运动等旧术语赋予了新的含义,这些术语在牛顿之前并不重要,而现在却变成了人们思维的基本范畴。他对这些基本概念的处理,连同关于第一性质和第二性质的学说,关于物理宇宙的本性及其与人类知识之间关系的看法(所有这些都使一场已经大有进展的运动变得更有影响),总而言之,在对新科学的基本假定和成功方法的决定性表述中,牛顿正在自封为一个哲学家,而不像我们现在认为的是一个科学家。他正在为已经取得显著胜利的数学思想进展提出一种形而上学基础。这些形而上学概念主要直接包含在《自然哲学的数学原理》这部得到最广泛认可的牛顿著作中,实际上在任何一个地方,只要渗透了他的科学影响,就可以看到这些概念。而且,当牛顿把它们作为"附注"(Scholia)附加于引力定理时,它们也从这些定理清晰的可证明性中借来了一种可能并无正当理由的确定性。作为科学家,牛顿是无可匹敌的,但作为形而上学家,牛顿也许并非无可指摘。至少在实验工作中,牛顿试图小心翼翼地避免形而上学。他厌恶假说,他所谓的假说指的是不能由现象直接导出的解释性命题。与此同时,和那些杰出的先驱者一样,他又的确对诸如时间、空间和物质的本性以及人与认识对象的关系这样的基本问题给出或假设了确定的回答,正是这些回答构成了形而上学。他对这些宏大主题的处理——事实上,由于他崇高的科学威望,这种处理已经为整个学术界所容忍——被这种实证主义的外衣所掩盖,这本身可能已经成为一种危险。它很容易使一套未经批判即被接受的关于世界的观念悄悄潜入近代人所共有的思想背景之中。牛顿没有看清的东西,其他人也不容易仔细去分析。新科学的实际成就是不可否认的;而且,与现已不受信任的中世纪物理学有关的那套旧范畴不再是任何优秀思想家的备选方案。在这种情况下,我们很容易理解近代哲学为何会导致某些因为未对这些新的范畴和预设进行质疑而产生的难题。

现在,对后牛顿时代哲学家的深入研究很快便揭示出一个事实:他们很明显是按照牛顿的成就尤其是他的形而上学来做哲学。牛顿逝世时,莱布尼茨正在与牛顿的神学捍卫者塞缪尔·克拉克(Samuel Clarke)就时间和空间的本性进行激烈争论。贝克莱的《备忘录》(*Commonplace Book*)和《人类知识原理》(*The Principles of Human Knowledge*)以及《分析者》(*The Analyst*)、《捍卫数学中的自由思考》和《论运动》(*De Motu*)等较为次要的著作非常清楚地表明他把谁视为自己的死敌。[①] 休谟的《人类理解研究》(*Enquiry Concerning Human Understanding*)和《道德原理研究》(*Enquiry Concerning the Principles of Morals*)则频繁地提到牛顿。18世纪中叶法国的百科全书学派和唯物主义者都觉得自己是比牛顿本人更加一致的牛顿主义者。康德早年曾是热忱的牛顿研究者,他的第一批著作[②]主要就是为了把大陆哲学与牛顿科学

---

① 贝克莱著作最完整的版本是 A. C. Fraser, Oxford, 1871, 4 vols.。
② 特别是他的 *Thoughts on the True Estimation of Living Forces*, 1746; *General Physiogony and Theory of the Heavens*, 1755; *Monadolosia Physica*, 1756 和 *Inquiry into the Evidence of the Principles of Natural Theology and Morals*, 1764, 可见于他的著作的任何一个版本。

综合起来。黑格尔则写了大量著作对牛顿进行了犀利的批判。[①]当然,这些人并没有把牛顿当作绝对真理来接受。他们都批判了牛顿的一些观念,尤其是力和空间的观念,但都没有对在伟大的《自然哲学的数学原理》中得到最清晰表述的整个范畴体系作批判性的分析。他们之所以没能构建起一种令人信服且鼓舞人心的人的哲学,可能在很大程度上正是由于这一未经检验的残余。他们采用许多未经分析的术语和假定来思考,也许根本就无法获得这样一种辉煌成就。

让这个问题接受真理审判的唯一途径就是深入研究近代早期科学的哲学,从刚一开始出现就确定其关键假设,并把它们一直探究到在牛顿的形而上学段落中得到经典表述。本书便是一项旨在满足这一需要的简短的历史研究。我们的分析将会足够细致,以使各个人物能够充分表达自己,尽可能明确地展示其工作中所显示的真正兴趣和方法。到了最后,读者们将会更加清楚地理解近代思想的本性,更加准确地评判当代科学世界观的有效性。

让我们从第一位伟大的近代天文学家和新天文学体系的奠基者尼古拉·哥白尼的工作所暗示的某些问题开始这项研究。

[①] Hegel, *Phenomenology of Mind* (Baillie trans.), London, 1910, Vol. I, pp. 124, ff., 233 ff.; *Philosophy of Nature*, passim 和 *History of Philosophy* (Haldane trans.), Vol. III, 322, ff.。

第二章　哥白尼和开普勒

第一节　新天文学的问题

地球是一颗既绕轴自转又绕太阳公转的行星,而恒星则保持静止,为什么哥白尼和开普勒在这个新的假说得到任何经验证实之前就相信它是天文学宇宙的真实图景?从历史角度来看,我们从这个问题展开研究最为方便。

为了回答这个问题,我们不妨先问另一个问题:为什么与哥白尼同时代的神志正常的有代表性的思想家会把这个新的假说当作一种轻率的、毫无根据的先验思辨而加以拒斥?我们是如此习惯于认为对这位大天文学家的反驳主要是基于神学上的考虑(当然,这在当时大体上是正确的),以至于很容易忘记那些可能而且的确用来反对它的有说服力的科学证据。

首先,任何已知的天象都可以通过托勒密的方法来解释,其精确度足以满足不使用更现代仪器的人的期待。它对天文事件的预言误差并不超过哥白尼主义者的预言误差。和其他地方一样,在天文学中同样是"现实占有,诉十胜九"(possession is nine-tenths of the law)。任何明智的思想家都不会放弃一种久经考验的宇宙理论,而去支持一个新奇的方案,除非此方案能够获得一些重要的优势,而新方案在精确性上显然并没有优势。无论是根据托勒密的学说还是哥白尼的学说,都能正确地绘制天体运行图。

其次,对于这个问题,感觉证据似乎是非常明白的。在这个时候,人们还无法借助于望远镜实际观察到太阳上的黑子、金星的位相以及粗糙的月球表面——总之,还不能发现有说服力的证据表明这些天体本质上是由与地球相同的材料构成的,还不能确定它们到底有多远。感官必定无可争议地表明,地球是坚实不动的,而轻柔的以太和点点繁星则在不远处每日绕它顺畅地飘动。在感官看来,地球是巨大而稳定的东西,天则是稀薄的、没有阻力的、运动的东西,拂面的微风和摇曳的火光都能显示这一点。

第三,基于感官的这种据信不可动摇的证据,一种关于宇宙的自然哲学已经建立起来,它为人的思考提供了一种相当完整和令人满意的背景。土、水、气、火这四种元素正是人们思考无生命世界时所习惯使用的范畴。其升序不仅涉及实际的空间关系,而且与尊严和价值有关。这种思维模式必然涉及一个假定,即与地球相比,天体在品质上更高贵,且更容易运动。当把这些预先形成的印象与亚里士多德形而上学(它使这种天文学观念与迄今为止的整个人类经验保持总体和谐)的其他基本原理结合在一起时,提出一种极为不同的天文学理论必然会显得与人们业已获得的关于世界的所有重要认识相矛盾。

最后,在当时的天文学观测和力学科学的情况下,对这种新理论的某些特定反驳尚无法得到令人满意的回答。如果哥白尼学说是正确的,那么其中一些反驳(比如断言垂直抛到空中的物体必定会落到它的出发点以西很远)必须等到伽利略为近代动力学奠定了基础之后才能遭到驳斥,还有一些反驳(比如根据哥白尼的理论,恒星应该显示出一种周年视差,因为地球的位置每6个月就会改变186000000英里)则要等到弗里德里希·贝塞尔(Friedrich Bessel)1838年发现这种视差之后才能予以回答。在哥白尼时代,感觉不到任何恒星视差意味着,如果哥白尼学说是正确的,那么就必须认为恒星的距离极为遥远。绝大多数人根本不会接受这个结论,因为此距离实在是大得荒谬,根本不可信。而这只是这个完全得不到经验证实的新假说的许多正当推论中间的两个。

鉴于这些考虑,我们可以有把握地说,即使不存在针对哥白尼天文学的宗教顾虑,全欧洲的明智之士,特别是那些最具经验头脑的人也会宣称:呼吁接受一种无法抑制的想象力的仓促成果,而不是接受人们习惯的感觉经验在漫长岁月中逐渐建立起来的可靠归纳,这是愚不可及的。在当今哲学对经验主义的典型强调中,我们尤其应该注意这个事实。假如当代的经验主义者生活在16世纪,他们定会一马当先去嘲弄这种新的宇宙哲学,认为它不值得考虑。

那么,为什么面对着如此有份量的事实,哥白尼还会提出这种新的理论作为对地球与天体之间关系的真正解释呢?必定有某些强有力的理由打动了他,如果能够精确地确定这些理由,我们就会发现近代物理科学的哲学奠基石和基础结构。因为要想反对这些极为严重的反驳,他只能极力主张他的观念使天文学事实有了一种更简单、更和谐的数学秩序。说它更简单,是因为哥白尼体系只用34个本轮便能"拯救现象",而不是托勒密体系的大约80个本

第二章　哥白尼和开普勒

轮,所有那些因为假设地球静止而需要引入的本轮现在都被消除了。说它更和谐,是因为除月球以外,现在大部分行星现象都可以通过一系列围绕太阳的同心圆而得到很好的表示。但是面对着刚才提出来的那些实实在在的哲学反驳,这种更高的简单性与和谐性到底是什么呢?

在回答这一问题时,让我们简要地描述一下哥白尼思想背景中的相关情况以及它们在这一关键步骤上对哥白尼的影响。我们将会发现,回答主要见于那种背景的以下四个特征。

首先,古代和中世纪的观察者当然都已经注意到,在许多方面,自然似乎受到了简单性原则的支配。他们用谚语公理的形式记录下了其观察的要义,这些公理业已成为人们普遍接受的世界观的一部分。落体垂直地向地球运动,光沿直线传播,抛射体不会偏离推动它们的方向,还有无数其他为人所熟知的经验事实,所有这些都造就了一些常见的谚语,比如"自然总是通过最短的路径行动"(*Natura semper agit per vias brevissimas*),"自然不做徒劳之事"(*natura nihil facit frustra*),"自然既不多出多余的东西,也不欠缺必需的东西"(*natura neque redundat in superfluis, neque deficit in necessariis*)。自然总是以最方便的方式来履行职责,从不多费气力,这种观念可能在一定程度上减少了大多数人对哥白尼的反感。假如自然真的像以上谚语所说的那样,那么就能指望减少累赘的本轮,消除托勒密体系中的各种不规则性。当哥白尼以简单性原则的名义攻击旧观点中的某些复杂性,比如托勒密的偏心匀速点(equants),以及托勒密无法把均匀速度赋予行星运动时,[1]当他称赞自己的体系可以"用更少的、方便得多的东西"(*paucioribus et multo convenientioribus rebus*)来表示时,他有理由期待能在一定程度上减少他那革命性的观点必将引起的偏见。

其次,新天文学包含着一个断言:天文学中正确的参考点并非像迄今为止古代人(只有极少数古代思想家除外)理所当然认为的那样是地球,而是恒星和太阳。认为参考点发生这样一种巨大转变是正当的,这一主张远远超出了数个世纪以来已经习惯于按照一种以人为中心的哲学和以地球为中心的物理学来思考的人的理解程度。不可能指望比哥白尼早一百年的人会愿意考虑这种观念,除了偶尔有一位熟悉这门学科的天文学家[2]能够认识到,考虑日心体系的可能性至少会得到更大简单性的报偿。但在这一百年间发生了一些事情,使得那些能够认识到新参考点优势的人更有可能接受它。文艺复兴已经发生,它把人们对文学的兴趣中心从当下转到了古代的黄金时代。商业革命已经开始,与之相伴随的是大航海,是激动人心地发现新大陆和未知的文明。欧洲的商业巨头和殖民主义的拥护者正在把注意力从小规模的地方集市转向亚洲和美洲那些未经开发的巨大的贸易中心。人们以前所熟知的领域突然显得狭小而贫乏,人们渐渐习惯于用越来越宽广的眼界来思考。环航地球以更通俗的方式证明了地球是圆的。对跖点被发现有人居住。甚至有可能推论出,宇宙中的重要中心不在欧洲。

---

[1] *Nicolai Coppernici de hypothesibus motuum coelestium a se constitutis Commentariolus*, Fol. 1a.

[2] 指14世纪法国经院哲学家尼古拉·奥雷姆(Nicole Oresme,约 1320—1382)。——译者

第二章 哥白尼和开普勒

当时史无前例的宗教动乱也强有力地放松了人们的思想。一千多年以来,罗马一直被理所当然地视为世界的宗教中心。现在除罗马以外,又出现了几个不同的宗教生活中心。方言文学的兴起,艺术中不同民族倾向的出现,都对这种动荡起了一定作用。在所有这些方面,都存在着对先前兴趣中心的抛弃和对某些新生事物的依恋。在这种陌生的激进观念(新发明的印刷术将其广为传播)的发酵中,哥白尼要想认真考虑并且令人信服地向他人表明,现在必须作一种比所有这些转变更大的转变,即把天文学的参考中心从地球转到太阳,这并不困难。像库萨的尼古拉(Nicolas of Cusa)这样的思想家的自由思辨已经暗示,这场非常激进的革命的道路在某种程度上已经铺设好了。库萨的尼古拉勇敢地提出,宇宙中根本没有什么不动的东西——宇宙是全方位的无限,并无中心可言——地球和其他星辰一样在沿着自己的轨道运行。那个时代思想视域的拓宽以及新的兴趣中心的提出是哥白尼个人发展中的一个决定性因素,他在《天球运行论》(*De Revolutionibus Coelestium Orbium*)中给出的简要自述有力地表明了这一点。[①] 有人反驳说,假如地球果真在快速运动,那么处于地球表面的物体将会像抛射体一样被甩出去。在回答这一反驳时,哥白尼和威廉·吉尔伯特(William Gilbert)等新宇宙结构学的捍卫者论证说,飞散开来的反倒应该是假想的极为巨大的恒星天球。这种论证暗示,这些人

[①] Copernicus, *De Revolutionibus Coelestium Orbium*, Letter to Pope Paul III. 当然,像阿那克萨戈拉这样的偏离正轨的古代思想家以及像达·芬奇这样的中世纪晚期思想家已经认为星辰是与地球同质的。

已经敢于认为天体与地球是同质的,它们也遵循关于力和运动的相同原理。伦敦和巴黎已经变得和罗马一样;在缺乏相反证据时,应当认为遥远的天体和地球一样。

第二节 前哥白尼时代数学 进步的形而上学意义

第三,通常属于数学史的某些事实在这方面至关重要。它们对我们的研究实在太过重要,我们必须停下来对其进行更仔细的考虑。在刚刚过去的两个世纪里,高等代数已经在很大程度上把人的数学思维从对空间表达的依赖性中解放出来,除了这两个世纪,几何学一直是最卓越的数学科学,这对数学家来说是老生常谈。正如开普勒所说,①在几何学中,在严格的数学推理中可能达到的确定性在每一步都与可见的广延形象相关联,因此,许多不擅抽象思维的人都乐于掌握几何方法。我们目前所拥有的古代文学作品和一些专论都表明,算术的发展密切依赖于几何学。每当柏拉图(比如在《美诺篇》中)转到数学来说明某种特别受重视的主张比如他的回忆说时,他所使用的命题总能用几何表示出来。现代人可能很难理解著名的毕达哥拉斯主义学说,即世界是由数构成的,直到他们认识到,这里的数指的是几何单元,亦即柏拉图后来在《蒂迈欧篇》中所接受的那种几何原子论。这意味着,宇宙的基

---

① *Joannis Kepleri Astronomi Opera Omnia*, ed. Ch. Frisch, Frankfurt and Erlangen, 1858, ff., Vol. 8, p.148.

第二章 哥白尼和开普勒

本成分是有限的空间部分。由于古代人把光学和力学当作数学的分支来处理,所以在这些学科中,他们也习惯于按照空间形象来思考,并且用几何学来表示关于光学和力学的知识。

到了中世纪,数学研究似乎出现了强有力的复兴,同样的假定和方法被视为理所当然,人们热切期待能够对自然作更加充分的数学解释。罗吉尔·培根(Roger Bacon)[①]迫不及待地接受了这些假定,充分表现出这种热情;两个世纪以后,多才多艺的伟大思想家列奥纳多·达·芬奇作为这一发展的领袖脱颖而出。他极力强调数学在科学研究中的重要性:"只有按照我的原则进行思考的数学家才可能理解我。"[②]"哦,学者们,研究数学吧!不要建造空中楼阁。"达·芬奇做了大量力学、水力学和光学的实验,在所有这些实验中,他都理所当然地认为,可靠的结论必须用数学来表达,用几何学来表示。在以哥白尼的划时代著作问世为标志的 16 世纪,所有重要的思想家都采用了这种运用于力学和其他数学物理科学中的几何方法。塔尔塔利亚(Tartaglia)出版于 1537 年的《新科学》(*Nova Scienza*)便把这种方法应用于某些落体问题和抛射体的最大射程问题,而斯台文(Stevinus,1548—1620)则制定了一种通过几何线条来表示力、运动和时间的明确方案。

鉴于这些简要概述的重要事实,当 15、16 世纪开始更广泛地

[①] W. W. R. Ball, *A Short Account of the History of Mathematics*, 4th ed., London, 1912, p. 175. 亦参见 Robert Steele, *Roger Bacon and the State of Science in the Thirteenth Century* (in Singer, *Studies in the History and Method of Science*, Vol. 2, London, 1921)。

[②] H. Hopstock, *Leonardo as Anatomist* (Singer, Vol. 2)。

使用代数符号时,数学家们当然只能逐渐摆脱思维对几何表示的持续依赖。让我们仔细研究一下这种代数发展是如何发生的。在那几个世纪,数学研究主要讨论方程理论,特别是如何化简和求解二次和三次方程。例如,卢卡·帕乔利(Luca Pacioli,约卒于1510年)主要致力于用不断增长的代数知识来研究几何图形的性质,他会处理这样的问题:三角形内切圆的半径是4英寸,切点把其中一条边分成了6英寸和8英寸两段,试求另外两条边。① 现代学生借助于一个简单的代数方程就能立刻解决这个问题,但帕乔利却认为只能通过精致的几何构造来解决,使用代数只是有助于他找到所要求的各条线的长度。同样,在16世纪总是用几何方法来求二次和三次方程的解。鲍尔(W. W. R. Ball)给出了卡尔达诺(Cardanus)用这种繁琐的方式来求解三次方程 $x^3 + qx = r$ 的一个有趣的例子。② 我们很容易理解,当近代代数最终成功地摆脱了空间性的束缚时,它将出现多么大的进展啊!然而与此同时,隐藏在代数符号中的巨大可能性正在迅速展现,数学家们虽然仍然依赖于几何表示的帮助,但正在渐渐熟悉更复杂的过程。到了卡尔达诺的时代,人们忙于解决一些涉及数值不变情况下的频繁变换,尤其是把复杂项化简为简单项等非常复杂的问题。用几何表示的语言来说,对这些思想家意味着把复杂图形化简为简单图形,由此得到的简单的三角形或圆被视为它所取代的更加复杂的图形组合的等价物。这往往是一个相当复杂的过程,为了帮助可怜的数学家们,

---

① Ball, *Short Account*, p. 211, ff.
② 同上书,p. 224, ff.。

各种机械设计被发明出来。1597年,伽利略发明了一种几何仪,它有一套详细的规则,可以把无规则图形简化为规则图形,把若干个规则图形合并成一个简单图形,可用于取平方根、求比例中项等特殊问题。这种16世纪数学所特有的几何化简对于我们理解哥白尼很重要。它是哥白尼运动相对性学说的一个关键因素。

最后,从古代和中世纪一直到伽利略时代,天文学都被看作是数学即几何学的一个分支。天文学是天的几何学。我们现在认为数学是一门理想科学,特别是,几何学处理的是理想空间,而不是宇宙所处的实际空间,这种观念在霍布斯之前还根本没有得到表述。尽管有几位反对哥白尼的亚里士多德主义者曾经模模糊糊对它作过摸索,但直到18世纪中叶,这种观念才得到认真对待。在就这个问题提供过明确线索的古代和中世纪的所有思想家看来,几何空间似乎一直是实际的宇宙空间。在毕达哥拉斯主义者和柏拉图主义者那里,宇宙空间与几何空间的等同是重要的形而上学学说;而其他学派似乎也已经作出同样的假定,只不过没有沿着宇宙论的思路思索出该假定的意涵。欧几里得理所当然地认为物理空间($\chi\omega\rho i o\nu$)是几何学的领域。[1] 后来的数学家采用了他的术语用法,在现有的著作中,没有任何明显的迹象表明曾经有人有过不同的想法。值得注意的是,当亚里士多德等人以非常不同的方式

---

[1] Euclid, *Elements*, Book I, Axioms 8 and 10, also Prop. IV; Book XI, Prop. III, VII; and especially Book XII, Prop. II. 托马斯·希思爵士(Sir Thomas Heath)在编辑希腊文本第一卷时曾经怀疑过第二段话和第三段话的真实性。然而,如果是添加的语句,这两段话从古代就有,而且据我所知,没有人曾就这个词在欧几里得那里的其他使用提出过质疑。

定义空间时，①这个定义仍然能够充分满足几何学家的需要。在古代天文学家那里，重要的问题不在于几何学领域与天文学空间相等同这一基本观点，而在于这样一个问题：倘若用来"拯救天文学现象"的一套方便的几何图形意味着拒斥一种关于天的物理结构的思辨性理论，那么是否还能恰当地使用它们。② 在对此问题持肯定回答的一些人那里，只要些许实证主义便可能导致对该问题上的一切形而上学假定的怀疑，所以在他们看来，几何学世界与天文学世界之间的关系几乎仅仅是方法论上的。例如，托勒密在《天文学大成》(Almagest)第一章中拒绝接受对天文学现象作物理（亦即形而上学）解释的尝试，但我们不大清楚他这样做是否主要是为了不理睬那些用同心球等思辨来束缚他那自由的几何学程序的人，以及是否意味着放弃关于天文学领域最终本性的一切假定。在古代，肯定很少人会持这么强的实证主义，特别是因为对感官而言，天似乎展示了最纯粹的几何学领域。太阳和月亮似乎是完美的圆，星星只是纯粹空间中发光的点。诚然，它们被认为是某种物体，所以不只拥有几何特征，但这些东西没法研究，所以人们必定很难提出暗示几何学领域与天文学空间之间存在差异的问题。事实上，我们从许多途径知道，天文学被认为比算术更接近于纯粹数学的几何理想。法拉比(Al-farabi)和罗吉尔·培根所列出的典型的数学科学清单是按照几何学、天文学、算术、音乐的次序排列的。

---

① 包围者在被包围者一侧的边界。Phys. IV. 4. 亚里士多德使用的术语是 τόπος。
② 关于这一点，参见 P. Duhem, *Essai sur la notion de théorie physique de Platon à Galilée*, Paris, 1908 中的非常有趣的讨论。

第二章 哥白尼和开普勒

当然,这部分是由于天体被赋予了更高的尊严,算术主要被用在了商业上。但这还不是全部。天文学比算术更像几何学。天文学本质上不过是天的几何学罢了。因此,人们乐于认为,凡在几何学中为真的东西必定对天文学为真。

那么,如果天文学只是几何学的一个分支,如果代数方程的变换和化简始终是以上述几何方法来进行的,从而暗示这些问题本质上仍被认为是几何问题,那么,我们还需要等很久才能出现一位思想家提出"为什么这种化简在天文学中不可能"这样的问题吗?如果天文学就是数学,则它必定会带有数学结果的相对性,天空中所描绘的运动必定是完全相对的。就真理而言,把什么点当作整个空间系统的参考点并没有什么区别。

在古代,托勒密本人便在某种程度上持这种立场。面对着天的各种宇宙论的拥护者,托勒密勇敢地宣称,无论可能推翻谁的形而上学,用能够"拯救现象"的最简单的几何方案来解释天文学事实都是正当的。[1] 然而,他对地球的物理结构的构想却妨碍他认真贯彻这条相对性原理,他对地球运动假说的反驳便充分表明了这一点。[2] 哥白尼是第一位认真贯彻相对性原理的天文学家,他充分认识到了这一原理的革命性意义。

让我们简要地了解一下这条数学相对性原理在天文学中有何意义。天文学家观测到的是其观测点与天体之间的一套规律变化

---

[1] Ptolemy, *Mathematical Composition*, Book 13, Ch. 2.
[2] 例如,"如果存在运动,那么它将与地球的巨大质量成正比,并且把被抛入空中的动物和物体撇在后面"。

的关系。在缺乏有力的相反证据的情况下,他们很自然会把其观测点当作科学中的参考点。早在天文学的幼年时期,他们便很快发现地球必定是一个球体,它成了天体运行图中的坚实大地(*terra firma*),是其他一切事物所参照的不动中心。根据这一假定,并且鉴于本章先前提到的所有考虑,天文学家们不得不像托勒密那样对这个关系不断变化的体系作几何表示。托勒密关于均轮、本轮、偏心圆、偏心匀速点等等的方案是基于该假定对事实所作的一种尽可能简单的表示。而哥白尼发现,通过对托勒密极为复杂的行星几何学进行数学化简,能够得到完全相同的结果。让我们举一个例子。虽然就关于天体运动的实际事实而言,这个例子过于简单,但能够说明问题。我们从作为参考点的 E 观察到天体 D 的运动,当它在 G 与另一个天体 S 相对时,它看起来要比位于轨道另一侧 F 时大得多。我们可以用以 E 为中心的圆 ABC 和该圆圆周上的点为中心的圆 ABD 的组合来表示这样一种运动。假设这两个圆都按照箭头所示的方向旋转,每一个圆走完一周的时间都相同。于是,圆 ABD 上的点 D 将走过路径 DGCF,如果恰当地选择半径和速度,则这一路径能够与观察到的事实符合得很好。但是显然,在天体 S 的方向上必定存在着某个点,它是由此产生的圆形路径 DGCF 的中心,如果把这个中心当作参考点,则可以用一个圆而不是两个圆来表示这些事实。假设这些事实允许把那一点定为 S 的中心,并且(这种对描绘的运动的简化激励我们)进一步假设,行星 D 的运动中表现出来的某些不规则性(我们只有通过添加圆才能表示这些不规则性)完成自己的时间与天体 S 在围绕 E 的视运动中完成一种重要的周年变化的时间完全相同。我们把

S视为静止的,把我们的参考点E和行星D都看成围绕它运转,那么你瞧,这颗行星的不规则性与S运动中的周年变化便相互抵消了!于是,我们便有了一个由围绕S的两个圆周运动构成的简单体系,用以取代一个已经开始变得繁琐的围绕参考点E运动的体系。这恰恰就是哥白尼对新天文学的构想。由于他的工作,因假定把E而不是S当作参考点而带来的所有本轮都被消除了。从数学上看,不存在孰真孰假的问题。就天文学是数学而言,两者都是真的,因为它们都表示了事实,但一个比另一个更简单、更和谐。

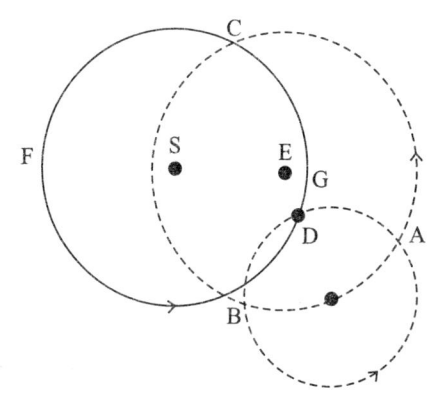

哥白尼发现,古代人在这个问题上已有分歧,这促使哥白尼考虑在天文学中引入一个新的参考点。托勒密体系并非业已提出的唯一理论。[①]

> 因此,当我对传统数学在研究天球运动中的不确定性思索了很长时间之后,我开始对哲学家们不能发现这个由最美

---

① Copernicus, *De Revolutionibus*, Letter to Pope Paul III.

好、最有秩序的造物主为我们创造的世界机器的确切运动机制而感到厌烦,因为他们在别的方面,对于同宇宙相比极为渺小的琐事都作过极为仔细的研究。因此,我不辞辛苦地重读了我所能得到的一切哲学家的著作,想知道是否有人曾经假定过,宇宙天球的运动不同于在各个学派讲授数学的人的看法。结果,我首先在西塞罗的著作中发现,希克塔斯(Hicetas)①就曾设想过地球在运动,后来我又在普鲁塔克(Plutarch)的著作中发现,还有别的人也曾经持有这一观点……

这就启发我也开始考虑地球的运动。尽管这个想法似乎很荒谬,但我想既然前人可以随意构造圆周来解释星辰现象,那么我也可以尝试假定地球有某种运动,看看这样得到的结果是否比我的前人对天球运行的解释更好。

于是,通过假定地球具有我在本书中所赋予的那些运动,经过长期反复观测,我终于发现:如果把其他行星的运动同地球的轨道运行联系在一起,并就每颗行星的运转进行计算,那么不仅可以得出其他行星的现象,而且所有行星及其天球的大小与次序以及天本身就全都有机地联系在一起了,以至于变动任何一部分都会在其余部分和整个宇宙中引起混乱。因此,我在撰写本书时采用了这一体系……

同样,在写于 1530 年左右的那本简短的《要释》(*Commentariolus*)中,在描述了对古代天文学家的不满(因为他们无法获得一

---

① 原文误为 Nicetas。——译者

第二章 哥白尼和开普勒

种不违反均匀速度假定①的一致的天的几何学)之后,哥白尼继续说道:

> 因此,这种理论似乎不太确定,也不大符合理性。所以当我注意到这些东西之后,我经常思考是否可能发现一个决定着所有表观多样性的更加合理的圆的体系,使得每颗行星都能像绝对运动原理所要求的那样均匀地运动。终于,在处理一个明显很困难而且几乎无法解释的问题时,我偶然想出了一个解决方案,如果允许我作出某些被称为公理的假设,那么由此可以通过比古时留传下来的更少也更方便的构造来做到这一点……
>
> 如果允许有这些前提,我将试图简要地说明,我们能够以多么简单的方式来拯救运动的均匀性……②

这些引文清楚地表明,在哥白尼看来,问题并不是真或假,并不在于地球是否运动。他径直把地球包括在了托勒密仅就天体所问的问题当中。要想获得符合事实的最简单、最和谐的天的几何学,我们应当把什么运动赋予地球?哥白尼能够以这种方式提出问题,这充分证明他的思想与我们方才所述的数学发展是连续的,这就是他为什么总是声称只有数学家才能公正地判断新理论的原

---

① 该原理最终建立在宗教的基础之上。原因(上帝)是恒定的、不间断的,所以结果必定是均匀的。(*De Revolutionibus*, Bk. I, Ch. 8.)

② *Commentariolus*, Fol. la, b, 2a.

因。哥白尼非常确信他们至少会理解和接受自己的观点。

> 我丝毫也不会怀疑,只要——正如哲学从一开始就要求的那样——有真才实学的数学家愿意深入地而不是漫不经心地认真思考我在本书中为证明这些事情所收集的材料,就一定会赞同我的观点。"数学是为数学家而写的,如果我没有弄错,他们会相信我这些辛勤劳动是……一项贡献。""至于在这方面我到底取得了什么进展,我还是要特别提请陛下您以及所有其他博学的数学家们来判定。"倘若有一些对数学一窍不通,却又自诩为行家里手的空谈家为了一己之私,摘引《圣经》的章句加以曲解,以此对我的著作进行非难和攻击,对于这种意见,我决不予以理睬,而只会笑其愚勇。①

毫不奇怪,在哥白尼的理论以更加经验的方式得到确证之前的60年里,敢于跟他站在一起的人几乎都是卓有成就的数学家,他们的思想与当时的数学进展完全一致。

第三节　哥白尼步骤的根本意涵 ——毕达哥拉斯主义的复兴

然而,哥白尼以这种方式轻而易举回答的问题带有一个非同

---

① 这些引文均取自 Copernicus, *De Revolutionibus*, Letter to Pope Paul III。亦参见 Bk. I, Chs. 7 and 10。

寻常的形而上学假定。人们很快就会看到这个假定，并会重点讨论它。在天文学中把地球以外的点当作参考点是正当的吗？哥白尼希望，那些受到和他同样影响的数学家会倾向于作出肯定的回答。但当时整个亚里士多德主义经验哲学肯定会说"不"。因为这个问题相当深刻，它不仅是指"天文学领域从根本上讲是几何的吗？"（这一点几乎每一个人都会同意），而且是指"整个宇宙，包括我们的地球，就其结构而言从根本上讲是数学的吗？"仅仅因为参考点的这种转变能使我们对事实给出一种更为简单的几何表示，这样做就是正当的吗？如果承认这一点，就要推翻亚里士多德的整个物理学和宇宙论。甚至连许多数学家和天文学家可能都不愿顺着其科学趋势而走向这个极端，他们的一般思想在另一个河床上流动。追随古代的托勒密仅仅意味着拒斥繁琐的水晶天球，而追随哥白尼却要激进得多，它意味着拒斥整个流行的宇宙观。哥白尼等人能够自信地对这个基本问题给出肯定的回答，这暗示哥白尼的背景中还有第四个起帮助作用的特征。它暗示，至少在当时的许多人看来，除了亚里士多德主义，还有一种他样的背景可以作为其形而上学思考的基础，而且与这种惊人的数学倾向更加一致。

事实上，这样一种他样的背景的确是存在的。研究哲学的学者都知道，在中世纪早期基督教神学与古希腊哲学的综合中，后者主要是一种柏拉图主义或者更确切地说是新柏拉图主义哲学。而新柏拉图主义中的毕达哥拉斯主义要素极强。遵循着柏拉图在《巴门尼德篇》中的说法，即多是从一中通过一个必然的数学过程展开出来的，新柏拉图主义学派的所有重要思想家都喜欢通过数论来表达他们最喜爱的流溢说和演化说。

一个重要的事实是,在中世纪哲学的早期,哲学家们能够看到的柏拉图的唯一一部原著就是《蒂迈欧篇》。相比于别的对话,这部对话中的柏拉图最像一位毕达哥拉斯主义者。正是主要由于这种奇特的状况,公元1000年左右,在教皇欧里亚克的热尔贝(Gerbert of Aurillac)及其弟子沙特尔的富尔贝(Fulbert of Chartres)的领导下,对自然的认真研究才作为一种柏拉图主义事业第一次回归。柏拉图显得像是一位自然哲学家,而只有逻辑学为人所知的亚里士多德则像是一位沉闷无趣的辩证法家。热尔贝是一位颇有造诣的数学家,该学派后来的成员孔什的威廉(William of Conches)强调一种来自《蒂迈欧篇》的几何原子论,这些都绝非偶然。

当亚里士多德在13世纪占据了中世纪思想时,新柏拉图主义还没有按特定路线得到任何形式的传播,但仍然是一种有广泛影响的略受压制的形而上学思潮,对正统亚里士多德主义持不同看法的人往往会诉诸于它。罗吉尔·培根、达·芬奇、库萨的尼古拉、布鲁诺等人都显示出了对数学的兴趣,并且强调了数学的重要性,这在很大程度上得益于这种毕达哥拉斯主义潮流的存在和普遍影响。库萨的尼古拉在数论中发现了柏拉图哲学的本质要素。世界是一种无限的和谐,在这种和谐中,万物都有其数学比例。[①]因此,"认识总是测量","数是造物主心灵中第一个事物模型",总之,对人来说,一切可能的确定知识必定是数学知识。这种倾向在布鲁诺身上也表现得很明显,不过数论的那种神秘的-超验的方面

[①] R. Eucken, *Nicholas von Kuss* (*Philosophische Monatshefte*, 1882).

第二章 哥白尼和开普勒

在他那里表现得比库萨还要突出,甚至接近了极致。

在15、16世纪,人们的心灵已变得不能安宁,但又没有独立到能够更明确地与古代传统决裂的地步,于是此时在欧洲南部出现一种柏拉图主义的强大复兴也就不足为奇了。在美第奇家族的赞助下,一所学院在佛罗伦萨建立起来,普莱东(Pletho)、贝萨里翁(Bessarion)、菲奇诺(Marsilius Ficinus)和帕特里齐(Patrizzi)等名人都曾担任其院长。在这种柏拉图主义的复兴之中,毕达哥拉斯主义要素再次突显出来,它显著表现于皮科·德拉·米兰多拉(Pico della Mirandola)对世界的那种彻底的数学解释中。这些思想家的工作在一定程度上渗透到了包括博洛尼亚大学在内的阿尔卑斯山南部每一个重要的思想中心,在博洛尼亚大学,其最重要的代表便是数学和天文学教授诺瓦拉(Dominicus Maria de Novara)。哥白尼待在意大利的6年里,诺瓦拉一直是他的良师益友。我们知道一个关于诺瓦拉的重要事实:他是托勒密天文学体系的自由批判者,这部分是因为有些观测与其导出的推论不太符合,但更是因为他被这种柏拉图主义-毕达哥拉斯主义的思潮彻底吸引,感觉整个繁琐的体系违反了天文学宇宙是一种有秩序的数学和谐的假定。[1]

事实上,这乃是中世纪占统治地位的亚里士多德主义与这种有些隐匿但依然充斥各处的柏拉图主义之间的最大冲突。柏拉图主义认为一门关于自然的普遍数学是正当的(虽然这种数学应当

---

[1] Dorothy Stimson, *The Gradual Acceptance of the Copernican Theory of the Universe*, New York, 1917, p. 25.

如何应用的问题还没有解决),宇宙从根本上讲是几何的,其最终组分仅仅是有限的空间部分,整个宇宙展现出一种简单而美妙的几何和谐。而另一方面,正统的亚里士多德学派却把数学的重要性降到了最小。量只是十个范畴之一,而且不是最重要的。数学的尊严只介于形而上学和物理学之间。从根本上讲,自然既是量的也是质的,因此,获得最高知识的关键必定是逻辑而不是数学。由于数学科学在亚里士多德哲学中只被赋予了这种次要地位,所以在一个亚里士多德主义者看来,如果有人认真提议,应当为一种更加简单和谐的几何天文学而抛弃亚里士多德的整个自然观,那一定很荒谬。然而在一个柏拉图主义者看来(尤其是就当时理解的柏拉图主义而言),这一步将会非常自然,虽然也很激进。和以前一样,这一步蕴含着整个可见宇宙中的东西是同质的。然而,哥白尼之所以能够走出这一步,是因为除了已经讨论的那些促动因素,他显然置身于这场持异议的柏拉图主义运动之中。早在他1496年前往意大利之前,他就已经感受到这场运动的吸引力。而在意大利,在阿尔卑斯山以南充满活力的新柏拉图主义环境中,尤其是通过与诺瓦拉这样大胆而富有想象力的毕达哥拉斯主义者富有成效的长期交往,哥白尼的大胆飞跃获得了有力支持。他渐渐熟悉了早期毕达哥拉斯主义者遗留下来的残篇,这绝非偶然。在古代,只有这些人敢于提出一种不以地球为中心的天文学。也许是为了亲自去阅读毕达哥拉斯主义天文学家的著作,他在跟诺瓦拉学习时第一次获得了希腊文知识。他逐渐确信,整个宇宙是由数构成的,因此凡在数学上为真的东西,在现实中或天文学上也为真。我们的地球也不例外,它本质上也是几何的,因此数学结果的相对性原理不仅适用于天文学领域的任何其他部分,也适用于人的领域。对哥白尼来说,向新世界观的转变只不过是在当时复兴的柏拉图主义的激励下,把一个复杂的几何迷宫在数学上简化成一个美妙和谐的简单体系。

"正如人们所说,只要我们睁开双眼,正视事实,就会发现那些现象(各种行星现象)相继发生的次序以及整个宇宙的和谐都揭示了这个真理[地球的绕轴自转和绕太阳公转]。"①请注意这段引文中表现出来的同样倾向。

第四节　开普勒对新世界体系的早期接受

在哥白尼之后的半个世纪,除了雷蒂库斯(Rheticus)等一些著名数学家以及布鲁诺等少数几位不可救药的激进知识分子以外,没有谁敢拥护哥白尼的理论。然而,在80年代末90年代初,正在求学的年轻的开普勒意识到了哥白尼工作的某些推论并立即加以利用,这些推论促进了从第一位伟大的近代天文学家向第二位的转变。哥白尼本人已经注意到,太阳在这个新的世界体系中被赋予了更大的重要性和尊严,并渴望为其作出科学的和神秘主义的辩护。这里不妨引用一段话来说明:"位于中央的就是太阳。在这个华美的殿堂里,谁能把这盏明灯放到比能够同时照亮一切更好的位置呢?事实上,有人把太阳称为宇宙之灯、宇宙之灵魂、宇宙之主宰,这都没有什么不妥。三重伟大的赫尔墨斯(Hermes

---

① *De Revolutionibus*, Bk., I, Ch. 9.

Trismegistus)把太阳称为"可见之神",索福克勒斯(Sophocles)笔下的埃莱克特拉(Electra)则称其为"洞悉万物者"。于是,太阳仿佛端坐在王位上统领着行星家族绕其运转。"① 哥白尼还形成了一种与其新天文学方法相适应的初步的科学假说观念。真正的假说是把以前被认为迥异的东西合理地(对他来说即在数学上)结合起来,通过把它们统一起来的东西揭示出它们为什么是现在这个样子。"因此,这种安排表明宇宙有一种令人惊叹的和谐,天球的运动与轨道尺寸之间有一种可靠的和谐关联,这是用其他方式无法发现的。细心观察的人会注意到,为什么木星的顺行和逆行看起来比土星长而比火星短,而金星的却比水星的长;为什么土星的这种逆行比木星频繁,而火星与金星的逆行却没有水星频繁;再者,为什么土星、木星和火星在傍晚升起时要比[同太阳一起]消失和重现时显得更大……所有这些结果都是由同一个原因,即地球的运动引起的。"②

年轻的开普勒认识到并利用了这些观念,它们在很大程度上成为他毕生工作的动机。开普勒早期接受哥白尼理论具体是出于什么理由,这一点并不完全清楚,但从其著作中很容易看出,他深切感受到了强烈吸引哥白尼的所有那些一般性的环境影响。对他来说,自然的简单性和统一性乃是老生常谈。③"自然喜欢简单性"(*Natura simplicitatem amat.*),"她喜欢统一性"(*Amat illa*

---

① *De Revolutionibus*, Bk., I, Ch. 10.
② 同上。
③ *Opera*, I, 112, ff.

unitatem.);"她绝不无所事事也绝不多此一举"(Numquam in ipsa quicquam otiosum aut superfluum exstitit.);"自然永远按照更容易的方式做事,绝不费力走弯路"(Natura semper quod potest per faciliora, non agit per ambages difficiles.)。从这个观点来看,很容易看到哥白尼主义的优点。现在,在哥白尼主义的推动下,人们的视野普遍拓宽,这极大地激励了每一个富有想象力和创造力的人。开普勒在数学科学中所取得的巨大成就只会使他深切感受到曾经影响过哥白尼的所有那些考虑。他在图宾根的数学和天文学老师梅斯特林(Mästlin)是新天文学的衷心拥护者,哥白尼体系所能达到的更大秩序与和谐深深吸引着梅斯特林,虽然到目前为止,梅斯特林只是非常谨慎地表明自己的看法。仅凭数学成就便足以为开普勒赢得不朽的荣名:他第一次明确阐述了数学中的连续性原理,把抛物线同时当作椭圆和双曲线的极限情形来处理,还表明可以把平行线看成在无限远处相交;他把"焦点"一词引入了几何学;而在出版于1615年的《测量酒桶体积的新方法》(Nova Stereometria Doliorum[①] Vinariorum)中,他用无穷小量来求解某些体积和面积,从而为德萨格(Desargues)、卡瓦列里(Cavalieri)、巴罗(Barrow)以及牛顿和莱布尼茨那里成熟的微积分铺平了道路。为这种数学发展的大部分内容(至少是它与天文学的关系)提供形而上学辩护的新柏拉图主义背景使开普勒确信无疑,深有同感。特别是把宇宙理解成简单的数学和谐的观念所带来的

---

① 原文误为 Dolorum,且没有写全 Nova 和 Vinariorum,这里做了增补。——译者

那种审美上的满足,强有力地吸引着他那艺术家的气质。"我当然知道我对它[哥白尼的理论]有这种义务,当我已在灵魂深处证明它为真时,当我带着难以置信的狂喜沉思它的美时,我也应当竭尽全力向我的读者们公开捍卫它。"①

这些要素以不同程度混合在开普勒的思想中,但他之所以很早就对哥白尼主义产生热情,最有说服力的因素似乎是哥白尼主义提升了太阳的尊严和重要性。开普勒虽然是近代精确科学的奠基者,但却把他的严格方法与某些长期受到怀疑的迷信(包括或可称为太阳崇拜的东西)结合起来,而且实际上是在这些迷信中找到了这些方法的动机。1593 年,22 岁的开普勒在图宾根的一场论辩中为新天文学作了辩护。他具体有何表现看来是失传了,至少弗里施(Frisch)博士在其编的开普勒著作全集中没有介绍它。但在开普勒的遗著中有一个关于地球运动的论辩的小片断。从它极为夸张的风格和其他内在特征来看,该片断很可能是这次青年时期行动的一部分。不管怎样,这个片断显然是他早年所作。关于它,一个值得注意的事实是,太阳在新体系中的崇高地位似乎是他接受这个体系的主要理由和充分理由。② 这一热情洋溢的奇特片段的要旨可以从一些引文看出来。

> 首先,为了避免有盲人向你否认这一点:在宇宙万物中,最为出众的是太阳,其所有本质不是别的,正是它那最纯净的

---

① *Opera*, VI, 116. 另见 VIII, 693。

② *Opera*, VIII, 266, ff.

第二章 哥白尼和开普勒

光芒,再没有比太阳更伟大的星辰了;只有太阳是万物的产生者、保护者和温暖者;它是光的源泉,包含丰富的热,看上去最为公平、清澈和纯净无瑕,是视觉之源,尽管自身没有色彩,却是一切色彩的描绘者,就其运动而言可称为行星之王,就其力量而言可称为宇宙之心,就其美丽而言可称为宇宙之眼,只有它称得上是至高无上的上帝,倘若他愿意有一个物质的住所,并且选择一个地方与神圣的天使一同居住的话……如果日耳曼人把整个帝国中最强大的人选为统治者,谁还会犹豫把天体运动的决定权授予它呢?因为凭借着自身所具有的光芒,它一直在管理着其他一切运动和变化……于是,既然第一推动者不应散布于整个轨道,而应当从某一个本原、好像是一个点出发,没有世界的哪个部分,没有哪颗星辰认为自己配得上这样一种伟大的荣誉,因此我们回到太阳是最正确的,藉着它的尊严和力量,似乎只有它才有资格担负起这种推动的责任,只有它才值得成为上帝本身的家园,更不用说成为第一推动者了。

在开普勒随后表达的接受哥白尼主义的理由中,太阳的这种中心地位总是包含其中,而且通常是第一个理由。[①] 开普勒使用一些必要的神秘主义隐喻解释来掩饰把神性赋予太阳的行为,为的是在当时流行的神学环境中(特别是指三位一体学说)使这种解释受到公众注意。根据开普勒的说法,太阳是圣父,恒星天球是圣

---

① 例如参见 *Opera*, VI, 313。

子,而传播太阳的力量以推动行星绕轨道运转的居间的以太介质则是圣灵。① 当然,宣布这种隐喻性的装饰并不表明开普勒的基督教神学是完全不真诚的,而是说,他已经发现了一种关于太阳中心地位的富有启发性的自然证明和解释。整个态度,连同其万物有灵论和"隐喻的-自然主义的"进路,都是当时许多思想的典型特征。开普勒的同时代人雅各布·波墨(Jacob Boehme)便是这种哲学最典型的代表。

至少可以说,开普勒思想的这一方面与天文学中严格的数学方法并不相符。开普勒也是这种严格方法的坚定支持者,经过漫长而艰苦的研究,他发现了行星运动的三大定律便是明证,只有那些最热忱的心灵才不会因这种艰苦的研究而感到气馁。然而,作为太阳崇拜者的开普勒与寻求天文学精确数学知识的开普勒之间的联系非常紧密。主要正是由于对太阳的神化以及太阳应处于宇宙中心等方面的考虑,热情洋溢、充满想象力的青年开普勒才不由得接受了这个新体系。但其心灵并未就此止步,这里他的数学和新毕达哥拉斯主义开始起作用:假如这个新体系是真的,那么通过深入研究现有数据,必定可以揭示出天体秩序中的其他许多数学和谐,以此作为对哥白尼主义的确证。这是精确数学的一项任务。非常幸运的是,当第谷·布拉赫(Tycho Brahe)这位自希帕克斯(Hipparchus)以来观测天文学最伟大的巨人即将完成他毕生的工作,即编纂一套比之前所有数据都要广泛得多、精确得多的数据时,开普勒恰好投身于这项深奥的工作。开普勒在第谷逝世的前

---

① *Opera*, I, 11.

一年参与了这项工作,并且掌握了第谷积累起来的大量数据。洞察和揭示这些更深的和谐成为他生命的激情,为的是"藉着自然更完满地认识上帝,并且颂扬对他的信仰"。[1] 他并未仅仅满足于对数的神秘操作或者对几何幻想的美学沉思,这应当归功于他受过数学和天文学的长期训练,在很大程度上也要归功于伟大的第谷的影响。在近代天文学中,第谷是第一位对精确的经验事实满怀激情的有足够能力的人。

于是,开普勒一方面热衷于思辨的迷信,另一方面又热情地试图在数据中发现得到确证的精确公式。他在哲学上思考的正是这个观察到的世界,因此,"没有恰当的实验我就得不出任何结论"。[2] 也正因如此,他才会拒绝忽视他的推论与观测之间的偏差,而这种偏差并不会让古代人为难。开普勒曾经一鼓作气写出了一种关于火星的绝妙理论,但由于他的某些结论与第谷的结果之间有 8 分的偏差,他便完全抛弃了自己以前的劳动,重新开始。库萨的尼古拉等早期哲学家曾教导说,一切知识最终都是数学的,一切事物都是按比例结合在一起的。开普勒同这些人的区别在于,他坚持把理论严格地运用于观察到的事实。开普勒的思想是真正近代意义上的经验的。哥白尼革命和第谷的星表之所以是必需的,是因为它们可以提供一种有待提出和确证的新的重要数学理论以及一套用于确证的更完整的数据。正是通过这一方法以及为了这个目的,开普勒发现了著名的三大定律。对于开普勒本人

---

[1] *Opera*,VIII,688.
[2] *Opera*,V,224. 亦参见 I,143。

来说,这三大定律并非特别重要,因为,正如他所指出的,假如哥白尼的假说是正确的,那么它们只是在观测到的运动之间建立起来的诸多有趣的数学关系之中的三个。在这三条定律中,最令他欣喜的是第二定律,即行星在围绕太阳运转时,行星矢径在相等时间内扫过相等的面积,因为这个定律第一次解决了行星速度的不规则性问题,这个问题是哥白尼在处理托勒密体系时着力处理的一点,但最终未能解决。出于宗教的理由,哥白尼和开普勒都坚信运动的均匀性,即每颗行星在运转时都在受一个恒定的、从不衰减的原因的推动,因此,开普勒很高兴能够就面积"拯救"这条原则,虽然就行星的路径而言,不得不放弃这条原则。然而,使开普勒最为欣喜若狂,而且多年来一直被他称为自己最重要成就的发现却是发表于他的第一部著作《宇宙的奥秘》(*Mysterium Cosmographicum*,1597)中的发现,即在当时已知六颗行星的轨道距离之比,大致等于把假想的行星天球内切和外接于在其间恰当分布的五个正多面体时所得到的距离之比。因此,如果一个立方体内接于土星天球,则木星天球内切于这个立方体将大致合适,然后,木星与火星之间是一个四面体,火星与地球之间是一个十二面体,等等。当然,这一做法一直毫无成效,因为只有粗略的符合,新行星的发现完全推翻了它背后的假定,但开普勒从未忘记这项成就在他那里最初唤起的纯粹热情。他在作出这个发现之后不久写的一封信中写道:

> 我从这个发现中获得的狂喜无法言表。我不再后悔浪费的时间。我不厌倦劳作,不躲避艰辛的计算。我夜以继日地

进行运算，直到能够看出我的假说是否符合哥白尼的轨道，抑或我的喜悦是否会烟消云散。①

在1619年出版的《世界的和谐》(Harmonices Mundi)中，开普勒对第三定律的阐述夹杂于他的一种艰苦努力中，即按照精确的定律来确定天球的音乐，并且用我们的音乐记谱法来表达它。②那些迷惑不解的天文学史家往往会把开普勒工作的这些特征斥为中世纪精神的残余而不予考虑，这种做法对于中世纪思想来说有失公允，对开普勒来说也过于宽容。然而对于我们来说，注意到这些特征却至关重要。它们与其核心目标显然是一致的，即在哥白尼天文学中建立更多的数学和谐，而不管它们对于成为后来科学工作目标的进一步成就是否富有成效。这些特征直接源于开普勒关于科学目标和程序的整个哲学，直接源于接受哥白尼主义和这种目标所蕴含的初步的新形而上学学说。

第五节 对新形而上学的最初表述 ——因果性、量、第一性质和第二性质

什么是开普勒关于科学程序的哲学的基本特征呢？让我们更充分地理解刚才强调的要点来弄清楚它们。开普勒确信，宇宙中

---

① Oliver Lodge, *Pioneers of Science*, Ch. III.
② 开普勒并不认为天体发出了可以听到的声音，但天体数学关系的变化却与音乐和声的发展相类似，因此可做类似的表示。

必定存在着更多可以发现的数学和谐,它们将足以确证哥白尼体系的真理性。我们已经注意到这种信念与他的数学和毕达哥拉斯主义形而上学背景之间的关联。但他经常说自己的成就已经揭示了新宇宙结构必要的理性基础,已经洞悉了以前被认为迥异的诸事实之间的数学关联。① 在这样陈述自己的目标和成就时,开普勒正在推进和更明确地表达哥白尼的思想,因为哥白尼曾经宣称自己的新体系解决了诸如为什么木星的逆行没有土星的逆行频繁等问题。开普勒以这种方式陈述自己的目标,其含义何在呢?

首先而且最重要的是指他已经获得了一种新的因果性观念,即他认为隐藏在观测事实背后的数学和谐是这些事实的原因,或如他通常所说,是这些事实何以如此的原因。这种因果性观念实质上是用精确的数学重新解释的亚里士多德的形式因,它与早期毕达哥拉斯学派的基本观念也有明显的密切关联。这种原因的和谐必须在现象中得到精确的或严格的证实,这是开普勒哲学新的重要特征。第谷曾在一封信中敦促开普勒"通过实际观测为其观点奠定坚实基础,然后由这些观点努力追溯事物的原因"。② 然而,开普勒宁愿让第谷收集观测数据,因为他已经事先确信,真正的原因必定总是存在于背后的数学和谐之中。《宇宙的奥秘》序言中有一个典型的例子可以表明"原因"一词的这种用法。开普勒说,五个正多面体的体系能够嵌入六颗行星的天球之间,这便是行星的数目是六的原因。"你有了行星数目的原因"(*Habes ratio-*

---

① *Opera*, I, 239, ff.
② Sir David Brewster, *Memoirs of Sir Isaac Newton*, Vol. II, p. 401.

nem numeri planetarum)。① 太阳的中心性是行星偏心圆圆心（按照古代人的说法）统一位于太阳之内或接近太阳的原因。② 上帝按照完美的数的原则创造了世界，因此，造物主心智中的数学和谐是"为什么行星轨道的数目、大小和运动只可能是现在这样，而不可能是别的样子"③的原因。重复一下，现在是用数学的简单性与和谐性对因果性作了重新解释。

进而，这种因果性观念包含着科学假说观念的相应转变。既然对观测结果的解释性假说是尝试以简单的形式来表达这些结果的一致原因，那么对开普勒来说，正确的假说必定是关于可在结果中发现的背后的数学和谐的陈述。开普勒曾在一封信中对天文学假说作了有趣的讨论，这封信部分是为了反驳莱玛斯（Reimarus Ursus）关于同一主题的立场。④ 开普勒认为，在关于同样事实的若干不同假说中，正确的假说能够表明为什么在其他假说中毫无关联的那些事实恰恰是这个样子，也就是说，能够显示这些事实之间有序而合理的数学关联。他总结说："因此，称得上天文学假说的并非某个随随便便的假定，而是蕴含于两种相似的东西之中的假定。"⑤他的常用例子是，其他天体理论不得不满足简单地声称某些行星的本轮运动周期与太阳绕地球的视运动周期相一致。哥白尼的假说必定是正确的，因为它能够揭示这些周期为何必定如

---

① *Opera*, I, 113, 亦参见 I, 106, ff.。
② *Opera*, III, 156; I, 118.
③ *Opera*, I, 10.
④ *Opera*, I, 238, ff.
⑤ *Opera*, I, 241.

此。换句话说,这些事实暗示着,在关系发生规律变化的我们的太阳系中,应当认为静止的是太阳而不是地球。① 正确的假说总是一种更具包容性的观念,它能够把迄今为止被认为迥异的事实结合在一起,能够在此前尚未得到解释的杂多之处揭示出数学的秩序与和谐。重要的是要记住,这种更具包容性的数学秩序是在事实本身之中发现的。这一点在许多地方都有明确表述,②否则总是强调通过观测进行严格检验便会失去意义。

这样一种关于因果性和假说的"数学的-美学的"观念已经蕴含着一种新的形而上学的世界图景。事实上,正是这些观念使开普勒对于某些善意的亚里士多德主义朋友极不耐烦,他们劝开普勒把自己的和哥白尼的发现仅仅看成数学假说,并不必然对实际世界为真。而开普勒却坚持说,恰恰是这些假说给了我们真实的世界图景,由此揭示的世界要比人的理性曾经进入的世界大得多,美妙得多。我们绝不能放弃这种关于实在真实本性的辉煌而富有启发性的发现。让神学家们考虑他们的权威吧,那是他们的方法。但对哲学家来说,发现(数学)原因乃是通往真理之路。"事实上,我只用一个词来回应圣徒们在这些自然问题上的观点;在神学中固然要重视权威的力量,但在哲学中却要重视原因的力量。因此,圣拉克特修(Lactantius)否认地球是圆的;圣奥古斯丁虽然承认地球是圆的,但却否认有对跖点存在;一些现代人承认地球的贫乏,但却否认它是运动的,他们这种恭顺的表现可谓圣洁。但对我来

---

① 参见 *Opera*, I, 113。
② 例如 *Opera*, V, 256, ff. II, 687。

说真理更加圣洁,我通过哲学表明(这并不违背我对神学博士们正当的尊重),地球是圆的,对跖点有人居住,有着最可鄙的尺寸,而且在群星之中运动着。"①

现在,我们渐渐开始领悟到这些近代科学之父所做的事情有多么巨大的意义,不过我们还是继续讨论我们的问题。开普勒还选择了哪些特定的形而上学学说作为这种关于真实世界构成的观念的推论呢?一方面,这种观念使他以自己的方式使用了第一性质(primary qualities)与第二性质(secondary qualities)②之间的区分;古代的原子论者和怀疑论学派已经注意到了这一区分,比维斯(Vives)、桑切斯(Sanchez)、蒙田(Montaigne)和康帕内拉(Campanella)等思想家又在16世纪以各种不同的方式复兴了它。经由感官被直接提供给心灵的知识是模糊的、混乱的和矛盾的,因此是靠不住的;只有那些能够使我们获得确定而一致的知识的世界特性才会向我们展现确定无疑、永远真实的东西。其他性质都不是事物的真实性质,而只是它们的符号。当然,对开普勒来说,真实的性质是在作为感觉世界基础的数学和谐中把握到的那些性质,因而它们与感觉世界有一种因果关系。真实的世界是一个只有量的特征的世界,其差异只是数的差异。在数学遗稿中,开普勒曾经简要地批判过亚里士多德对科学的讨论,开普勒宣称,他本人与希腊哲学家的根本不同在于:希腊哲学家把事物最终追溯到质的从

---

① *Opera*, III, 156.
② primary qualities 和 secondary qualities 也许译成"原初性质"或"首要性质"和"次级性质"或"次要性质"更好,但由于"第一性质"和"第二性质"的译法已经约定俗成,这里从俗。——译者

而不可还原的区分,因此认为数学在尊严和实在性上介于可感之物与最高的神学观念或形而上学观念之间,而他却已经找到了用来发现万物之间量的比例的手段,因此赋予了数学卓越地位。"凡有质的地方就有量,但反之并不总能成立。"①

开普勒的立场再次引出了一种重要的知识学说。不仅我们能在呈现给感官的一切对象中发现数学关系,而且所有确定的知识都必定是关于它们的量的特征的知识,完美的知识总是数学的。"事实上,正如我前面所说,有不少原理为数学所专有,首先涉及的是量,这些原理是通过共有的自然之光发现的,无需证明;然后它们被应用于其他与量有共同之处的事物。现在,这些原理在数学中比在其他理论科学中更多见,因为从创世的法则来看,除了量或者通过量,没有任何东西能被完整地认识,这似乎是人类理解力的典型特征。因此,数学的结论是最确定无疑的。"②他在光学、音乐和力学中注意到了关于这一事实的某些实际例证,这些例证当然非常好地向他提供了他所寻求的证明。"正如创造眼睛是为了看色彩,创造耳朵是为了听声音一样,创造人的心灵是为了理解量,而不是你想理解什么就理解什么。"③因此,量是事物的根本特征,是"实体的第一偶性"(*primarium accidens substantiae*)④,"先于其他范畴"。就我们的知识世界而言,量的特征是事物的唯一特征。

---

① *Opera*, VIII, 147, ff.
② *Opera*, VIII, 148.
③ *Opera*, I, 31.
④ *Opera*, VIII, 150.

第二章 哥白尼和开普勒

于是,开普勒明确表达了这样一种立场:真实的世界是可在事物之中发现的数学和谐。不符合这种基本和谐的那些易变的表面性质在实在性上层次较低,存在得并不非常真实。所有这些在形式上完全是毕达哥拉斯主义的和新柏拉图主义的,柏拉图的理念世界突然被发现等同于几何关系的世界。开普勒显然没有加入德谟克利特和伊壁鸠鲁的原子论派,原子论的复兴注定要在开普勒之后的科学中发挥重要作用。就其思想详细论述了自然的基本微粒而言,开普勒继承的是《蒂迈欧篇》的几何原子论和古代的四元素说,但他的兴趣并不在于此。激起他热情和兴趣的是在整个宇宙中揭示出来的数学关系。当他说上帝是按照数来创造世界时,他想到的并不是用精确图形来表示的空间部分,而是这些更为深远的数的和谐。①

---

① 开普勒关于第一性质和第二性质的学说与占星学的关联很明确地表明了这一点。通常认为,开普勒在占星学活动中不够真诚,为此目的而引用的段落虽然作了这样的解释,但并不一定要这样解释,而且鉴于其他许多陈述,这样做也没有正当理由。比如这样一个陈述:"上帝赋予了每一个动物拯救其生命的手段——如果上帝把占星学赋予了天文学家,为什么要反对呢?"(*Opera*, VIII, 705)。就像那个时代其他可怜的天文学家一样,开普勒认为自己可以提供占星学服务,没有天文学热情的人也愿意为其支付报酬,他认为这种状况是非常幸运的。但这绝不意味着他根本并不相信占星学。坚持这种看法的人很可能没有读过开普勒的《论占星学更可靠的基础》(*De Fundamentis Astrologiae Certioribus*)(*Opera*, I, 417, ff.)一文。在这篇论文中,他提出了75个普遍性各不相同的命题供哲学家批判,而他自己则准备捍卫这些命题的可靠性。熟悉开普勒时代思想潮流的人都知道,16世纪的人又对占星学有了强烈的兴趣和信仰,开普勒准备用他那一般的科学哲学赋予占星学一种全面的哲学基础。如果行星在运转时碰巧落入了某些不同寻常的关系,则人的生活随后很可能会产生不祥的后果——它们可能会投射出一些强大的郁气,渗透到人们的生命精气中,煽动起他们狂热的激情,从而导致战争和革命。(参见 *Opera*, 1477, ff.。)毫无疑问,对这些可能性的暗示与他的一般哲学是和谐一致的——这里有趣的是,他所关心的数学的东西是这些更大的天文和谐,而不是基本原子。

对开普勒而言,宇宙中为什么存在着这种深远而美丽的数学和谐,只有通过他的新柏拉图主义的宗教方面才能得到进一步解释。他赞许地引用柏拉图的名言,即神一直在做几何学,他按照数的和谐创造了世界,①正因如此,神才会把人的心灵创造成只有通过量才能获得知识。

于是,我们在开普勒的工作中看到了近代科学的形而上学发展过程中出现的第二个伟大事件。在人类思想先前的漫长时期里,亚里士多德主义取得了胜利,因为它似乎使日常经验世界变得可以理解和合理。开普勒早就认识到,承认哥白尼世界体系有效将会涉及一种完全不同的宇宙论,这种宇宙论可以在一般背景上依赖于复兴的新柏拉图主义,能在数学科学和天文学的显著发展中找到历史辩护,而且,通过把观察到的宇宙事件看成其背后简单的数的关系的例证,这种宇宙论能够在这些事件中揭示出一种非凡的意义和崭新的美。为此,必须修改关于因果性、假说、实在和知识的传统观念。因此开普勒向我们提供了一种形而上学的基本原则,这种形而上学大体上基于早期毕达哥拉斯主义的思辨,但根据新的理想和方法小心翼翼地做了调整。幸运的是,事实证明从实用的角度来讲,开普勒的冒险是成功的,这无疑成就了他的历史地位。伽利略及其后继者在天文学中获得的进一步的经验事实表明,天文学的物理宇宙非常类似于哥白尼和开普勒敢于相信的样子,这也使他们两人被确立为近代那场显著的人类思想运动之父,而不是作为一对狂热的先验论者被人遗忘。特别是,开普勒的方

---

① *Opera*, I, 31.

第二章 哥白尼和开普勒

法与后来科学的成功方法有颇多共同之处,以至于经过艰苦卓绝的努力在自然中取得胜利的诸多几何主义(geometrisms)中,有三[条定律]碰巧成了后来牛顿惊人科学成就的富有成效的基础。然而,有些人只关注这三[条定律],而忘记了那些在他们看来相当无用、但对开普勒而言同样重要的数的奇特性的艰苦积累,只有这些人才会毫无保留地给出像奥伊肯(Eucken)和阿佩尔特(Apelt)那样的说法:

"开普勒是第一个敢于对(天文学的)问题进行严格数学处理的人,也是第一个在这门新科学的特定含义上确立自然律的人。"[①]"开普勒第一次发现了如何成功地探究自然律,因为他的前辈们只是构造了努力用于自然进程的解释性的概念。"[②]

这些溢美之词并非完全错误,但却掩盖了开普勒为我们做出的真正贡献。开普勒作为一位科学哲学家所作出的扎扎实实的、有前瞻性的成就是,他坚持有效的数学假说必须能在观察到的世界中严格加以证实。他基于先验的理由完全确信,宇宙从根本上说是数学的,一切真正的知识必定是数学的。但他也明确表示,作为神的馈赠而内在于我们之中的思维法则自身不可能获得任何知识,必须有觉察到的运动提供材料以对它们作严格例证。[③] 他思想的这一方面必须归功于他在数学上的训练,尤其是他与第谷·布拉赫这位精确观测天象的伟人的联系。正是这一点,以及他用

---

① R. Eucken, *Kepler als Philosoph* (*Philosophische Monatshefte*, 1878, p. 42, ff.).

② E. F. Apelt, *Epochen der Geschichte der Menschheit*, Vol. I, p. 243.

③ *Opera*, V, 229.

当时流行的措辞对因果性、假说、实在等概念所作的重新解释构成了其哲学建设性的部分。但他的见解和方法也被纯理论的和审美的兴趣完全支配,其整个工作也夹杂着他所继承下来的粗糙迷信,从而变得模糊不清,这种迷信当时已为大多数开明之士所抛弃。

第三章 伽利略

伽利略是开普勒的同时代人,他比这位伟大的德国天文学家出生得早,去世得晚。1597年《宇宙的奥秘》的出版使两人熟识,此后他们一直是坚定的朋友,进行了大量有趣的通信,但并不能说他们的哲学受到了对方很重要的影响。当然,他们都彼此利用了对方那些有积极意义的、富有成效的科学发现,但两人的形而上学主要受制于一般环境的影响以及对自身成就最终意义的认真反思。

第一节 "位置运动"的科学

伽利略的父亲曾打算让儿子研究医学,但在17岁那年,伽利略却对数学产生了浓厚的兴趣。在征得父亲的勉强同意后,没用几年他便精通了这门学科。和开普勒一样,要不是因为那些更加辉煌的成就,他也许会赢得数学家的荣名。伽利略发明了一种把复杂图形化简为简单图形的几何仪,还写了一篇论连续量的文章。这篇文章从未发表过,但伽利略的数学声望是如此之高,以至于卡瓦列里因为希望看到这篇文章的印刷稿而没有出版自己的《不可分量的方法》(Method of Indivisibles)一书。伽利略25岁时就被任命为比萨大学的数学教授,这在很大程度上是由于他在比重秤、摆线性质以及固体重心等方面的论文所赢得的名声。这些作品充分表明了伽利略早期数学研究的方向。从一开始,吸引其注意力和兴趣的便是力学分支。早在他对数学开始产生兴趣之前,就发生了比萨大教堂中的那个著名事件,即他注意到大吊灯的摆动似乎是等时的,这件事也在部分程度上激发了他对数学最初的兴趣。因此,对机械运动的数学研究自然成了他工作的中心。而且,一旦胜任这个新的领域,他便开始热情地拥护哥白尼体系(虽然出于对普遍感受的尊重,他仍然在课堂上讲授托勒密体系多年)。根据伽利略伟大的英国门徒霍布斯的说法,哥白尼把运动赋予地球,这大大促进了伽利略对日常经验中小的地球物体的运动作更加仔细的(即数学的)研究。[1] 于是便诞生了一门新的科学,即地界的动力学。在伽利略看来,它是把严格的数学方法简单而自然地延伸到一个更加困难的力学关系领域。在他之前,曾经有人问过重物为什么下落;现在,地球与天体的同质性已经暗示,地界的运动是严格的数学研究的恰当主题,我们进一步问:重物是如何下落的?并期待能用数学术语给出回答。

正如伽利略在其动力学或"位置运动"(local motion)科学的导言中所指出的,[2] 虽然已有许多哲学家对运动作过论述,"但我已经通过实验发现了运动的一些性质,这些性质值得认识,但迄今

---

[1] Epistle Dedicatory to the *Elements of Philosophy Concerning Body*, Works, Molesworth edition, London, 1839, Vol. I (English), p. viii.

[2] *Dialogues and Mathematical Demonstrations Concerning Two New Sciences*, by Galileo Galilei (Crew and De Salvio translation), New York, 1914, p. 153, ff.

为止还没有被觉察到或论证过"。也有一些人觉察到下落物体的运动是加速运动,"但并未说明这种加速是在什么程度上发生的"。关于抛射体运动,伽利略也表达了同样的思想——有人已经觉察到抛射体走了一条曲线,但从未有人证明这条曲线必定是一条抛物线。把地界的运动还原为严格的数学术语,就像那些从经验上确证哥白尼主义的重大的天文学发现一样,代表着伽利略对能够认识到人类认识这种巨大进展的同时代人的意义。这些人的观点可见于伽利略的朋友和仰慕者保罗·萨尔皮(Fra Paolo Sarpi)的说法:"为了赐予我们运动科学,上帝和自然联手创造了伽利略的才智。"① 伽利略的机械发明本身已经足够非凡。他早年间曾经发明过一个通过小单摆来运作的脉搏计,还发明了一个通过均匀水流来测量时间的机械装置。后来,他发明了第一个粗糙的温度计,晚年则设计了完整的摆钟设计草案。他在望远镜早期发展方面所取得的成就已经成为所有学者的共识。

那么,伽利略发现自己工作中蕴含着哪些重要的形而上学结论呢?我们先来简要考虑他与开普勒最一致的地方,然后再更详细地讨论他那些更加新颖的说法。我们有理由期待,把物体的运动还原为严格的数学必定与伽利略的思想有重大的形而上学关联。

---

① *Two New Sciences*, Editor's Preface.

第二节　自然作为数学秩序
——伽利略的方法

首先,伽利略眼中的自然是一个比开普勒眼中的自然更加简单有序的系统,它的每一个进程都是完全规则和绝对必然的。"能用少数东西做成的,自然……就不用许多东西去做。"①他把自然科学与法律和人文学科作对比,认为自然科学的结论是绝对为真和绝对必然的,完全不依赖于人的判断。② 自然是"无法改变的",它只"通过绝不违反的恒常规律"来运作,根本不在乎"它运作的理由和方法能否被人理解"。③

进而,自然中这种严格的必然性来自于它那基本的数学特征——自然是数学的领域。"哲学被写在宇宙这部永远呈现于我们眼前的大书上,但只有在学会并掌握书写它的语言和符号之后,我们才能读懂这本书。这本书是用数学语言写成的,符号是三角形、圆以及其他几何图形,没有它们的帮助,我们连一个字也读不懂;没有它们,我们就只能在黑暗的迷宫中徒劳地摸索。"④伽利略每每会惊诧于自然事件遵循几何原理的奇妙方式。⑤ 对于有人反驳说,数学证明是抽象的,并不必然能够应用于物理世界,伽利略

---

① *Dialogues Concerning the Two Great Systems of the World*, Salusbury translation, London, 1661, p. 99.
② *Two Great Systems*, p. 40.
③ *Letter to the Grand Duchess Christina*, 1615 (Cf. Salusbury, Vol. I).
④ *Opere Complete di Galileo Galilei*, Firenze, 1842, ff., Vol. IV, p. 171.
⑤ *Two Great Systems*, pp. 178, 181, ff.

第三章 伽利略

最喜欢这样来回应:作进一步的几何证明,以期这些证明能向一切没有偏见的人证明自己。①

于是,揭开宇宙之谜的钥匙是数学证明,而不是经院哲学的逻辑。"当然,逻辑能够教我们认识业已发现和即将发现的结论和证明是否是一致的,但无法教我们如何找到一致的结论和证明。"②"我们不是从逻辑手册,而是从充满证明的书中学会证明的,这些书是数学的,而不是逻辑的。"③换句话说,逻辑是批判的工具,数学是发现的工具。伽利略对吉尔伯特的主要批评就是,这位磁哲学之父没有很好的数学基础尤其是几何学基础。

现在,这种基于自然的真实结构的数学证明方法,在伽利略那里有时会表现为在很大程度上不依赖于感觉证实——这是一种达到真理的完全先验的方法。费伊(J. J. Fahie)引用伽利略的话说:"无知曾是他最好的老师,因为为了能向对手显示其结论的正确性,他不得不通过各种实验来证明这些结论,如果只为满足他自己的心灵,他从未感觉做实验有什么必要。"④如果这种说法是认真的,那么伽利略碰到强大对手这件事对科学发展就是极为重要的。事实上,伽利略的著作中还有其他一些段落表明,他对世界数学结构的自信使他无需过分依赖于实验。⑤ 他坚持说,由一些实验可以引出某些远远超出经验的有效结论,因为"通过发现原因而

---

① *Two New Sciences*, p. 52.
② *Opere*, XIII, 134.
③ *Opere*, I, 42.
④ *The Scientific Works of Galileo* (Singer Vol. II, p. 251).
⑤ *Two Great Systems*, p. 82.

获得的关于单个事实的认识使心灵无需求助于实验便能理解和确定其他事实"。① 在关于抛射体的研究中,他阐明了这一原则的意义:一旦我们知道其路径是抛物线,则我们不需要实验,通过纯粹数学就能证明它们在 45°时射程最大。事实上,只有当我们无法直接直观到结论的必然理性根据时,才有必要对结论进行实验确证。② 我们后面还会谈到他对"直观"这个重要词语的使用。

然而,从伽利略的整个成就和兴趣来看,他显然从未认真考虑过接受这种极端的数学先验论。③ 如果我们研究一些带有不同腔调的段落,他的意思就会变得很明显。毕竟,"我们的争论是关于可感世界,而不是纸上谈兵";④仅就什么符合自然、什么不符合自然的一般原理进行争论毫无用处,我们必须"回到特殊的展示、观察和实验"。⑤ 天文学和物理学的情况都是如此。经验是"天文学真正的女主人","天文学家的主要任务仅仅是为天体现象提供理由"。⑥ 展现在我们面前的感觉事实是有待解释的东西,不能置之不理或将其忽视。伽利略每每觉得有必要诉诸感官的证实,并不只是为了赢得争论。他的经验主义是相当深的。"噢,我亲爱的开普勒,我多么希望我们能在一起开怀大笑!在帕多瓦这地方,有一位极为重要的哲学教授,我一再急切地请求他用我的望远镜看看月亮和行星,他却固执地拒绝了。为什么你不在这里?对这种极

---

① *Two New Sciences*, p. 276.
② *Opere*, IV, 189.
③ 参见 *Two New Sciences*, p. 97。
④ *Two Great Systems*, p. 96.
⑤ *Two Great Systems*, p. 31.
⑥ *Two Great Systems*, pp. 305, 308.

第三章 伽利略

顶的傻事我们会笑痛肚子！听听这位比萨的哲学教授在大公面前费力作的逻辑论证吧,就好像要用魔咒把新的行星从天空中引诱出来似的。"① 要不是因为那些通常可以验证的发现向人们的感官清楚地表明亚里士多德的一些陈述是错误的,伽利略就很难成为推翻亚里士多德主义的一员勇将。当人们在经验上不得不承认一切物体均以相同的加速度下落,金星和月球一样呈现出位相,太阳表面有黑子等等时,亚里士多德的权威便遭到严重动摇。伽利略指出,倘若亚里士多德看到了我们的新观察,他也会改变看法,因为他的方法本质上是经验的。"我的确确信,他先是借助于感官尽可能地作出这些实验和观察,以尽可能地相信结论,然后再寻求对结论进行证明。因为这乃是证明性科学的通常程序。其理由在于,如果结论为真,那么借助于分解法(resolutive method)②,我们可能会偶然发现某个之前已经证明的命题,或者得出某个自明的原理;但如果结论为假,我们就可能永远达不到任何已知的真理。"③

这段话把我们引向了伽利略关于把科学中的数学方法与实验方法恰当结合起来的构想。让我们考察一下他关于这一点的其他表述。

首先,我们的哲学试图说明的显然是感官所揭示的世界。"理性的每一个假说中都可能潜藏着未被察觉的错误,但感官的发现

---

① Letter to Kepler, 1610, 引自 Lodge, *Pioneers of Science*, Ch. 4。
② "分解法"(resolutive method)指由果及因的推理,与之相反的为"合成法"(compositive method),指由因及果的推理。——译者
③ *Two Great Systems*, p.37.

却不可能与真理相左。""怎么可能是别的样子呢？自然并不是先创造出人脑，再按照人脑的理解力来构造事物的，而是先按照自己的方式创造出事物，再构造人的理解力，尽管要付出很大努力，但人的理解力可以查明自然的一些秘密。"① 但感官世界本身就是一个谜；它目前是一种尚未破解的密码，是一本用陌生语言写成的书，这本书要通过那种语言的字母表来解释或说明。沿着错误的方向徘徊很久之后，我们最终发现这张字母表的基础——那就是数学的原理和单位。我们发现每一个数学分支都可以应用于物质世界，例如，物体总是几何形体，尽管它们从未呈现出我们在纯粹几何学中处理的那些精确形状。② 因此，当我们试图破译自然这本大书中陌生的内容时，所使用的方法显然是在其中寻找我们的字母，将其"分解"成数学术语。

伽利略指出，这种解释感官世界的方法往往会导出一些有违直接感觉经验的结论（虽然这听起来可能有些古怪）。这方面最典型的例子就是哥白尼天文学，它提供了数学理性战胜感官的绝佳例证。"对于那些接受了这种见解并且肯定它③是真理的人的卓越才智，我只能钦佩得五体投地；他们完全是经由理智的力量对他们自己感觉的破坏，敢于相信理性所昭示给他们的真理，而不去相信感觉经验所提供的那些似乎显然相反的东西……当我想到阿里斯塔克和哥白尼能够使理性完全征服感官，以至于不管感官表现

---

① *Opere*, VII, 341; I, 288.
② *Two Great Systems*, p. 224, ff.
③ 指毕达哥拉斯主义。——译者

为怎样,依旧能使理性成为信念的主人,我真是感到无比赞叹。"①有的时候,通过发明像望远镜这样的仪器,理性甚至会给感官以机会来纠正其错误判断。

在很大程度上,正是由于接受了哥白尼天文学并用望远镜观测作了证实,伽利略才会充满热情地展示感官错觉的常见事实,对于有违感官可靠性的每一个事实,他都有许多办法来确立其数学解决方案的有效性。一方面我们无法否认,正是感官向我们呈现了有待解释的世界;另一方面我们也确信,感官并没有为我们揭示理性秩序,只有理性秩序才能提供理想的解释。理性秩序总是数学的,只有通过公认的数学证明方法才能达到。"上一节已经讨论了匀速运动的性质,我们还需要考虑加速运动。首先似乎需要找到一个最符合自然现象的定义并加以说明。因为任何人都可以发明一种任意类型的运动并讨论其性质,比如有些人想象自然界中有某些根本不存在的运动描绘出了螺旋线和蚌线,而且还令人赞叹地确定了这些曲线依其定义而拥有的性质;不过我们已经决定考虑自然界中实际发生的物体加速下落现象,并使加速运动的这个定义能够显示所观察到的加速运动的特性。经过反复努力,我们自信已经成功地做到了这一点。我们之所以持有这种牢固的信念,主要是因为我们看到实验结果符合而且精确对应于我们已经陆续证明的那些性质。最后,在研究自然加速运动时,我们不得不遵循自然本身的习性和习惯,在其他一切自然进程中,只运用那些

---

① *Two Great Systems*, p. 301.

最常见、最简单、最容易的手段。"[1]这里,声称把数学证明成功地应用于物理运动当然是最重要的。

和开普勒一样,在伽利略看来,这种对自然的数学解释同样必须以精确的方式进行。这位动力学的奠基人头脑中想到的并不是模糊的毕达哥拉斯学派的神秘主义。我们也许可以由伽利略那些显著的成就进行推测,但他还是明确地告诉我们:"[仅仅认识到落体在加速下落]是不够的,我们还需要知道这种加速是按照什么比例进行的。我相信,迄今为止还没有哪位哲学家或数学家认识到这个问题,虽然哲学家们——尤其是亚里士多德主义者——已经写了浩如烟海的论运动的著作。"[2]

于是,从整体上看,伽利略的方法可以分为三步:直观或分解、证明和实验,每一种情形都使用了他最爱用的术语。面对着这个感觉经验的世界,我们把某种典型的现象孤立出来并尽可能作出完整考察,这首先是为了直观到那些简单而绝对的要素,由此可以把该现象最为容易和完整地表达为数学形式;换句话说,这等于把感觉事实分解为这些定量组合的要素。一旦恰当地完成这一步,我们就不再需要感觉事实;由此得到的要素便是感觉事实的实际组成部分,由这些要素通过纯粹数学所作的演绎证明(第二步)对于该现象的类似情形必定总是为真,即使有时不可能从经验上确验这些情形。这解释了伽利略那些更具先验色彩的说法为何如此大胆。然而,为了得到更加确定的结果,特别是用感觉实例来说服

---

[1] *Two New Sciences*, pp. 160, ff.
[2] *Two Great Systems*, p. 144.

那些不太相信数学具有普遍适用性的人，如有可能，不妨给出一些证明，其结论能够用实验加以检验。然后，借助于由此获得的原理和真理，我们可以继续研究更为复杂的相关现象，发现其中还蕴含着哪些数学规律。事实上，伽利略在他所有重要的动力学发现中都遵循了这三个步骤，这一点很容易从他那些坦率的传记段落中（尤其是在《关于两门新科学的谈话》中）看出来。[①]

这里又产生了进一步的问题：如果是世界的这种非同寻常的数学结构使哥白尼天文学和伽利略动力学等惊人的科学成就成为可能，那么，这种结构是某种终极性的东西，还是可以进一步加以解释？如果宗教基础是进一步的解释，那么伽利略将和开普勒一样认为，这种结构可以进一步加以解释。当时数学和天文学发展的新柏拉图主义背景已经深深地渗透到了这位意大利科学家的心灵之中，就像许多次要人物那里的情况一样。伽利略自由地使用"自然"一词并不旨在否认能够对事物作一种根本的宗教解释。凭借着对创造自然的直接认识，上帝赋予了世界一种严格的数学必然性，而我们只有通过艰苦的分解和证明才能达到这种数学必然性。上帝在其创世活动中是一位几何学家，他把世界彻底变成了一个数学体系。上帝与我们对事物认识的区别表现在他的认识是完备的，我们的认识是部分的；他的认识是直接的，我们的认识是推理的。"数学证明使我们认识到的真理与上帝的智慧所认识到的真理是一样的；但是……上帝认识的命题是无限的，而我们只理解其中少数几个；上帝认识无限个命题的方式比我们的认识方式

[①] 特别参见 *Two New Sciences*, p.178。

不知要高明多少倍。我们是根据推理从一个结论逐步过渡到另一个结论,而上帝在一念之间或凭借一瞬间的直觉就可以完成。"对上帝来说,把握任何事物的本质都意味着直接理解它的所有无限内涵,而无须花时间推理。"这些推论,我们的理智是一步步很吃力地取得的,而上帝的智慧却像光一样,一瞬间便能洞悉它们,这等于说万物总是呈现在上帝面前。"[①]上帝知道的命题比我们多出无限多,但是对于我们能够透彻地理解以至于能够领悟其必然性的那些命题,即纯粹的数学证明,我们的理解力在客观确定性上等同于上帝的理解力。

正是哲学的这种宗教基础使伽利略敢于宣称,《圣经》中那些可疑的段落应当按照科学发现来解释,而不是相反。上帝已经把世界变成了一个不可改变的数学体系,允许经由数学方法获得绝对确定的科学知识。神学家们针对《圣经》含义的不同意见充分表明,在神学中不可能获得这种确定性。那么,应当由谁来确定另一方的真正含义难道不是很明显吗?"我认为在讨论自然问题时,我们不应从一开始就把《圣经》中的某些说法当作权威,而应从感觉经验和必要的证明开始。因为《圣经》和自然同出于神的道。……自然是无情的和不可改变的,它绝不会超越为其指定的规律界限,……我认为,关于自然结果,无论是感觉经验呈现于我们眼前的,还是必要的证明向我们表明的,无论如何都不应进行质疑,更不能根据《圣经》文本的证词予以谴责。《圣经》的词语背后也许隐藏着似乎与之相反的含义,……上帝在自然的行动中显示自己和

[①] *Two Great Systems*, pp. 86, ff.

在《圣经》的神圣语词中显示自己同样令人赞叹。"[1]他引用德尔图良(Tertullian)的名言以寻求正统的支持,即我们认识上帝首先是通过自然,然后才通过启示。

第三节 第二性质的主观性

在这种数学形而上学内在必然性的推动下,伽利略和开普勒一样被不可避免地引向了第一性质和第二性质的学说,只不过在这位意大利天才这里,这一学说表现得远为明确和成熟。伽利略明确区分了世界上的两种东西:一种是绝对的、客观的、不变的和数学的东西;另一种则是相对的、主观的、变动的和可感的东西。前者是神和人的知识的领域,后者则是意见和错觉的领域。哥白尼天文学以及两门新科学的成就必定使我们放弃了那个自然假定,即感觉到的对象是真实的或数学的对象。感觉对象显示出了某些性质,经由数学规则处理之后,把我们引向了关于真实对象的知识,这便是真实的性质或第一性质,例如数、形状、大小、位置和运动,无论我们怎样努力,也无法使它们与物体相分离——这些性质也可以完全用数学来表示。真实的宇宙是几何的;自然唯一的基本特性就是使某些数学知识成为可能的那些特性。所有其他性质(对感官来说往往要显著得多)都是第一性质次级的、附属的结果。

最重要的是伽利略进一步的断言,即这些第二性质是主观的。

---

[1] *Letter to the Grand Duchess*, 1615.

开普勒尚未明确表述这一立场;在开普勒看来,第二性质显然也存在于天界,只不过没有第一性质那么真实或基本。伽利略明确认同柏拉图把变化的意见领域等同于感觉经验的领域,他继承了古代原子论者所产生的一切影响,这种影响最近已经在比维斯和康帕内拉等思想家的认识论中得到了复兴。从某种角度来讲,自然的感觉图景中那些含混的、不可靠的要素正是感觉本身的结果。正是由于这种经验到的图景已经经历了感觉,它才拥有所有那些令人迷惑的、虚幻的特征。第二性质据称是自然中唯一真实的第一性质作用于感官所产生的结果,就事物自身而言,它们仅仅是一些名称罢了。这一学说也得到了源于哥白尼天文学的思考的支持。正如地球静止的虚假表象源于观察者的位置和位置运动,这些虚假的第二性质也源于我们以感官为中介来认识对象。

伽利略在《试金者》(*Il Saggiatore*)中讨论热的原因时最为生动地提出了这个重要而激进的学说。他先是宣称自己相信运动即是所要寻找的原因,然后相当详细地解释了他的意思。

> 但首先我想对我们所谓的热作一番考察,假如我那认真的怀疑是正确的,那么人们一般接受的热的概念就与真理相去甚远,因为据说热是一种实际存在于我们感觉热的物体之中的一种真实的偶性、属性和性质。但我要说,当我设想一块物质或有形物体时,我必然会设想它有一个特定的形状和界限,与其他物体相比是大是小,在某一时刻处于某个地方,是运动还是静止,是否与其他物体相接触,是一个、几个还是多个,简而言之,我无法设想这些状况能够与物体相分离;但它

第三章 伽利略

是白的还是红的,苦的还是甜的,有声还是无声,气味好闻还是难闻,我却感觉未必一定要与物体相伴随;假如我们没有感官,也许单靠我们的理性和想象力本身永远也无法觉察到这些状况的存在。因此我认为,味道、气味、声音等所有这些似乎存在于物体之中的东西,只不过是些名称罢了,它们只是寄居于那个有感觉的身体之中。如果把生命体移走,所有这些性质也就被消除或消灭了。不过,一旦我们为其命名,赋予它们不同于其他真实的第一偶性的特殊名称,我们便不由得相信它们也像第一性质那样真实而实在地存在着。这里我可以用一个例子来更清楚地说明我的意思。我伸出一只手,先是触摸一尊大理石雕像,然后触摸一个活人。就手本身而言,无论手落在哪一个对象上,出自手的所有效果都相同——也就是说,这些第一偶性,即运动和触摸是相同的(因为我们就是用这些名称来称呼它们的)——但那个被触摸的活的身体却根据触摸到的不同部位而感觉到了不同的属性。如果触摸的是脚底、膝盖或者腋窝,那么除了通常的触感之外,它还会感觉到另一种属性,我们已经赋予了它一个特殊的名称,那就是"痒"。现在这种属性完全是我们的,而根本不属于手。在我看来,如果有人说,除了运动和接触之外,手本身还有另一种不同的能力——致"痒",以至于"痒"是存在于手之中的一种偶性,那么他就大错特错了。一张纸或一片羽毛,无论在我们身体的哪个部位轻轻摩擦,就其本身而言,在每一个地方完成的操作都一样,即运动和触摸;但就我们而言,如果是在两眼之间、鼻子上或鼻孔下触摸,那么它将激起一种几乎无法忍受的痒,虽然在其他地方几乎感觉不到这种痒。这种痒全在我们身上,而不在羽毛上。如果把这个活的、有感觉的身体移走,"痒"就只不过是一个名称而已。我相信种种这些被归于自然物的性质,比如味道、气味、颜色等等,都拥有一种类似的、并非更大的存在性。①

与开普勒相比,伽利略通过采用物质的原子论而进一步发展了这个学说。开普勒并不需要原子论,他所热衷于发现的天界数学和谐乃是天体之间大尺度的几何关系。但是伽利略在把数学观念拓展到地界运动时发现,假设物质可以分解成"无限小的不可分原子"②,他便可以解释固体如何变成液体和气体,并且解决内聚、膨胀、收缩等问题,而无需承认固体中存在着空的空间或者物质的可入性。③ 这些原子只具有数学性质,正是它们的各种运动作用于感官才引起了次级经验。④ 伽利略就味道、气味和声音等情形较为详细地讨论了原子的数目、重量、形状和速度的差异如何导致了最终感觉的差异。

伽利略原子论的历史关系问题很难解决。他并没有突出原子,原子在其著作中的地位显然更多是辅助性的,而不是根本性的。然而,他的这些话似乎暗示,除了似乎构成哥白尼和开普勒思想基础的《蒂迈欧篇》的那种几何原子论之外,他的思想还与德谟

---

① *Opere*, IV, 333, ff.
② *Two New Sciences*, p. 40.
③ *Two New Sciences*, p. 48.
④ *Opere*, IV, 335, ff.

第三章 伽利略

克利特和伊壁鸠鲁的哲学有某种亲缘关系。伽利略并不总是把重量列为原子的第一性质。他有时不得不作这种添加主要是出于对自己工作的考虑，而不是因为古代传统。"在考虑别的主题之前，我想提醒你们注意一个事实，那就是这些力、抵抗力、矩、形等等既可以从抽象的、脱离物质的方面来考虑，也可以从具体的、联系物质的方面来考虑。因此，当我们用物质来填充那些纯粹几何的、非物质的图形并赋予其重量时，属于这些图形的属性就必须加以修改。"接着，他注意到，当用物质填充一个几何图形时，该图形就因此而成为一个"力"或"矩"(moment)，他第一次力图赋予这两个非哲学术语以精确的数学含义。然而，古代原子论者的唯物论形而上学已经在权贵们的资助下开始复兴。虽然皮埃尔·伽桑狄(Pierre Gassendi)和让·克里索斯托姆·马尼昂(Jean Chrysostome Magnen)的著作直到17世纪中叶才出现，但弗朗西斯·培根已经在一些宇宙论学说上转向了德谟克利特，把他作为对亚里士多德主义的一种可能替代。路易斯·洛文海姆(Louis Löwenheim)[①]成功地发现，伽利略本人的著作中有几处提到了德谟克利特。[②]这位意大利思想家几乎用不着毕达哥拉斯主义的一些显著特征，特别是完美图形的观念。伽利略指出，任何事物的完美性完全取决于对该事物的使用。也许伽利略的原子论及其一般力学推论在很大程度上应当归因于德谟克利特这位伟大的希腊唯物论者的某

[①] L. Löwenheim, *Der Einfluss Demokrits auf Galilei* (*Archiv für Geschichte der Philosophie*, 1894).

[②] 比如 *Opere*, XII, 88。

些思想片断尤其是罗马诗人卢克莱修所普及的思想在漫长岁月中的过滤。当然,第一性质和第二性质的学说(以及上述寓于原子之中的因果性)显示出一种符合新数学纲领的新德谟克利特主义的明显标志。德谟克利特曾经传授过一种非常类似的第二性质的主观性,伽利略渴望回归的正是该学说的这一特征。

> 可是,要想在我们这里引起这些味道、气味和声音,我不相信除了尺寸、形状、数目和或快或慢的运动以外,外界物体还需要别的东西;我断言,如果把耳朵、舌头、鼻孔拿走,那么形状、数目和运动仍将存在,但气味、味道和声音将不复存在。要是没有这个活的生命体,我不相信这些东西除了是一些名称还能是什么,一如把腋窝和鼻膜移走,"痒"就只是一个名称一样;……回到我这里的第一个命题,我们现在已经看到,许多据说存在于外界物体之中的属性,其实只存在于我们之中,如果没有我们,它们就只不过是一些名称;我要说,我完全倾向于相信,"热"就是这种类型的东西。我们一般会把在我们这里产生热、并使我们有所知觉的那种东西称为"火",而我相信,"火"其实是具有某种形状并以某种速度运动的大量微粒;……但有人认为,除了形状、数目、运动、穿透力和接触之外,火还有另一种性质,那就是"热"——对于这种观点我并不认同,而只相信我刚才表明的看法。我认为"热"主要来自于我们,如果把活的有感觉的身体移走,"热"只不过是一个单纯

第三章　伽利略

的词而已。[①]

伽利略所持有的这种第一性质和第二性质的学说值得我们停留片刻,因为它对近代思想的影响具有无可估量的重要性。它是朝着把人从伟大的自然界中流放出去、把人当作自然界产生的一个结果来处理的关键一步,是近代科学哲学的一个相当恒常的特征,这一步为科学领域带来了极大简化,但却导致了近代哲学中严重的形而上学问题尤其是认识论问题。直到伽利略的时代,人们还总是理所当然地认为,人和自然都是一个更大整体的必不可少的部分,人在其中的地位更为基本。无论在存在与非存在之间、首要与次要之间作出怎样的区分,人都被认为与正面的、首要的东西相关联。这一点在柏拉图和亚里士多德的哲学中表现得很明显,对古代唯物论者也适用。在德谟克利特看来,人的灵魂是由非常精细、移动极快的火原子构成的,这立即把人的灵魂与外在世界中最活跃的因果要素联系起来。的确,古代和中世纪的所有重要思想家都认为,人是真正的小宇宙。无论把真实的、首要的东西看成理念还是某种物质性的东西,首要事物与次要事物的联合都在人那里得到了例证,这种联合真正代表着它们在广阔的大宇宙中的关系。现在,通过把这种第一性与第二性的区分表达成可以对自然作出新的数学解释的术语,我们就迈出了把人从真实的首要领域流放出去的第一步。显然,人并不是一个适合作数学研究的主题。他的表现无法用定量方法来处理,除非是以最贫乏的方式。

---

① *Opere*, IV, 336, ff.

他的生命中充满着色彩、声音、快乐、忧伤、激情、抱负和奋斗。因此,真实的世界必定是外在于人的世界,是天文学的世界和有动有静的地球物体的世界。人与这个真实世界的唯一共同之处就是人有能力发现它,这个必然要预设的事实很容易被忽视,它无论如何也不足以把人的地位提升到与他能够认识的实在和因果效力相等同。很自然地,随着外在世界被提升到更重要、更真实的地位,它将被赋予更大的尊严和价值。伽利略本人就作了这样一种补充。[①] 视觉是感觉中最卓越的,因为它与光有关,而光是最卓越的东西。但与光相比,视觉要远为低劣,就像有限比无限低劣,延续比瞬间低劣,可分比不可分低劣一样。视觉与光相比宛如黑暗。在这方面,与古代世界的联系也很明显。柏拉图和亚里士多德曾经教导说,人能够认识和沉思的是理念或形式的领域,它比人本身的地位更高。但请再次注意,在伽利略那里存在着一种影响深远的区别。现在被归于第二性的、不真实的、卑贱的、被认为依赖于感觉欺骗性的那些世界特征,恰恰是人在从事纯理论活动之外感觉最强烈的那些特征,甚至在从事纯理论活动时也是如此,除非他只运用数学方法。在这些情况下,人似乎不可避免会处于真实世界之外,人只不过是一系列第二性质的集合罢了。我们注意到,这为笛卡儿的二元论作了充分准备,即一方面是第一性的数学领域,另一方面则是人的领域。重要性、价值以及独立存在性都被赋予了数学领域。在思想史上,人第一次开始显现为作为实在之本质的伟大数学体系的一个毫不相干的旁观者和无关紧要的结果。

---

① *Opere*, IV, 336.

第四节 运动、空间和时间

到目前为止,我们主要在研究伽利略对开普勒业已达成的哲学立场的进一步发展。不过,伽利略致力于研究运动物体,特别是日常经验中的地面物体,这使其哲学中有一些明显的添加超出了开普勒阐明的任何见解。首先,伽利略明确抛弃了作为解释原则的目的因概念。我们不妨回忆一下亚里士多德和经院学者是如何分析地界运动或"位置"运动的。他们的分析针对的是处于某种运动的相关实体,旨在回答它为什么运动而不是如何运动,因此像作用(action)、遭受(passion)、动力因、目的、自然位置这样的语词会非常突出。除了在自然运动与受迫运动、直线运动与圆周运动等等之间作一些简单的区分,他们对运动本身几乎不置一词。其研究对象一直是为什么运动,而且这种研究是以质的和实体的方式进行的。而在伽利略这里,如何运动成了分析的对象,而且这种分析是用精确的数学方法进行的。

显然,经院学者的目的论术语不再有用,伽利略那清晰的心灵感到有必要发展一套新的术语来表达运动过程本身,从而在现象中赋予数学一个立足点。当然,对伽利略而言,这是其科学方法第一步的至关重要的部分,这一步就是,在一组事实中直观到这样一些要素,将它们定量组合起来就可以产生观察到的事实。在完成这项艰巨的任务时,他发现此前数学家的工作几乎没有什么帮助。诚然,天文学一直被当作应用几何学的一个分支,因此运动已被视为一个几何学概念。哥白尼的工作强化了对运动的数学研究,一个明显例子是,当时的几何学家对观察到的奇特运动所产生的各种图形产生了极大兴趣。当时几乎所有重要的几何学家都研究过摆线的性质,无论是据称对纯粹数学感兴趣的人,还是像伽利略和托利拆利那样更专注于力学的人。但伽利略的任务完全是创造一门新的数学科学来取代经院学者的理念论物理学。他发展新的术语自然会依据谨慎的原则,即采用力、抵抗力、矩、速度、加速度等尚无精确含义的日常用语,赋予它们以精确的数学含义,使它们能够像数学家所熟悉的线、角、形、曲线等等一样得到定义。当然,伽利略既没有认识到这种需要,也没有像我们希望的那样以非常系统的方式来满足这种需要,甚至连伟大的牛顿在这方面也难免产生混乱,出现差错。伽利略在认为必要时提供了新的定义,在许多情况下,精确的含义并不见于任何特定的陈述,而需要从他的用法中推测出来。但是由他的新术语可以得出某些对于近代科学的形而上学极其重要的后果。

首先,对如何运动的数学研究不可避免会使时间和空间概念突出出来。当我们用数学来处理任何运动情形时,我们把它分解为在某些时间单元里走过的某些距离单元。就天文学而言,古代人已经初步认识到这一点;通过数学方法在天界几何学中追溯任何行星运动,意味着把行星在天球上的相继位置与行星在季节、日、小时等公认时间测度的规则相续中的某些位置联系起来。但所有这些与古代人的形而上学观念一直是分离的,因为古代人的形而上学观念主要源于对人的生命和兴趣的思考,正如我们已经指出的那样,是用一套完全不同的术语提出来的。当时,人们还没有感觉到把运动定量地分解为时间和空间这一可能性所拥有的更

第三章 伽利略

大意义,关于空间和时间本性的基本问题是在其他背景下提出的。不要忘了,亚里士多德物理学和经院哲学中定性而非定量的方法不仅使时间和空间变得无足轻重,而且至少引出了一种空间定义,它与柏拉图主义者和毕达哥拉斯主义者所给出的更适合运用数学方法的定义有根本冲突。根据亚里士多德的说法,空间并非处于所有广延物体的背后,并不是它们所占据的某种东西,而是物体与其包围者之间的边界。物体本身是一个具有属性的实体,而不是一个几何的东西。亚里士多德物理学的这一方面所鼓励的思维习惯只有通过新科学慢慢克服。人们不可能一下子习惯于认为物体及其关系本质上是数学的。然而,新柏拉图主义的复兴以及当时以哥白尼天文学为顶峰的数学进展已经促进了这一思想的发展。物理空间被认为等同于几何学领域,物理运动正在获得一种纯数学概念的特征。因此在伽利略的形而上学中,空间(或距离)和时间变成了基本范畴。真实世界是由正在作可作数学处理的运动的物体构成的,这意味着真实的世界是在空间和时间中运动的物体的世界。经院哲学把变化和运动分解为目的论范畴,作为对目的论范畴的替代,我们现在赋予这两个此前无足轻重的东西以作为绝对数学连续体的新的意义,并把它们提升为基本的形而上学概念。再次重申,真实的世界是处于空间和时间之中、可对运动进行数学测量的世界。

就时间而言,伽利略的工作中有一些特征对近代形而上学特别重要。按照空间或距离来讨论事件,就是赋予被经院学者视为纯粹偶然的一个特征以新的重要性和尊严,就是为物理思维受制于亚里士多德的人提供一种新的定义(这的确是一种非常重要的转变,因为它使自然界成为无限的而不是有限的),但就时间而言,这场思想革命还要更加深刻。这并不是说我们特别需要一种新的时间定义(把时间理解成运动的度量仍然足够可用,几乎所有先前的哲学派别都是这样认为的),但是用时间来取代潜能与现实这两个旧范畴将会涉及一种全新的宇宙观,这种宇宙观会使人这类存在者的存在本身变成一个巨大的谜。

在亚里士多德之前的古代哲学中,变化(当然包括运动)要么被否认、忽视或勉强接受,要么被神化,但从未得到合理的解释。亚里士多德把潜能与现实当作理解变化的手段,并用它们来分析事件。自亚里士多德以后,尤其是在宗教兴趣的胜利使得虔诚崇拜者的神秘体验备受关注之时,这一显著成就成了大多数重要的思想运动所共同秉承的东西。最引人注目的是,这种分析方法使得橡子转变为橡树或者橡树转变为桌子与人在宗教狂喜中同上帝合一之间有可能出现一种逻辑连续性,因为在与上帝合一时,人作为被赋予形式的质料这一等级体系中的最高者,至为幸福地接触到了那个纯粹的形式或绝对的现实。当中世纪的哲学家们思考我们所谓的时间过程时,他们想到的正是这种从潜能到现实的连续转变,这种转变的顶点是那些狂喜的时刻,某位颤栗的虔诚信徒此时被赐予了感觉无比强烈的真福神视(*visio Dei*)。上帝是永恒存在的一,一直通过他的完美来发动所有可能承载更高存在性的东西。他在理想的现实性中实现的一切善的神圣和谐,他永恒存在,本身不动,却是一切变化的推动者。用现代术语来讲,现在(the present)从来没有动过,它不断把未来引向自身。这在我们听来之所以显得荒谬,是因为我们已经遵从伽利略,将人连同其记忆和目的从真实的世界中流放了出去。因此,时间在我们看来只不过是一种可以度量的连续体,只有现在这一刻存在着,这一刻本身并不是时间量,而只是已经消逝的无限过去和尚未到来的无限未来之间的分界线。这样一种观点不可能把时间的运动看成是将未来并入现实或现在,因为实际上并没有什么现实的东西。一切都在流变。我们不得不把时间的运动看成从过去进入未来,现在只是过去与未来之间移动着的界限。因此,时间作为已从我们的形而上学中流放出去的某种活过的东西,构成了近代哲学的一个尚未解决的问题。人能在现在想起过去的事件,这在近代思想家看来似乎是一件有待说明的怪事,以至于柏格森先生(M. Bergson)虽然是一位勇猛的时代斗士,却也只能借助一个不断自我增长的雪球来说明它,这种观念会令现代物理学家咬牙切齿,也会让中世纪的经院学者惊讶得喘不过气来。① 我们忘记了自己不再是近代形而上学的真实世界的一部分,忘记了作为一个可以度量的连续体的时间观念——在静穆中,现在这条分界线从已经消逝的过去进入了尚未诞生的未来——其最终的形而上学有效性是以我们被永远排除在外为条件的。如果我们是世界的一部分,那么物理学时间 t 必定会变成仅仅是真实时间的一个部分要素,由此重新获得的一种更加广泛的哲学也许会再次考虑为什么应把运动归于未来而不是现在,而把过去看成消逝的东西这一观念也许会同一个过度机械的时代的其他古怪残余一起被遗忘。

---

① 参见布罗德(Broad)把这种观念引入物理学的尝试——*Scientific Thought*, Part I, Ch. 2。其中有一些回到亚里士多德主义的迹象。

然而现在,我们正在看到那个时代的诞生。我们所理解的时间并非从潜能到现实的过程,而是一种可以在数学上度量的延续。坚持运动的时间性可以还原为严格的数学术语也具有根本的重要性,它意味着现代物理学所理解的时间仅仅变成了一个不可逆的第四维。时间像空间维度一样可以用直线来表示,可以与用类似方式表示的空间事实并列于同一个坐标系。① 对速度和加速度的精确研究迫使伽利略设计出了一种对时间作几何表示的简单技巧,对于他试图说明的真相来说,这种技巧已经足够。在伽利略那里,物理世界开始被设想为一部完美的机器,倘若有人能够完全认识和控制现在的运动,他就能完全预言和控制其未来事件。随着人被排除于真实的世界之外,真实的世界似乎受制于机械的必然性。这种趋向的思考在近两个世纪之后便导致了拉普拉斯的那段名言,即如果有一个超人智慧能够了解所有原子在任一时刻的位置和运动,他就能预言未来事件的整个进程。在这个世界中,现在只不过是过去和未来之间的一个移动的数学界限,假设有这样一个超人智慧——事实上,任何智慧、理性、知识或科学——存在于这样一个世界,会让人觉得异常。然而,近代形而上学家们不顾一切地忙于解决新的空间观所招致的较为简单的困难,几乎没有时间或精力来处理当前时间观念中那些更让人困惑的丑闻。毕竟,伽利略发现时间中存在着某种能够完全作数学处理的东西,这是一项非凡的成就。在他这方面工作的背后是数个世纪以来越来越精确的天文学预言,这些预言刚刚在第谷·布拉赫的工作中产生

---

① *Two New Sciences*, p. 265.

了惊人的飞跃。思想家们现在已经非常熟悉对运动作精确测量的观念,要想发现数学时间,只需有一位天才迈出最后一步。我们已经提到伽利略本人为了对运动进行更精确的时间测量而作出的发明。

我们在前面已经指出,伽利略的动力学研究教导他,除了传统的几何性质,物体还拥有能够作数学表示的性质。这些性质固然只是在运动的差异中揭示自身,但这些差异是明确的,而且是数学的,因此有利于给它们精确的定量定义。于是便出现了区别于几何学的近代物理学的那些主要概念,比如力、加速度、动量、速度等等。伽利略究竟在何种程度上预见到了牛顿对质量概念的完整构想,已经引起了科学史家们的热烈争论。我们没有必要一一列举这些看法。他在落体方面的工作很难使他获得这种构想,因为所有物体都以相同的加速度下落。而他在不同尺寸和比例的斜面上所做的实验(这里重量差异会导致结果有显著不同)则更有可能使他认识到,物体拥有一种能作数学处理的、与重量和经验到的阻力有关的特性。[1] 在伽利略那里,这种特性并不是与第一运动定律联合在一起的。在他那不够系统的表述中,第一运动定律乃是如下事实的一般推论:力总是在物体中产生加速度而不是单纯地产生速度。在大多数这些问题上,伽利略都是一个先驱者——要求他取得多大成就,或者达到无可指摘的一致性都是不公平的。然而我们应该注意,伽利略先于笛卡儿认识到,精确的数学家很难满足于把运动当成一个总的解释术语,或者只满足于对运动进行数学

---

[1] *Two New Science*, pp. 2, ff., 89.

表示的一般可能性。如果把具有相同几何形状的物体放在相对于同样物体的同样位置,则它们的运动会有差别。伽利略的思想在这一点上还不够清晰,但他隐约感觉到,除非能以某种方式表示这些差别,以使所有运动都能得到严格的定量处理,否则我们关于一门完备的数学物理学的理想就不可能实现。

第五节 因果性的本质——上帝与物理世界——实证主义

伽利略是用什么明确的因果性观念来替代被拒斥的经院哲学目的论的呢?这里我们再次遇到了一种对近代思想具有深远意义的学说。我们已经注意到开普勒把经院哲学的形式因转化成了数学术语,之所以能够观察到如此这般的结果,是因为可在其中发现的数学的美与和谐。然而,这种因果性观念不可能让伽利略满意。伽利略是按照动力学术语而不是形式术语来思考的,而且,开普勒一直在处理较为简单均匀的运动,在那些情况下往往只要寻找形式因就够了,而伽利略则主要关注加速运动,这种运动总要预设(根据他的术语)某个力或某些力作为原因。因此,任何不是简单均匀的运动的原因都必须用力来表达。但在我们深入研究这种观念之前,必须注意它如何关乎第一性质和第二性质学说,把人从真实世界中驱逐出去,以及整个科学革命所导致的上帝观的变化。中世纪哲学试图解决的是事件最终的"为何",而不是它们直接的"如何",因此强调目的因原则(因为只能通过目的或用处来回答这个问题)。中世纪哲学有自己的上帝观念。这里存在着目的论意

第三章 伽利略

义上的亚里士多德形式的等级结构,所有形式的顶点是上帝或纯形式,人在实在性和重要性方面介于上帝与物质世界之间。在物质世界中,事件的"为何"主要是按照它们对人的用处来解释的,而人的活动最终的"为何"是按照与上帝合一的永恒追求来解释的。现在,随着把人以上的上层结构从第一性的领域(对伽利略来说,这个第一性的领域就是处于数学关系之中的物质原子)中清除出去,事件的"如何"就成了唯一的精确研究对象,目的因不再有任何地位。真实世界只是一连串处于数学连续性之中的原子运动。在这种情况下,因果性只有通过原子本身的运动才能得到理解,发生的任何事件都被视为仅仅是这些物质单元的数学变化的结果。我们已经注意到这一点与第一性质和第二性质学说的联系,伽利略在开普勒的工作以及传统上被归于古代原子论者的观点中找到了对其立场的支持。但在这个世界中,上帝怎么办?随着目的因的消失,亚里士多德主义所设想的上帝也就消失了。然而,在这场游戏的伽利略阶段,径直否定上帝太过激进,任何重要的思想家都不会考虑走这一步。把上帝保留在宇宙中的唯一方式就是把亚里士多德的形而上学颠倒过来,把上帝看作是第一动力因或原子的创造者。这种观点一直在欧洲的某些角落若隐若现地潜伏着,也许有一些阿拉伯思想家接受了它,并努力调和原子论与伊斯兰教的有神论。[1] 在许多方面,它与从无中创造世界的流行的基督教上帝图景也相当符合。于是,上帝不再是任何重要意义上的最高的

---

[1] W. Windleband, *History of Philosophy* (Tufts translation), New York, 1907, p. 317.

善,而是一部巨大机器的创造者,诉诸他的能力只是为了解释原子的首次出现。渐渐地,把任何结果的一切进一步的因果性都置于原子本身之中,这种趋势正在变得越来越不可阻挡。然而,伽利略并没有明确走出这一步。在他那里,似乎有某种当前不可见的实在产生了观察到的物体加速。原子的运动仅被当作事件的次级原因,原初原因或基本原因总是通过力来设想的。①

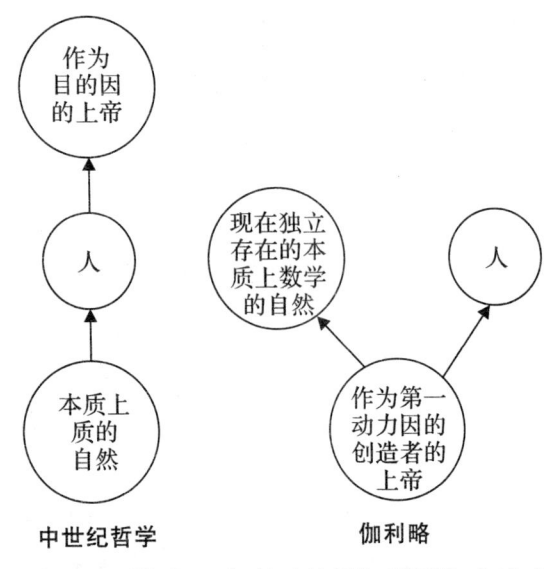

```
        作为
        目的因
        的上帝
          ↑                  现在独立
          |                  存在的本
          人                 质上数学         人
          ↑                   的自然          ↑
          |                   ↑   ↑          |
         本质上               作为第一
         质的                 动力因的
         自然                 创造者的
                              上帝

        中世纪哲学                   伽利略
```

"同类结果只可能有一个真正的原初原因",在这个原初原因与它的不同结果之间有一种固定不变的关联。他说这些话的意思是,对于每一种特定类型的可用数学表达的运动来说,都存在着某个原初原因或不可毁灭的力,总是可以凭借它来产生其结果。②

---

① *Two Great Systems*, pp. 381, 407.
② 参见 *Two New Sciences*, pp. 95, ff.。

第三章 伽利略

这些原初原因的主要标志或特征是同一性、均匀性和简单性,如果想定量地处理它们的结果,那么这些特征就是至关重要的。重力便是这些基本力当中的显著例子。

而次级原因或直接原因本身总是特定的运动,它们旨在激起或发动这些更加基本的原因。例如,静止物体本身并不会获得运动;要想让静止物体运动,就必须有某种在先的运动或运动组合作为原因。在因果性的这种次级的、更具体的意义上,"能在严格意义上被称为原因的只有这样一种东西,它存在结果就产生,它不存在结果就消失"。① 进而,结果的任何改变都只能归因于作为原因的运动中出现了某个新的事实。伽利略因果性学说的这一方面注定会得到卓有成效的发展。事实上,他有时会在自己的著作中反对把研究加速运动的属性与讨论引起加速运动的力混淆起来。② 主要是由于惠更斯的成就,当作功的概念在物理学中变得基本时,隐含在整场运动中的最后一个学说便准备就绪了,这一学说就是:对科学来说,原因和结果都是运动,从功的角度来说,原因在数学上等价于结果。更通俗地讲,我们有了能量守恒假定,能量总是以运动的形式表现出来。这样一来,把世界构想为一部完美的机器便不可避免了。惠更斯和后来的莱布尼茨(以一种更加哲学的方式)明确表达了这种观点,这绝非偶然。它与作为一个数学连续体的新的时间观念密切相关,与经院哲学因果性分析的反差几乎没法再大了。中世纪的形而上学把人看成自然的一个决定性的部

---

① *Opere*, IV, 216.
② *Two New Sciences*, pp. 166, ff.

分,看成物质与上帝之间的一种联系,现在,当人从真实世界中流放出来之后,我们不再以适合这种形而上学的术语来作因果解释,而是只通过力来解释因果关系,而力在可用数学表达的物质运动中显示自身。

然而,在构成真实世界的巨大的运动体系中揭示自身的这些基本的力的本质是什么呢?倘若我们发现伽利略正在试图回答这个问题,那么现已遭到驱逐的中世纪形而上学的大部分内容也许能够卷土重来。但这里最后一次证明了伽利略革命性的伟大之处。在一个不受约束的思辨已成常规的时代,我们看到一个具有充分自制力的人留下了一些超出实证科学领域的基本问题没有解决。在了解那个时代思想潮流的人看来,伽利略的这种不可知论风格甚至是一种比他那些非凡的建设性成就还要高的天才的标志。这种不可知论固然不像后来变得那样彻底(伽利略从未想过拒绝给予宇宙问题以最终的宗教回答[①]),但只要能使科学在对世界的数学解释中还有机会继续取得辉煌的胜利,这就够了。这种不可知论禁止人们以损害实在的严格数学特征为代价去纵容自己万物有灵论的弱点,从而使近代形而上学陷入了最为奇特的尴尬。根据伽利略的说法,我们对力的内在本性或本质一无所知,我们只知道它在运动方面的定量结果。

> 萨尔维阿蒂[伽利略的代言人]:"……如果他愿意并能使我确信,这些运动天体[火星和木星]之一的推动者是什么,那

[①] *Two Great Systems*, pp.385,424.

第三章 伽利略

么我就能告诉他,是什么使地球运动。还有,如果他能告诉我是什么使地球上的物体下落,我也就能告诉他是什么使地球运动。"

辛普里丘:"这里的原因当然是很明显的,人人都知道它是重性。"

萨尔维阿蒂:"……你应当说人人都知道它**被称为**重性。但我问你的不是它叫什么名字,而是它的本质……我们并不真正知道是什么本原或力量在推动石头下落,正如我们不知道石头离开抛射者的手之后什么推动它向上运动,或者什么推动月球运转。我们只知道特别为一切下落运动所指定的那个恰当名称,即'重性'。"①

在讨论潮汐时,伽利略严厉批评开普勒通过那些听起来像是经院哲学隐秘性质的术语来解释月球对潮汐的影响。伽利略认为,人们最好"说出那句明智、巧妙和谦逊的话——'我不知道'",而不是"容许说出和写下各种各样的胡言乱语"。② 对于这种实证主义,伽利略并非始终如一。在某些情况下,他允许自己的思辨泛滥放任。他毫不犹豫地把太阳黑子解释成,太阳为了连续发光发热而不断吞食经常供应的天界食物所释放出的黑烟;也毫不犹豫地像开普勒那样来解释约书亚的奇迹,③ 即假定行星的绕轴自转

---

① *Two Great Systems*, pp. 210, ff.
② *Two Great Systems*, pp. 406, ff.
③ Letter to the Grand Duchess.

是由太阳的绕轴自转引起的,因此可以用太阳的暂时停止来解释行星的停止。不过,很难确定这样一种说法是否不仅仅是为宗教之用。不管怎样,他有时会把宇宙的创生及其第一因的基本问题归入未知领域,至少直到我们基于力学的实证成果发现有可能解决这些问题为止,这充分表明了这种实证主义倾向在其思想中的活力。"这类深奥的考虑属于一种比我们的旧理论更高的学问。我们属于那种不太受人尊重的工匠阶层,我们必须满足于此,工匠们从采石场获取大理石,然后有天赋的雕刻家再由它制作出隐藏在其不成形的粗糙外表之下的杰作。"[1]

在开始新的一章之前,我们有必要停下来反思一下伽利略的巨大成就。限于篇幅,我们不可能另作专题讨论,但请注意,思想史必须转向这个人:正是他通过实验推翻了一门古老的科学,通过感觉事实确证了到那时为止只基于先验理由的一种新宇宙理论,为物理自然的数学科学这一近代最惊人的思想成就奠定了基础;然后,就好像这些成就还不够,我们还必须转到作为哲学家的伽利略:他充分意识到他的假定和方法的更大意义,即勾画出一种新的形而上学(一种对宇宙的数学解释),为力学知识的进一步发展提供最终的辩护。他抛弃了作为最终解释原则的目的论,剥夺了基于这种目的论的那些关于人与自然决定性关系的信念的基础。他把自然界描述成一部由时空中的物质运动所构成的巨大而自足的数学机器,而具有目的、情感和第二性质的人,则作为一个无足轻重的旁观者和这场伟大的数学戏剧的半真实结果被驱逐了出去。

---

[1] *Two New Sciences*, p. 194.

鉴于种种这些激进的表现,我们必须把伽利略视为有史以来最重要的思想家之一。在每一个重要方面,他都为这种正在前进的思想潮流中仅有的两位能与之相比的思想家——笛卡儿和艾萨克·牛顿——开辟了道路。

第四章 笛卡儿

在这场数学运动中,笛卡儿的意义是双重的:他详细制定了一个关于物质宇宙数学结构和运作的完整假说,比前人更加清楚地意识到了新方法的重大含义;通过他那著名的形而上学二元论,他既试图为把人及其利益从自然中流放出去进行辩护,又试图对此作出弥补。

十几岁时,笛卡儿就迷上了数学研究,并为此逐渐放弃了所有其他兴趣。21岁那年,他已经掌握了当时已知的一切数学知识。在接下来的一两年里,他做了力学、流体静力学和光学的实验,并试图把数学知识扩展到这些领域中。他似乎对开普勒和伽利略的那些更加引人注目的成就产生了浓厚的兴趣,但并未受到其科学哲学细节的深刻影响。1619年11月10日深夜,笛卡儿经历了一种非凡的体验,这种体验确证了他以前的思想倾向,赋予他毕生的工作以灵感和指导原则。[1] 我们只能把这种体验比作神秘主义者心醉神迷的觉悟,当时真理的天使向他显现,似乎通过附加的超自然洞察力证明了他心中不断加深的一个信念,即数学是解开自然

---

[1] Milhaud, *Descartes savant*, Paris, 1922, pp. 47, ff. 根据可能获得的原始文献对该事件作了很好的叙述,并且对其他笛卡儿权威的观点作了批判性的评注。

之谜的唯一钥匙。这一异象非常生动和有说服力,笛卡儿直到晚年还把那个精确日期称为标志他一生转折点的伟大的启示时刻。

第一节　数学作为知识的钥匙

在这次独特的体验之后,笛卡儿便开始在几何学领域进行紧张研究。短短几个月,他就极为成功地发明了一种极富成效的新数学工具——解析几何。这项伟大的发现不仅确证了他的异象,激励他沿着同一方向继续努力,而且对其一般意义上的物理学也非常重要。作为一种数学探索的工具,解析几何及其成功运用预设了数的领域(即算术和代数)与几何学领域(即空间)之间精确的一一对应。这两个领域业已被相互联系,这当然是整个数学科学的共同财产;而它们具有这种明确而绝对的对应关系,才是笛卡儿的直觉。他发觉,空间或广延的本质使得空间关系无论多么复杂,都必定可以用代数公式来表达,反过来,数的真理(在某些幂次之内)也可以完全在空间上表达。这项著名的发明使笛卡儿不由得产生了更深的希望,即整个物理学领域也许都可以还原为纯粹的几何性质。无论自然界还可能是其他什么东西,它显然是一个几何世界,其对象是有广延、有形状的运动中的大小(magnitude)。如果我们能够去除所有其他性质,或者把它们还原为这些性质,那么数学显然就是揭示自然真理的唯一合适的钥匙。从希望到思想离得并不远。

在随后的10年中,除了广泛游历,笛卡儿又作了进一步的数学研究。他在这一时期结束时写下了这些研究成果,还制定了一系列专门的规则来应用他那种非常引人入胜的思想。我们发现,这些规则表达了一种信念,即所有科学构成了一个有机统一体,[1]必须用一种普遍适用的方法对它们进行研究。[2] 这种方法必定是数学方法,因为在任何一门科学中,我们所了解的一切就是它的现象中所表现出来的秩序和量度,而数学正是那种对秩序和度量进行一般处理的普遍科学。[3] 正因如此,算术和几何才是使确定无疑的知识成为可能的科学。它们"处理的对象是如此单纯和纯粹,以至于根本无需作出任何因经验而变得不确定的假设,而只需理性地导出推论"。[4] 这并不意味着数学对象是物理世界中不存在的虚构的东西。[5] 如果有人否认纯粹数学对象的存在,他就必定要否认有任何几何事物存在,因此很难坚持说,我们的几何观念是从存在物中抽象出来的。当然,没有什么实体只有长度而无宽度,或者只有宽度而无厚度,因为几何图形并不是实体,而是实体的边界。要想让我们的几何观念从物理对象的世界中抽象出来,承认这是一个站得住脚的假说,那么世界就必须是一个几何世界——它的一个基本特征就是在空间中的广延性。也许最后能够证明,它的所有特征都能由广延这个基本特征推导出来。

笛卡儿不辞辛劳地说明他的论点,即在任何科学中,精确的知识总是数学知识。其他任何类型的量都必须还原为数学术语才能

---

[1] *The Philosophical Works of Descartes*, Haldane and Foss translation, Cambridge. 1911, Vol. I, pp. 1, ff. , 9.
[2] *The Philosophical Works of Descartes*, Vol. I. p. 306.
[3] *The Philosophical Works of Descartes*, Vol. I, p. 13.
[4] *The Philosophical Works of Descartes*, Vol. I, pp. 4, ff.
[5] *The Philosophical Works of Descartes*, Vol. II, p. 227.

进行有效的处理。要是能把它还原为具有广延的大小则更好,因为广延既可以用理智处理,也可以在想象中再现。"虽然可以说一个东西比另一个东西更白或没有它白,或者一个声音比另一个更高或更低等等,但却不可能精确地确定它们之间的比例是 2∶1、3∶1或其他比例,除非我们像处理有形物体的广延一样来处理那个量。"①物理学不同于数学,它只是确定数学的某些部分是否建立在真实的东西基础之上。②

那么,对于笛卡儿来说,这种数学方法到底是什么呢?面对着一组自然现象,科学家应当如何着手呢?在早期的《指导心灵的规则》(Rules)中,笛卡儿的回答是区分实际过程中的两个步骤:直观和演绎。"我所说的直观是指……明晰而专注的心灵的构想,这种构想迅速且分明,使我们不致对所认识的事物产生任何怀疑"。③他引用了一些基本命题来说明这一点,比如我们存在,我们思想,三角形仅由三条线围成,等等。他所谓的演绎是指从某些已由直观确知的事实所作的一连串必然推理,其结论的确定性是由直观及其在思想中的必然联接来保证的。④ 然而,随着《指导心灵的规则》的进行,他意识到仅用这种命题方法来产生一门数学物理学是不够的。于是,他引入了简单性质的概念,作为直观在这些不言自明的命题之外的发现。⑤ 所谓简单性质,笛卡儿指的是像广延、形

---

① *The Philosophical Works of Descartes*, Vol. I, p. 56.
② *The Philosophical Works of Descartes*, Vol. I, p. 62.
③ *The Philosophical Works of Descartes*, Vol. I, p. 7.
④ *The Philosophical Works of Descartes*, Vol. I, pp. 8, 45.
⑤ *The Philosophical Works of Descartes*, Vol. I, pp. 42, ff.

状、运动这样的物体的基本特性,可以认为现象是由其单元的定量组合而产生的。他注意到,形状、大小和不可入性似乎必然与广延有关,因此,广延和运动似乎是事物最终的、不可还原的性质。当他从这一点继续走下去时,他已经接近于一些最为深远的发现,然而,由于他无法阻止自己思想的散乱,也无法实现他那些极有意义的提议,那些发现终究无益于他自己后来的成就和一般的科学成就。物体是处于各种运动之中的广延物。我们希望从数学上处理它们。我们直观到这些简单性质,从而可以据此作出数学演绎。那么,尤其是考虑到这些简单性质必须使广延和运动在数学上可以还原,我们能更精确地表述这个过程吗?笛卡儿试图这样做,但在一些关键点上,他的思想迷了路,结果,笛卡儿的物理学不得不被伽利略-牛顿传统的物理学所取代。他问道,广延的那些能够帮助我们描述现象的数学差异的特征到底是什么?他给出了三种这样的特征——量纲、统一性和形状。我们并不清楚这种分析是如何提出来的,[1]但其思想的一个一致的解决方案似乎是:统一性使单纯的算术或几何能在事物中获得立足之地,形状涉及事物各个部分的秩序,而量纲则是为了使任何事实都能作数学还原而必须补充的特征。"所谓量纲,我大致是指据以对一个物体进行度量的方式和方面。于是,不仅长、宽、深是量纲,而且重量也是量纲,根据重量可以对物体的重性进行估计。因此,速度是运动的一个量纲,类似的例子还有无数个。"对重量、速度等等这些与长、宽、深类似的数学量纲(只不过它们是运动的量纲而不是广延的量纲)的这

---

[1] *The Philosophical Works of Descartes*, Vol. I, pp. 61, ff.

种构想隐藏着在笛卡儿或后来科学家的工作中完全没有实现的巨大可能性。倘若笛卡儿成功地贯彻了自己的思想,我们今天也许会把质量和力看成数学量纲而不是物理概念,当前数学与物理科学之间的区分也就不会作出。人们可能会理所当然地认为,一切精确科学都是数学的,整个科学仅仅是一门可以不时添加新概念的更大的数学,利用这些新概念,我们能够对更多的现象性质作数学还原。在这个意义上,他也许会使所有人都相信他在《哲学原理》(*Principles of Philosophy*)第二卷结尾处的那种学说,[①]即一切自然现象都可以通过数学原理以及对它们的可靠证明来解释。他在后来著作中的某些地方似乎仍然认为重量是运动的一个量纲。他批评德谟克利特把重性看成是物体的一个本质特征,"我否认重性本身存在于任何物体之中,因为重性这种性质依赖于物体彼此之间在位置和运动方面的关系。"[②]但一般来说,他往往会忘记这个重要的说法。我们发现他否认重量是物质本质的一部分,因为我们把火看成物质,而火似乎根本没有重量。[③] 他似乎已经忘记,他曾认为这些差异本身是数学差异。

事实上,笛卡儿既是一位富于想象的思辨者,又是一位数学哲学家,一种关于天文学-物理学世界的总体构想正越来越清晰地呈现于他的心灵中。通过这种构想,他发现很容易将一些性质相当干脆地清除掉,伽利略正试图把这些性质还原为精确的数学处理,

---

[①] *Principles of Philosophy*, Part II, Principle 64.

[②] *Principles*, Part IV, Principle 202.

[③] *Principles*, Part II, Principle 11.

但仅仅通过广延是无法作这种还原的。这种方案实际上是把这些性质交由一种毫无阻碍的以太或如笛卡儿通常所说的初级物质来承担,这样就可以认为这种以太所携带物体的任何特征都可以由广延导出。笛卡儿著名的涡旋理论便是这种强有力的、无所不包的思辨的最终产物。那么,他是如何构想出这个理论的呢?

第二节 对物理宇宙的几何构想

笛卡儿希望设计出一门只需要纯粹数学原理的物理学,我们已经指出,他这种希望与其生平不无关系。这里也有某些逻辑偏见在起作用,比如任何东西都有广延,只要有广延就必定有某种东西。① 不仅如此,笛卡儿能以一种较为满意的方式来说明运动。上帝最初发动了广延物,并通过其"普遍协同"(general concourse)②维持着宇宙中同样数量的运动。③ 这得到了更直接设想的清晰分明观念的确证,它意味着对于物体来说,运动和静止一样是自然的,即第一运动定律。于是,自创世以来,广延物的世界只不过是一部巨大的机器。在任何时刻都没有自发性,所有物体都严格按照广延和运动的本原持续不断地运动。这意味着宇宙被设想为一种有广延的充实体(*plenum*),其各个部分的运动是通过直

---

① *Principles*, Part II, Principle 8, 16.

② "普遍协同"的拉丁文为 *concursus generalis*,英文译为 general concurrence 或 general concourse,指(不同于偶因论[occasionalism]的看法)有时一个结果的特殊性质只需追溯到次级原因(secondary cause)的作用,而无需追溯到上帝。上帝在这里只是与次级原因协作,充当结果的一般原因或普遍原因。——译者

③ *Principles*, Part II, Principle 36.

接碰撞来彼此传递的。不需要用伽利略所说的力或吸引来解释特定类型的运动,更不要说用开普勒所说的"主动力"了。一切都是按照一部平稳运转的机器的规律性、精确性和必然性而发生的。

那么,如何既能解释天文学和地球引力的事实,又不破坏这个简洁美妙的假说呢?只有认为我们的研究对象在一种无限的以太——或笛卡儿所谓的"初级物质"——中无助地漂流。这种"初级物质"只能模糊地设想,而绝不能在数学上设想,笛卡儿想象它的运动能使现象得到解释。这种初级物质被迫进入神所赋予的一定量的运动,形成一系列旋涡或涡旋。行星和地球物体等可见物体依照涡旋运动定律被涡旋携带着运转,或者被推向某些中心点。因此,这样被携带的物体可以被设想为纯粹数学的,它们只拥有那些可由广延导出的性质,并可在周围介质中自由运动。诚然,笛卡儿对初级物质本身也从字面上作出了同样的要求,但他渴望解释的是物体的世界,因此通过这一假说,他自认为已经实现了一生中最大的抱负,即获得了一门完全几何的物理学。他没有意识到,这种思辨的成功是以让这种基本介质来承担在重力和其他速度变化中表现出来的那些特征为代价的——伽利略力图用数学来表达这些特征,而笛卡儿则以其更严格的数学气质把它们设想为量纲。这一步骤根本没有把它们从广延领域中驱逐出去,而是仅仅把如何对它们进行精确数学处理的问题隐藏在了模糊而一般的术语之下。要想解决这个问题,就必须把笛卡儿的工作颠倒过来,重新援引伽利略的力、加速度、动量等概念。

当时令人遗憾的是,虽然思想家们正在接受这样一种观念,即运动是一个数学概念,是纯粹几何学研究的对象,但除伽利略以外,他们都没有认真而始终如一地认为运动可以严格还原为数学公式。伽利略已经非同寻常地洞察到,物体的运动中没有任何东西不能用数学术语来表达,但他发现,要想对运动进行完整的数学处理,除了几何性质,还必须把某些基本性质赋予物体。笛卡儿很清楚隐藏在这种必要性背后的事实——当把具有相同几何形状的物体置于相对于邻近的同样物体的同一位置时,它们会作不同的运动——但由于他一般只是把运动看成一个数学概念,而没有像处理广延那样对运动进行彻底的严格还原,因此,他没能使他以前关于重量和速度作为量纲的提议获得一个清晰的结果,而是转向了高度思辨的涡旋理论。这种理论把这些变化的原因隐藏在那种模糊的不可见介质之中,从而保住了可见物体的纯几何特征。尽管如此,涡旋理论依然是历史上的一项非常重要的成就。它第一次尝试以一种完全不同于柏拉图-亚里士多德-基督教观点的方式来描绘整个外在世界,后者本质上是一种关于自然进程的目的论的、精神的观念,已经控制了人们的思想 1500 年。上帝创造出物理世界,是为了整个过程能够在人——最高的自然目的——这里找到回归上帝之路。而现在,上帝被贬低为运动的第一因,然后宇宙中的事件会永远继续下去,就像在一部规则运转的巨型数学机器中那样。伽利略那大胆的构想得到了更详细的贯彻。世界被具体描绘为物质的而不是精神的,机械论的而不是目的论的。这为波义耳、洛克和莱布尼茨做好了准备,他们把世界比作一座大钟,造物主一旦给它上紧发条,此后便仅仅通过他的"普遍协同"来维持井然有序的运动。

该理论对笛卡儿也有重要的实际价值。1633 年,正当他准备出版最早的力学论著时,他被伽利略受审吓坏了,因为伽利略在其刚刚出版的《关于两大世界体系的对话》中宣扬地球的运动。然而,当笛卡儿构想出碰撞运动和涡旋理论时,他感到必须把位置和运动看成完全相对性的概念,在教会看来,这种学说或许能够豁免他。就位置而言,他已经达到了这种可信性,他在《指导心灵的规则》中把位置定义为"处于某个位置的物体与它之外的空间部分的某种关系"。① 这种观点在《几何》和《折光学》中得到了更强的确认,他在其中断言,没有绝对空间,只有相对空间;但只要用我们的思想来规定位置,或者用一个任意选取的坐标系对它作数学表示,位置就将一直是固定的。②《哲学原理》给出了这种观点对于正确的运动定义的全部后果,在其中,他先是指出了运动作为"物体从一个位置移到另一个位置所凭借的行动"的流俗理解,③然后谈到了"事情的真相",即运动是"物质部分或物体从与之直接接触且被我们视为静止的那些物体的附近转移到其他物体附近"。④ 由于我们可以为了方便而认为物质的任一部分处于静止,因此运动就像位置一样变成了完全相对的。这一学说直接的实际价值是,根据这个定义,静止于周围以太中的地球可以说是不动的,虽然同样也可以说,地球和整个涡旋介质正在一起围绕太阳运转。这位聪明的法国人声称,"我比哥白尼更谨慎、比第谷更诚实地否认地

---

① *Philosophical Works*, Vol. I, p.51.
② 参见 *Dioptrics*, Discourse 6 (Oeuvres, Cousin ed., Vol. V, p.54, ff.)。
③ Part II, Principle 24.
④ Part II, Principle 25.

球在运动",这难道不是非常正当的吗?①

在笛卡儿构想其涡旋理论的细节,试图把广延世界视为一部宇宙机器的那些年里,笛卡儿忙于思考一些更为基本的形而上学问题。他确信自己的数学物理学完全对应于自然结构,从实用主义的角度来看,这种信念正不断得到确证,但他并不满意这种经验主义的或然论。他渴望绝对保证那些清晰分明的数学观念必定对物理世界永远为真。他感到,要想解决这个根本困难,需要有一种新方法。1629年初以及1630年4月15日他与马兰·梅森(Marin Mersenne)的通信明确表露出他对这一问题的真实性和根本性的察觉。② 我们了解到,通过设想自然的数学定律是由上帝确立的,笛卡儿已经(对他自己来说)满意地解决了这个问题,上帝意志的永恒不变性可以由上帝的完美性推导出来。这种形而上学细节出现在《方法谈》、《第一哲学沉思集》和《哲学原理》中,在那些地方,它是通过普遍怀疑的方法、著名的"我思故我在"以及对上帝的存在性和完美性的因果证明和本体论证明而达到的。他在《方法谈》中告诉我们,早在10年前他就已经决定,一旦做好充分准备,他就会尝试让自己的心灵内容服从于普遍怀疑。然而现在,促使他贯彻这种想法的主要动机不仅是他总体上不再信任自己的早期信念,而且还出于解决这个特定问题的迫切需要。我们不再追随他深入这些复杂细节,而是关注其形而上学的一个著名方面,即广

---

① *Principles*, Part III, Principles 19—31.
② *Oeuvres* (Cousin ed.) VI, 108, ff. 参见 Liard, *Descartes*, Paris, 1911, p. 93, ff. 中对这一阶段的有趣论述。

延实体（*res extensa*）与思想实体（*res cogitans*）这两种相互独立的基本实体的二元论。

第三节 "广延实体"与"思想实体"

在伽利略那里，数学自然观与感觉经验原则的结合使感官的地位变得有些模糊。我们的哲学试图解释的正是这个可感世界，而且我们的结果需要通过运用感官来证实；然而当我们完成哲学时，我们发现不得不把真实的世界看成只拥有第一性质或数学特征，而第二性质或不真实的性质则源于感官的欺骗。不仅如此，在某些情形中（比如地球的运动），必须把直接的感觉证据斥之为假，正确的答案只有通过理性的证明才能获得。那么，感官的地位何在？特别是，我们应当如何来处理那些由于感官的欺骗性而被置于一旁的第二性质呢？笛卡儿解决这些问题的办法是，摈弃经验主义方法，在一种同样真实但没有那么重要的东西中为第二性质提供一个避难所，这种东西就是思想实体。

在笛卡儿看来，我们的哲学活动所关注的固然是这个可感世界，[①]但正确的哲学程序方法绝不能依赖于感觉经验的可靠性。"事实上，仅凭感觉我们感知不到对象（而只能通过把我们的理性运用于感觉对象）。"[②]"对于不涉及启示的事物，过分相信感官或者过分倚重童年时期那种有欠考虑的判断，而不接受成熟理性的

---

① *Philosophical Works*, Vol. I, p. 15.
② *Principles*, Part I, Principle 73.

命令……这与哲学家的品性绝不相符。"①我们寻求"物质事物的某些原理……不能依靠感官的偏见,而要依靠理性之光,这些原理将因此具有非常强大的证据,以至于我们无法怀疑其真理性"。②感觉被称为"混乱的思想",③因此感觉就像依赖于它的记忆和想象一样,只能以某些特定的方式被用作理解力的辅助手段;可以用感觉实验来判定由清晰设想的第一原理所推出的不同推论;记忆和想象则可以把具有广延的有形物质再现于心灵面前,以帮助心灵对它进行清晰的构想。④ 我们甚至没有必要总是从感觉经验入手来充当一种有效哲学的基础。当然,仅凭推理并不足以赋予一个盲人真正的色彩观念,但一个人一旦已经感知到没有中间色的原色,他就可能构造出中间色的图像。⑤

因此,我们的哲学发现方法显然是理性的和概念的,可感世界是某种模糊混乱的东西,哲学从这里着手获得真理。那么,我们凭什么相信几何的第一性质实际上是对象本身所固有的,而第二性质却不是呢?我们是如何认为,"所有其他东西都是由形状、广延、运动等等构成的,我们对形状、广延、运动等等这些东西的认知是如此清晰分明,以至于心灵不可能再将它们分解成为其他更明确认识的东西"的呢?⑥笛卡儿本人对这种说法的辩护是:这些性质比其他性质更永恒。在第二个沉思中,他曾以蜡块为例进行说明。

---

① *Principles*, Part I, Principle 76. 亦参见 Part II, Principles 37, 20。
② *Principles*, Part III, Principle 1.
③ *Principles*, Part IV, Principle 197.
④ *Philosophical Works*, Vol. I, p. 35, 39, ff. Discourse, Part V.
⑤ *Philosophical Works*, Vol. I, p. 54.
⑥ *Philosophical Works*, Vol. I, p. 41.

他觉察到,蜡块保持恒定的性质只有广延性、弹性和可运动性,这个事实是依靠理解力认识到的,而不是凭借感觉或想象。既然弹性不是一切物体都具有的属性,那么就只剩下广延性和可运动性能够作为一切物体本身的恒定性质。只要物体仍然存在,这两种性质就绝对无法去掉。但我们也许会问,颜色和抵抗力难道不也是物体的恒定性质吗?的确,物体有颜色变化,也有不同程度的抵抗力,但我们碰到过完全没有颜色或抵抗力的物体吗?事实上,笛卡儿的真正标准并非恒定性,而是可以用数学处理,认识到这一点对我们的整个研究至关重要。和伽利略一样,从青年时代的研究开始,笛卡儿的整个思想历程就已经使他习惯于认为,我们只有用数学方式才能认识物体。在他看来,唯一清晰分明的观念就是数学观念,以及给他的成果奠定更坚实的形而上学基础的一些逻辑命题,比如我们存在,我们思考等等。因此,认为第二性质和第一性质一样属于物体本身所有,这在他看来必定是模糊而混乱的。[1]第二性质并不是一个可以作数学操作的清晰领域。这一点怎么强调都不为过,尽管我们现在不准备在这里停留。

但是现在,把以上这些逻辑命题添加到那些例证了清晰分明观念的数学定义和公理之上就很重要了。这早在《指导心灵的规则》中就出现了,而且已经显示出他那种形而上学二元论的端倪。作为知识条目,没有哪个数学对象能比"我思故我在"更有说服力。我们可以把注意力内转,从整个广延世界抽离出来,以绝对的自信注意到存在着一种完全不同的东西即思想实体。无论关于几何领

---

[1] *Philosophical Works*, Vol. I, pp. 164, ff.

域的终极真理是什么,我们都知道自己可以怀疑、设想、肯定、意愿、想象和感觉。因此当笛卡儿集中精力构建一种完备的形而上学时,这种明确的二元论便不可避免了。一方面是物体的世界,其本质是广延;每一个物体都是空间的一部分,是一个有限的空间大小,它与其他物体的区别仅仅在于不同的广延样式——这是一个几何学的世界,只能通过纯粹数学来认识,而且可以完全认识。涡旋理论毫不费力地处理了重量、速度等困难问题;整个空间世界变成了一部巨大的机器,甚至包括动物身体的运动以及人的那些不依赖于明确意识的生理过程。这个世界不依赖于任何思想,即使没有人存在,它的整个机械装置也会继续存在和运转。① 另一方面则是内在领域,其本质是思想,其样式是知觉、意愿、感情、想象等辅助过程,②这是一个非广延的领域,至少就我们对它的充分认识而言,它独立于另一个领域。但笛卡儿对思想实体并不太感兴趣,对它的描述很简短,而且,就好像是为了在这场新的运动中完成对目的论的拒斥,他甚至没有诉诸目的因来解释心灵领域中发生的过程,那里的任何东西都只不过是思想实体的一种样式。

那么,我们应该把第二性质置于哪个领域呢?答案是不可避免的。我们可以设想第一性质实际存在于物体之中,而第二性质却不是这样。"事实上,第二性质不可能代表存在于我们心灵之外

---

① *Oeuvres*, Cousin ed., Paris, 1824, ff., Vol. X, p. 194.

② 在其《论人》(*Traité de l' homme*)中,笛卡儿已经断言这些辅助过程可以由没有灵魂的肉体来完成,灵魂的唯一功能是思想。参见 *Oeuvres*, XI, pp. 201, 342; *Discourse* (Open Court ed.), p. 59, ff.; Kahn, *Metaphysics of the Supernatural*, p. 10, ff.。然而,他在《第一哲学沉思集》和《哲学原理》中表达的那些成熟观点是像以上所说的那样。例如参见 Meditation 11。

的任何东西。"①毫无疑问,它们是由物体的那些无法感觉的微小部分的运动对我们感官的种种作用所引起的。② 我们无法设想这些运动怎么可能在物体中产生第二性质。我们只能把运动倾向归于物体本身,一旦这种运动倾向与感官关联起来,第二性质便产生了。我们无需犹豫便可知道结果完全不同于原因:

> 一把刀从皮肤上划过会引起疼痛(但并不会因此而让我们意识到刀的运动或形状)。这种疼痛的感觉不同于引起这种感觉的刀的运动,也不同于刀所划过的我们身体部位的运动,我们对颜色、声音、气味或味道的感觉也是如此。③

因此,我们可以把除第一性质之外的一切性质归并在一起,将其指定为这种形而上学联姻的第二个成员。当我们把疼痛、颜色以及其他诸如此类的东西径直看成感觉或思想时,我们就有了对它们清晰分明的认识。但是,

> ……如果认为它们是存在于我们心灵之外的某些东西,我们就完全无法形成关于它们的任何观念。事实上,如果有人告诉我们,他看到物体有颜色,或者手臂感到疼痛,这就相当于说,他在那里看到或感觉到了某种毫不知其本性的东西,

---

① *Principles*, Part I, Principles 70, 71.
② *Oeuvres* (Cousin), Vol. IV, p. 235, ff.
③ *Principles*, Part IV, Principle 197.

或者说,他并不知道自己看到或感觉到了什么。①

我们很容易设想一个物体的运动如何能够引起另一个物体的运动,以及物体的各个部分在大小、形状和位置等方面的种种不同,但我们完全无法设想这些东西(大小、形状和运动)如何可能产生另外某种在本性上完全不同的东西,比如许多哲学家认为处于物体之中的那些实体形式和实际性质。②

但是,由于我们从灵魂的本性可以知道,身体的多种多样的运动足以在其中产生它所具有的一切感觉,由于我们从经验得知,它有几种感觉实际上是由这些运动引起的,而且我们没有发现,除了这些运动,还有什么东西从外部的感官传递到大脑,因此我们有理由断定,除非是作为能够以各种方式发动我们神经的这些物体的种种倾向,我们绝不能类似地理解外界物体中我们所谓的光、颜色、气味、味道、声音、热、冷以及其他触觉性质,或者我们所谓的物体的实体形式……

这便是笛卡儿那著名的二元论——其中一个世界是一部有着空间广延的巨大的数学机器,另一个世界则是没有广延的、思想着的精神。无论什么东西,只要不是数学的,或者完全依赖于思想实体的活动,就都属于后一个世界,尤其是所谓的第二性质。

---

① *Principles*, Part I, Principles 68, ff.
② *Principles*, Part IV, Principles 198, 199.

第四节 心身问题

但笛卡儿的回答引出了一个重大问题,即如何说明这些不同的东西之间的关联。如果这两种实体中的每一个都绝对独立于另一个而存在,那么广延物的运动是如何产生无广延的感觉的呢?无广延的心灵的清晰观念或范畴为何能够对广延实体有效?无广延的东西如何可能认识一个有广延的宇宙,并且要在其中达到目的呢?笛卡儿对这些困难的最少异议的回答与伽利略对一个没有明确表述的类似问题的回答是一样的,即诉诸上帝。上帝已经把物质世界创造成了这种样子,使得心灵直觉到的纯数学概念能够永远适用于这个世界。后来的笛卡儿主义者试图以一种令人满意的一致形式发展的正是这种回答。然而,诉诸上帝已经开始在具有科学头脑的人当中丧失地位。这场新运动的实证主义首先是一篇独立于神学的宣言,尤其是独立于目的因,因为后者对科学问题的那种回答适用于所有情形,从而会使真正的科学变得不可能。目的因回答的是最终的"为何",不是现在的"如何"。正是在这场新运动的这一特征上,笛卡儿堪称强有力的人物。他已经明确宣称,我们不可能知道上帝的目的。[①] 因此,这种回答只能说服他那些具有形而上学头脑的追随者,而这些人的影响已经脱离了时代的主流。在一些段落中,笛卡儿似乎对这些棘手的困难给出了更加直接的科学回答,事实证

[①] *Principles*, Part III, Principle 2.

明,这些段落具有深远的意义,尤其是,这些困难曾被霍布斯等强有力的思想家所利用。在其中,笛卡儿似乎教导说,二元论的这两种实体之间的明显关联意味着心灵真实的位置所在。然而,对于后来科学和哲学的整个发展至关重要的是,被如此不情愿地赋予心灵的这个位置贫乏得可怜,它绝未超过与之相关联的身体的一个变动着的部分。笛卡儿从未宣布放弃导出他那直言不讳的二元论的主要哲学进路。一切非几何的性质都要从广延实体中除去,置于心灵中。他断言,心灵"与广延无关,也与大小无关",①我们无法"设想它所占据的空间"。但在一些很有影响的段落中,他说心灵"实际上与整个身体相连接,我们不能说它存在于身体的某一个部分,而不在其他部分";我们可以断言,心灵更具体地是在松果腺中"发挥它的功能","从那里,它通过生命精气(animal spirit)、神经甚至是血液散发到身体的所有其余部分。"连新时代的这位伟大哲学家都会求助于这种说法,难怪那些符合科学潮流的有识之士会普遍认为,心灵是某种位于而且完全局限于身体内部的东西。这些人在最好的情况下也不具有形而上学头脑,他们完全无法同情地理解一种完全不依赖于广延世界的非空间实体的观念,这部分是因为想象力很难再现这种东西,部分是因为其中牵涉的明显困难,部分是因为霍布斯的强大影响。笛卡儿的意思是说,通过大脑的某个部分,一种没有广延的实体会与广延领域产生有效的联

---

① *Passions of the Soul*, Articles 30, 31 (*Philosophical Works*, Vol. I, 345, ff.). 笛卡儿在后来的著作中在语言上更加谨慎。参见 *Oeuvres* (Cousin ed.), X, 96, ff.。

系。在这一点上,他的努力对实证科学思潮的最终结果是,心灵存在于一个脑室之中。除了"初级物质"带有一些模糊性以外,物质宇宙被认为是完全是几何的,它无限地延展于整个空间,无需任何东西就能持续独立存在。而心灵的宇宙,包括不可作数学还原的一切经验到的性质,则被描绘成封锁在混乱而富有欺骗性的感觉媒介背后,游离于那个独立的广延领域之外,处于人体内部一系列无足轻重的位置。当然,古代一般会把这种职能赋予"灵魂",但绝不是赋予"心灵",只有那些在两者之间不作本质区分的感觉主义学派哲学家是例外。

当然,知识问题并没有因为对笛卡儿观点的这种解释而得到解决,反倒被显著地突出出来。这样一个心灵如何可能对这样一个世界有任何认识呢?不过我们暂时还碰不到这类问题。我们直接关注的所有这些人要么没有看到这个重大的问题,要么是用毫不费力的神学回答来回避它。

但是请注意,在这种对人及其在宇宙中位置的看法与中世纪传统看法之间存在着巨大反差。经院学者面对的自然界宛如一个友善而充满人性的世界。它范围有限,创造它是为了满足人的需要,它直接呈现于人的心灵的理性能力,可以被人清晰地、完全地理解。从根本上说,它由人的直接经验中那些最生动、感觉最强烈的性质所组成,而且通过这些性质可以得到理解,如颜色、声音、美、欢乐、热、冷、香味,还可以根据目的和理想进行塑造。而现在,世界变成了一部无限的、单调的数学机器。不仅人丧失了在宇宙目的论中的崇高地位,而且在经院学者看来构成物理世界本质的一切东西,那些使世界活泼可爱、富有精神的东西,都被归并到一起,塞进了被称为人的神经系统和循环系统的那些微小的、起伏不定的、临时的广延位置。二元论在形而上学上的建设性特征往往被忽视。理智的欧洲人的世界观改变简直太大了。

第五章　17世纪的英国哲学

17世纪下半叶，笛卡儿的著作在整个欧洲产生了巨大影响，这主要是因为他不仅是一位伟大的数学家和分析家，而且也是一位强有力的哲学天才。通过以某种方式把问题与大获成功的数学科学联系在一起，他在普遍范围内重新处理了那个时代的一切重大问题。尤其是在英国，他使人产生了广泛兴趣，也招致了相当激烈的批评。在笛卡儿去世后的25年间，一些活跃于英国的思想家很同情笛卡儿力图完成的伟大任务，但在某些重要细节上对他进行了严厉的批判，托马斯·霍布斯和亨利·摩尔便是其中的两位。霍布斯的著作我们已经简要提到过，我们现在要把他的著作置于17世纪英国哲学的更广泛背景之中，以考察他在那个时代数学潮流中的意义。

在16世纪，英国的思想比欧洲其他地方较少受到神学的束缚。在17世纪的前25年，世俗学问在一个人的倡导之下被大大推进，他就是上议院大法官弗朗西斯·培根。在这个国家，在政治评议方面没有谁比培根的地位更高。我们无法追溯培根对波义耳或牛顿的形而上学的任何直接影响，但培根把科学构想成一种崇高的合作事业，从经验上强调感觉实验的必要性和说服力，对假说的不信任以及对归纳程序的一般分析，所有这些都渗透到了17世纪中叶最重要的科学家的思想之中,尤其是罗伯特·波义耳。经由波义耳,这些东西又对牛顿产生了显著的影响。我们将在下一章对波义耳作详细讨论。

第一节 霍布斯对笛卡儿二元论的攻击

霍布斯是颇受培根信任的朋友,但他的哲学能力一直没有充分发挥出来,直到40岁他开始对几何学感兴趣,这种情况才发生改变。在这种兴趣的驱使下,他了解了由天文学革命强烈推动的一切新进展。尤其是,霍布斯对伽利略产生了深深的敬意,他在第三次访问大陆期间(1634—1637)拜访了伽利略,并从伽利略那里获得了对他心中酝酿已久的一种观念的有益确证,那就是,对宇宙的恰当解释只有通过物体和运动才能获得。然而,霍布斯从未像伽利略那样成功地赋予这些术语以精确的数学含义。他转到了时间、空间、力、动量等新的术语,但这种转向有些肤浅和表面,而且在许多重要方面,他仍然是一位经院学者。

在接下来的法国之行中,霍布斯通过共同的朋友梅森了解到了笛卡儿的《第一哲学沉思集》,而且为了让作者明白,他为这部著作撰写了第三组《反驳》。在这些反驳中,霍布斯坚决反对笛卡儿的二元论以及为之辩护的"观念"。根据霍布斯的说法,无论什么活动和变化都是运动。既然所有形式的思想都是一种活动,那么思想也是一种运动。心灵不过是一个人思想活动的总称,因此只不过是动物有机体中的一系列运动罢了。"如果是这样,那么推理将依赖于名称,名称依赖于想象力,而我认为,想象力可能依赖于物质器官的运动。因此,心灵不是别的,而是一个有机体的某些部分的运动。"①在霍布斯看来,把心灵确立为一种在种类上完全不同于物质实体或物质活动的分离的实体,这只是经院哲学隐秘性质的残余。"如果笛卡儿先生表明进行理解的人和理解力是同一的,那么我们将重新陷入经院哲学的言说方式。理解力进行理解,视觉进行观看,意志进行意愿,通过严格的类比,行走,或至少是行走的能力,将会行走。"②霍布斯认为,这很难适合作为对实际情况的哲学描述。必须摈弃这种毫无根据的二元论。心理过程(包括推理本身)只是种种活动,而活动总是运动。让我们前后一致地推进这个新方法,把这些东西也老老实实地还原为运动,并按照新确立的运动原理来研究它们。正是出于这一立场,霍布斯才把几何学("关于简单运动的科学"③)和从伽利略那里接过来的几何力学看成科学或哲学取得一切进一步成就所不可或缺的前提。

既然运动蕴含着某种运动的东西,而某种东西只能以有形体的方式来设想,因此我们必须把这种东西看成一个物体。"无论任何活动,我们都无法设想能与活动者相分离,例如,我们不能脱离跳跃的东西来思考跳跃,不能脱离认识者来思考认识,也不能思考没有思想者的思想。由此似乎可以推出,进行思想的东西是某种有形的东西,因为所有活动的活动者似乎都只能以有形体的方式来设想,或如笛卡儿先生后来以蜡块为例进行的说明,只能以物质

---

① *The Philosophical Works of Descartes* (Haldane and Ross), Vol. II, p. 65.
② Haldane and Ross, Vol. II, p. 65.
③ Hobbes, *Works*, Vol. I (English), pp. 71, ff.

的方式来设想。"①我们要问,为什么必须这样来设想?回答是,对霍布斯来说,一个观念总是一个意象,②而意象当然必须总是某种具有有形特征的东西。"因此我们没有上帝的观念,没有上帝的意象;我们被禁止以意象的形式来崇拜上帝,以免自认为能够设想原本不可设想的上帝。因此,我们似乎没有上帝的观念。"③我们只是把"上帝"这个名字赋予了我们通过合理地寻求事物的第一因而达到的那个对象。④ 就意象总是关于特殊对象而言,我们发现霍布斯与中世纪晚期强烈的唯名论倾向颇为一致。唯名论认为只有个别事物才真实存在,这种倾向在英国尤其盛行。霍布斯哲学的这种唯名论方面使他不会承认普遍本质或本性是实在的,它们只是一些名称罢了。例如一个三角形:"如果三角形处处都不存在,那么我不明白它怎么会有任何本质……心灵中的三角形来自我们已经看到的三角形,或者来自于由我们已经看到的三角形通过想象构造出来的一个三角形。现在,如果我们曾经用三角形这个名称来称呼事物,那么即使三角形本身毁灭了,这个名称也仍然存在……但如果三角形消失了,那么三角形的本质将不会永恒持续下去。类似地,"人是动物"这个命题是永远为真的,如果它所采用的名称是永恒的,但如果人类毁灭了,那么就不再有人的本质。因此很明显,就本质与存在迥异而言,本质只不过是我们用"是"这个动词连接起来的一组名称而已。因此,没有存在的本质是我们心

---

① Haldane and Ross, Vol. II, p. 62.
② Haldane and Ross, Vol. II, p. 65.
③ Haldane and Ross, Vol. II, p. 67.
④ Haldane and Ross, Vol. II, p. 71.

灵的一种虚构。"①

于是,存在的只有运动中的特殊对象,我们只能通过意象来思考它们,因此必须把它们设想为有形的;进而,推理只不过是把一连串意象或者我们任意赋予意象的一连串名称连在一起,②推理就是这些意象以某种方式相继构成的运动。因此,霍布斯认为没有正当理由支持一种形而上学二元论。在我们之外只有运动的物体,在我们之内只有有机体的运动。在这个不容置辩的结论中,霍布斯不仅为笛卡儿二元论的流行解释创立了新的式样,认为心灵是禁锢于一部分大脑和循环系统之中的某种东西,而且更激进的是,通过把思想实体当作广延实体所拥有的某些类型运动的组合,他取消了思想实体。在他的著作中,我们看到了普遍运用伽利略新的假定和方法的第一次重要尝试。

现在霍布斯认识到,必须通过物体和运动对意象给出一种解释性的说明,因为意象显然既没有呈现为物体或运动,也没有位于大脑之中。这种说明最先出现在《人性论》(*Treatise of Human Nature*)中,它在关于人类心灵的新学说的早期发展中具有深远的意义,代表着霍布斯在导向牛顿形而上学的潮流中所具有的重要意义。他的自然主义的大部分内容(尤其是在心理学和政治理论中)太令人不安,以至于除了一些反作用,无法对他那一代人的思想产生重大影响,但他在这里的贡献与那个时代科学的胜利步伐非常一致,因此又不能没有深刻的影响。霍布斯处理问题的方法

---

① Haldane and Ross, Vol. II, p. 76, ff.
② Hobbes, *Leviathan*, Bk. I, Chs. 3, 5. (*Works*, Vol. 3.)

是,试图表明为什么虽然第二性质并不真实存在于物体之中("意象或颜色仅仅是运动、扰动或性质改变对我们造成的一种幻象,它是由对象作用于大脑、精神或头颅内的某种东西而产生的"[①]),但在我们看来,它们就像第一性质一样存在在那里。

第二节　对第二性质和因果性的处理

霍布斯的观点是,意象只是逐渐衰退的感觉经验,或者他所谓的幻象。幻象源于人的机体内部产生的运动的冲撞;来自对象的运动与从心脏向外发出的某些生命运动相冲撞。

> 后一种倾向由于是向外的,所以看起来好像是外在之物。这种假象或幻象就是人们所谓的感觉。对眼睛来说就是光或有形状的颜色,对耳朵来说就是声音,对鼻子来说就是气味,对舌和腭来说就是味道,对于身体的其他部分来说就是冷、热、软、硬以及我们通过感受来辨别的其他各种性质。一切所谓可感性质都存在于引起它们的对象之中,它们不过是对象借以对我们的感官施加不同压力的许多种不同的物质运动。在被施加压力的人体中,它们也不是别的,而只是各种不同的运动(因为运动只能产生运动)。但在我们看来,它们的显现却都是幻象,如同做梦对于清醒来说是幻象一样。就好像挤

[①] Hobbes, *Treatise of Human Nature* (English Works, Vol. IV), Ch. 2, Par. 4.

压、按揉或撞击眼睛会使我们产生一种光的幻觉,挤压耳朵会产生嘈杂声一样,我们所看到或听到的物体通过它们那种虽然不可见却很强大的作用,也会产生同样的效果。因为如果这些颜色和声音存在于引起它们的物体或对象之中,我们就不可能通过透镜或者在回声的情况下通过反射使之与原物分离;在这些情况下,我们知道自己见到的东西是在一个地方,其显现却在另一个地方。真实的对象本身虽然在一定距离之外,但它们似乎具有在我们身上所产生的幻象;不过无论如何,对象是一个东西,而意象或幻象则是另一个东西。①

由此也可以推出,无论我们的感官使我们认为世界中存在着什么偶性或性质,这些性质都不在那里,而只是假象和幻象;真实存在于我们之外的世界中的东西是引起这些假象的那些运动。这是感官的巨大欺骗,它也要由感官来纠正:因为正如感官告诉我的,当我直接看时,颜色似乎处于对象之中;因此感官也告诉我,当我反思地看时,颜色并不在对象之中。②

就这样,除了对笛卡儿二元论的唯物主义还原和这样一种信念,即需要使用在处理广延实体时非常成功的那些方式对人进行恰当的解释(这对他来说是可能的,因为霍布斯并不欣赏那些更具科学头脑的同时代人所秉持的新运动的严格数学理想),霍布斯还

---

① Hobbes, *Leviathan*, Bk. I, Ch. I.
② *Treatise of Human Nature*, Ch. 2, Par. 10.

补充了对一个重大困难的具体解释,任何人如果被突然教导说第二性质其实不在对象之中,而在他自己之中,他自然会碰到这个重大困难。根据霍布斯的说法,所有可感性质似乎都在外部,因为"在整个器官中,由于器官自身内部的自然运动,存在着针对从对象传到器官最深处的运动的某种抵抗力或反作用;在同一器官中,也存在着与从对象发出的倾向(endeavour)相反的倾向;所以当那个向内的倾向就是感觉行为的最后作用时,从反作用中(无论其持续时间是多么短)便会产生一种幻象或观念;由于那种倾向现在向外,所以总会显现为某种处于器官之外的东西……因为光、颜色、热、声音以及现在一般称为可感性质的其他性质并不是对象,而是在有感觉能力的生物中产生的幻象"。① 说火使东西变热,因为火本身是热的,这和说热引起疼痛,因此热本身在疼痛一样不正确。②

现在,我们也许会问,这种推理既然适用于第二性质,难道就不适用于第一性质吗?——第一性质难道不也仅仅是有感觉能力的生物中的幻象吗?在这方面,二者之间似乎没有差别。对于这种异议,霍布斯坦率地作出了肯定的回答,并且在空间与几何广延之间作了区分。我们将会看到,一些古代学者可能已经感觉到了这个区分,但直到牛顿以后,它才在近代思想中最终变得重要起来。在霍布斯看来,空间本身是一种幻象,是"存在于心灵之外的事物的幻象;也就是说,我们在这个幻象中不考虑其他偶性,只考

---

① *Elements of Philosophy* (English Works, Vol. I), Bk. IV, Ch. 25, Par. 2.
② *Elements of Philosophy*, Bk. IV, Ch. 27, Par. 3.

第五章　17世纪的英国哲学

虑它在我们之外显现"。① 然而,通过对运动进行几何研究我们得知,广延是物体的一个本质特征。总是存在着运动 k 的外在于我们的广延物,它们通过运动在我们内部引起幻象以及幻象的那种"外部性"(withoutness),即空间。时间也是一种幻象,是"运动先后"的幻象。"自然之中只有现在存在;过去的事物只在记忆中存在;未来的事物则根本不存在,未来只是心灵的虚构,是把过去活动的后果应用于现在的活动。"② 自然之中有运动但没有时间,时间是记忆和预期的先后性(before-and-afterness)的幻象。因此,所感知到的整个意象处于身体之内,无论与外表多么相反。心灵是有机体的运动,感觉是实际发生于器官之内的外向性(outness)的显现。霍布斯似乎没有注意到这种观点所蕴含的巨大的认识论困难。他未经批判考察就接受了伽利略机械宇宙论的基本要素。

霍布斯把唯物论与如此构想的唯名论结合起来,这使他能够非常坦率地宣布那种已经越来越被近代人明确接受的因果性学说,而不必表现出伽利略和笛卡儿那样的保留和例外,因此,这种因果性学说理应作为与中世纪相反的近代观念,与中世纪那种由最高的善所支配的目的因果性原理相抗衡。霍布斯极力强调必须通过特殊物体的特殊运动来解释因果性。在伽利略那里,结果的原初原因或最终原因是各种各样的隐秘力量,而在霍布斯这里,这些力量却消失了,因为霍布斯遵循笛卡儿的看法,否认自然中存

---

① *Elements of Philosophy*, Bk. II, Ch. 7, Par. 2, ff. 亦参见 Hobbes, *Leviathan*, Bk. I, Ch. I。

② *Leviathan*, Bk. I, Ch. 3.

在着真空。"运动的原因只存在于一个邻近的、被发动的物体中。"①"因为如果与一个不动物体邻近的那些物体没有被发动,那么就无法想象这个物体是如何开始运动的;正如已经表明的那样……为了使哲学家们最终可以避免使用这类无法设想的语词。"②后一段话出现在对开普勒的批判中,因为开普勒把像磁吸引那样的隐秘力量作为运动的原因。霍布斯当然认为,磁力本身只不过是物体的运动。存在的只有个别的物体,发生的只有个别的运动。

最后,霍布斯的唯名论以及他对虚假幻象之起源的机械论解释,可以在其哲学后来很有影响的一个特征中表现出来。应当注意,在某些方面,霍布斯代表着一种与伽利略和笛卡儿的工作相反的倾向。他试图把笛卡儿二元论分开的两半重新统一起来,把作为自然界一部分的人重新带回自然界。但这场运动的这种相反的逻辑非他所能应付得了。他无法把精确的数学方法引入他的生物学或心理学中,结果导致有亲缘关系的天文学和物理学变得不精确和不确定,从而对后来的科学家毫无用处。考虑到这个事实,再加上他把心灵还原为身体运动的那种极为激进的努力,他没能把科学转变成彻底的唯物论也就很容易理解了。思想实体的残余仍然存在,甚至连霍布斯的幻象也必须加以解释而不是否认。但也许有人会把在物理学中已经不受信任的目的论解释方法带到对人的心灵的现代分析;自然或许会交由数学原子论来支配,而二元论

---

① *Elements of Philosophy*, Bk. II, Ch. 9, Par. 7.
② *Elements*, Book IV, Ch. 26, Par. 7, 8.

的另一极则可能主要通过目的或用处来解释。这些情况之所以未见诸近代思想的主流,同样主要是因为霍布斯。他已经给了新的因果性概念一种决定性的表述,在关于人的心灵与自然之关系的学说中也为贯彻一种一致的唯物论而付出了巨大的努力,因此,在他的心理学分析中已经不存在返回目的论的诱因了。他没能利用数学原子发展出一门心理学,但尽量不偏离这种方法;他认为心灵是一种由基本部分或上述幻象按照简单的联想律结合起来的复合物,这些幻象源于在生命器官中涌入涌出的运动的冲撞。目的和推理是容许的,但它们并非基本的解释原理,虽然经院心理学家一直把这当成它们的意义;它们只代表整个复合物中某种类型的幻象或某一组幻象。随着作为最高的善的上帝观念的衰落,这种处理几乎为整个心理学的近代发展设立了新的样式。下一位伟大的心理学家洛克更加明确和详细地遵循了霍布斯的方法,结果导致在洛克之后,只是偶然有一位观念论者根据不同的主要假定冒险撰写了一部心理学。斯宾诺莎虽然直到很晚才有影响,但作为与霍布斯的对比,提一下他也是有趣的。在解释思想的属性时,斯宾诺莎的主要兴趣本来是赞成一种最终的目的论;他认为这里也只能应用数学方法,和广延领域一样,他通过数学含义而不是目的和手段来设想思想领域。从现在起,几乎在每一个领域,近代思想都有一个固定假设:解释事物就是把它还原为它的基本部分,这些基本部分之间的关系只要是时间性的,就只能通过动力因来设想。

第三节　摩尔的作为精神范畴的广延概念

笛卡儿的哲学也强烈刺激了亨利·摩尔这位剑桥柏拉图主义者,他渴望超越这位法国思想家的二元论,但其精神极为虔诚,他感到霍布斯对这个问题的粗暴处理有严重的困难。摩尔(非常显著地)接受了那个时代对人与自然的认知关系的一般解释,而没有注意到与之相伴随的任何严重困难。"一般而言,我认为感觉是因为感觉器官接收了来自对象的运动而产生的,灵魂在那里的存在(soul's presence there)使感觉得以传递,在灵魂的直接工具——精气的辅助下,通过精气的连续性,每一个物体的意象或印象都被如实地传递到共同的感觉中枢(common sensorium)那里。"[①]"灵魂在那里的存在"、"灵魂的直接工具——精气"、"共同的感觉中枢"这些短语后面还需要澄清,我们这里只是指出,摩尔接受了第一性质-第二性质学说的总体结构,虽然是沿着伽利略-笛卡儿的路线,而不是沿着霍布斯的路线。霍布斯把"灵魂"仅仅斥之为用来指代生命运动的无法设想的原因的一个名称,对此摩尔绝不能接受。对摩尔来说,灵魂就像有形的物质一样真实。但在其他方面,摩尔还是非常正统的。"感觉或知觉所具有的多样性必定源于物质各个部分的运动在大小、位置、形状、活力和方向上的多样性……各种知觉必定意味着各种反应改变;反应不过是物质中的

---

① More, *Immortality of the Soul* (*A Collection of Several Philosophical Writings*, 4th ed., London, 1712), Bk. II, Ch. 11, Par. 2.

运动罢了,它只能由那些与物质相适合的变动(比如物质的大小、形状、姿态、位置运动、……方向……和活力)所改变。这些都是物质中最可设想的东西,因此知觉的多样性必定源于它们。"[1]就物质的基本结构而言,当时的一般看法也被摩尔不加批判地接受,只不过出现了某些附加的特质,比如主张原子虽然有广延,但没有形状。物质是由"同质的原子构成的,它们彼此之间不可入,虽然有广延但没有形状,充满一切空间,本质上是惰性的,虽然可以被精气推动"。[2] 关于这种奇特的看法,他在《灵魂不朽》(*Immortality of the Soul*)的前言中给出了理由(尽管不怎么好):"物质的那些不可分割的微粒根本没有形状;正如无限大没有形状一样,无限小也没有形状。"笛卡儿的动量守恒学说也同样被接受。上帝最初赋予物质的运动的量现在仍然存在于物质之中。

但摩尔陷入了困境,因为他和霍布斯一样都不能设想有可能存在着无广延的东西。"在某种程度上拥有广延正是一切存在者的本质。因为拿走一切广延就是把一个东西仅仅还原为一个数学点,而数学点只不过是纯粹的否定或不存在的事物,在广延物与非广延物之间没有中间物,正如存在的事物与不存在的事物之间没有中间物一样。显然,一个东西如果存在,就必定有广延。"[3]然而,正是这种考虑使摩尔大胆地拒绝与笛卡儿和霍布斯为伍,即只把广延赋予物质作为其本质属性,而是强烈抗议新本体论的某些

---

[1] *Immortality of the Soul*, Bk. II, Ch. 1, Axiom 22.
[2] *Enchiridion Metaphysicum*, London, 1671, Ch. 9, Par. 21.
[3] *Immortality of the Soul*, Preface. 亦参见 *Divine Dialogues*, 2nd edition, London, 1713, pp.49, ff.。

假定。在摩尔看来,精气也必定有广延,虽然它的其他性质大大不同于物质的性质。精气可以自由穿透,它本身能够穿透物质,并把运动赋予物质;①它有收缩和膨胀的绝对能力,这意味着它能随意占据更大或更小的空间。"灵魂的主要所在地是第四脑室中那些较为纯粹的生命精气,它在那里感知一切对象,进行想象、推理和创造,并且支配身体的一切部分",②但他又说,灵魂绝非局限在那里,它有时也能扩展于整个身体,作为一种精气流溢,它甚至能够略微超越身体的界限。③ 这些有广延的精气拥有收缩和膨胀的能力,这种观念把摩尔引向了一种关于第四维的奇特学说,他把这个第四维称为"本质密实度"(essential spissitude)——我们或许可以把它称为一种精神密度。"所谓密实度,我不是指别的,而是指把实体增强或收缩到比它有时占据的空间更小的空间中。"④例如,当灵魂主要在第四脑室中收缩时,它所占据的空间不仅拥有三个正常维度,而且还拥有这个第四维或密实度。然而,密实度并无程度的区分,即使灵魂膨胀到更大的空间,它本质上也是一样的。为了沿此路线完整地理解摩尔的思辨,我们有必要了解一下他对死后灵魂生活的描述,在那里,灵魂占据着一个轻逸的身体,并能完全支配身体微粒的运动;它完全根据幻想增减运动,改变身体的脾性和形状。⑤

---

① *Enchiridion*, Ch. 9, Par. 21.
② *Immortality of the Soul*, Bk. II, Ch. 7, Par. 18.
③ *Divine Dialogues*, pp. 75, ff.
④ *Immortality of the Soul*, Bk. I, Ch. 2, par. 11.
⑤ *Immortality of the Soul*, Bk. III, Ch. I, Pars. 7, 8, 10, 11.

第五章 17世纪的英国哲学

这究竟只是无拘无束的想象,还是摩尔自信能够指出一些只能这样来解释的事实?在1665年12月4日致波义耳的信中,他这样来概括自己学说的要点和实质:"世界的现象不能只通过机械的方式来解释,而是必须求助于一种与物质不同的实体,即精神实体,或一种非物质的实体。"[1]他再次宣称自己与笛卡儿哲学的根本分歧在于"它[笛卡儿哲学]自诩能够仅仅通过力学来解决那些虽然只是最容易、最简单的现象;我自认为已经无可辩驳地对它进行了反驳,而且我对此反驳确信无疑;因此,我会对非物质事物的必要性不时作出清晰的证明;在这个时代,没有什么能比这种意图更合时宜了,因为精神的概念被许多人斥之为胡说。"

那么,对非物质事物(在摩尔看来,这当然是指有广延的精神实体)存在性的无可辩驳的证明是什么呢?关于世界本性的新学说是否正在冷酷无情地对某些重要事实置之不理?

当然,最明显的就是意志的直接经验,我们凭借意志按照自己的目的移动四肢和身体的其他器官,也移动我们周围物质世界中的东西。"按照您的原理,我把这个腺体[松果腺]看成通感(common sense)[2]的所在地,看成灵魂的要塞。但我怀疑灵魂是否真的

---

[1] Boyle, *Works* (Birch edition), Vol. VI, pp. 513, ff. 参见 *Divine Dialogues*, pp. 16, ff. 。

[2] 虽然人有触觉、味觉、嗅觉、听觉和视觉等五种感觉,每一种感觉都有其特定的对象,如视觉的对象是颜色,听觉的对象是声音,但也有一些原始的可感对象,如运动、静止、形状、大小、数目等等并不只是一种感觉的对象。要把不同渠道得来的印象结合起来,就必须依靠通感。在这个意义上,通感接近于意识,是人"统合"各种感觉材料的能力。它使我们的感官共同起作用,并保证我们见到的、触摸的、品尝的、嗅到的和听到的是同一个对象。——译者

不占据整个身体？如果不占据整个身体，那么请问，灵魂既没有钩子也没有支叉，它如何可能如此精确地与身体相联合呢？再有，难道自然中的所有结果都能给出机械的理由吗？我们对自身存在性的这种自然感觉从何而来？我们的灵魂对生命精气的这种绝对支配权从何而来？它是如何使生命精气流经身体所有部分的呢？"①
"我们发现，我们可以随意发动或阻止生命精气的运动，随我们所愿发送或收回它们"，此时我们便有了证明这些能力的直接证据，"因此我要认为，哲学家也许值得去探究自然之中是否存在着一种非物质的东西，它不仅能把物体的一切性质——或至少是其中的大多数性质，如运动、形状、位置等等——赋予任何物体……而且还有更大的能力，因为它几乎肯定能够移动和阻止物体，补充这种运动中涉及的任何东西，也就是说，它能够统一、分割、分散、约束和形成小的部分，为其规定形式，并使那些有圆周运动倾向的部分作圆周运动，或以任何一种方式使之运动，可以阻止其圆周运动，还可以进一步采取类似的必要步骤，以根据您的原理产生光、颜色以及其他感觉对象……最后，这种非物质实体还拥有一些惊人的能力，比如它毫无粘合、钩子、凸起或者其他工具，仅凭自己就能使物质内聚和消散，结合和分离，把它推向前进同时又保持对它的控制；由于没有不可入性的阻挠，这种非物质实体难道不能重新进入自身，再次扩展自身以及作出诸如此类的事情吗？"

在这段话中，摩尔把其推理从人之中存在着一种非物质实体

---

① Second Letter to Descartes (*Oeuvres de Descartes*, Cousin ed., Vol. X, pp. 229, ff.). 亦参见 *Immortality of the Soul*, Bk. II, Chs. 17, 18; Bk. I, Ch. 7.

第五章　17世纪的英国哲学

的结论,拓展到假定整个自然中也存在着一种类似的、更伟大的非物质实体,因为他确信,科学事实表明自然和人一样都不是简单的机器。他在这种语境下所引用的事实已经成为那个时代最热忱的科学研究的主题,比如运动、内聚力、磁力、重力等等的最终原因。[①] 摩尔注意到,尽管足够直接的运动原因能够用机械的方式来描述,但为什么宇宙的各个部分是在运动而不是静止,这种最终原因却无法用机械的方式来解释。此外,物质的各个部分所显示出来的许多具体特性或运动尚未用机械的方式得到还原,比如内聚现象和磁现象。固体的各个部分为什么会如此有力地结合在一起,而一旦被切开,这种内聚力便会消失?磁石为什么能够引起那些奇特的运动?最后,普遍机械论自然观的拥护者是如何看待他的挑战的?引力的事实是否可能与在笛卡儿和霍布斯所表述的运动定律中揭示出来的机械运动原理调和起来?

所谓机械原理,摩尔指的是一切运动皆因碰撞而起。根据这些原理,摩尔认为,在地球表面上方释放的石头应当沿切线飞出,或者至多根据笛卡儿的涡旋理论,被地球的周日运动携带着在距离地球相同的地方持续运转。[②] 根据机械原理,它绝不会沿直线落向地球。"因此,重力现象是与机械定律相违背的,在整个自然之中,没有什么比这更为确定或得到更好检验的了;而且,对重力现象的解释无法分解为纯粹机械的和物质的原因;而是这里必须承

[①] *Enchiridion*, Chs. 9-15.

[②] *Enchiridion*, Ch. II, Par. 14.

认某些另外的原因,它们是非物质的和无形的。"①摩尔在一种"自然精气"(spirit of nature)的观念中找到了这些原因,正是这种"自然精气"把物质宇宙的不同部分结合成为一个显然不是机械的体系。

第四节 "自然精气"

正如摩尔所说,"自然精气"与古代特别是柏拉图主义的"世界灵魂"(anima mundi)概念有明显的相似性。世界灵魂是一种活的、支配物质的本原,它贯穿于物质,其活动力表现于自然中更大的天文现象和物理现象。事实上,摩尔偶尔也把它称为"世界的普遍灵魂"。② 在整个中世纪晚期,这种观念相当普遍,神秘主义者、通神论者和思辨自然哲学家经常求助于它。例如在开普勒那里,我们发现包括地球在内的每颗行星都被赋予了一个灵魂,其持续不断的力量表现于行星的运转。然而,摩尔的主要目的是重新解释这种飘忽不定的观念,既能在新的科学潮流中赋予它更好的地位,同时又无损于他的宗教观点。在《灵魂不灭》的前言中,他把自然精气称为"上帝作用于物质的替代性力量",也就是说,它是上帝直接的、起塑造作用的代理,上帝的意志通过它在物质世界中得到实现。它在整个本性上对应于据说遍布人的神经系统和循环系统的生命精气,通过生命精气的作用,灵魂的意图被传到各个器官和

---

① *Immortality of the Soul*, Bk. III, Ch. 13.
② 比如 *Immortality*, Bk. III, Ch. 13, Par. 7。

肢体。自然精气的功能是赋予生命、促进生长和引导,但本身不具有意识。摩尔更仔细地把自然精气定义为"一种非物质的、没有感觉或意识的东西,它弥漫于宇宙万物之中,对其施加一种起塑造作用的力量,根据所作用部分的种种倾向和需要,通过引导物质的各个部分及其运动,在世界中产生一些不能仅仅被分解为机械力的现象"。① 他还在一个注释中更具体地补充说,自然精气有生命,但没有感觉、意识、理性或自由意志。但摩尔急于防范别人作这样一种指责,即通过援引非物质的精神实体作为原因,他正在削弱对自然现象进行严格科学处理的热情,削弱人们对自然现象可以还原为有规律的、有秩序的原理的日益增长的信念。他说,应当认为这种自然精气是真正的原因,它在各种表现中是可靠的、始终如一的,因此并不会取代或损害对事物的"如何"进行认真的科学研究。"我和笛卡儿一样断言,只有物质的各个部分在运动、形状、位置等方面的差异所引起的物质变化能够影响我们的感觉,但有一点我不同意他的看法:我认为在物质中引起所有这些感觉变化的不仅仅是纯粹的机械运动,很多时候,这些感觉变化的直接主管正是这种自然精气,它处处如一,在类似的情况下总是产生类似的作用,宛如一个头脑清醒、判断可靠的人,在相同情况下总是给出相同的裁断。"②主要在这个方面,摩尔想把他的观念同古代和中世纪的世界灵魂区分开来(这种兴趣本身表明了新科学精确理想的广泛影响),希望由此避免一些人的异议——他们像笛卡儿一样反对把

---

① *Immortality of the Soul*, Bk. III, Ch. 12, Par. 1.
② *Immortality of the Soul*, Bk. III, Ch. 13, Par. 7.

这样一个原理引入自然哲学,认为一切现象仍然有可能作纯粹机械的解释。实际上,摩尔的观点是,机械原因所产生的运动类型并不能穷尽一切运动——它们只能产生那种服从基本运动定律的运动。但是也存在着重力、内聚力、磁力等现象,它们揭示出其他非机械的力和运动,如果没有它们,我们所认识和生活于其中的宇宙就不可能存在。既然这些力不是机械的,它们必定是精神的(例如笛卡儿的二元论),某种与自然精气类似的东西充当了最合适的解释。于是,摩尔总结了他关于这一主题的基本结论:"在各方都同意并且通过经验确证的情况下,我已经……由机械原理证明,石头、子弹或任何类似重物的下落均严重违反机械定律;根据机械定律,它们被释放后必然会渐渐远离地球,离开我们的视野进入遥远的太空,除非有某种非机械的力量抑制住那种运动,强迫它们落向地球……承认这个原理并不会削弱我们探寻自然现象机械原因的努力,反倒会使我们更加慎重地区分,单凭物质和运动的机械力量和凭借更高的原理分别会产生什么结果。那个有把握的假定,即世界上只存在物质,无疑已经过分轻率地鼓励了一些人在机械的解决方案失效的地方继续大胆尝试作机械的解决。"[①]

但是最终在摩尔看来,世界中的这种无所不在的秩序与和谐本身暗示存在着一种比自然精气更高的无形实体,这是一种具有理性和目的、非常值得我们服从和崇拜的精神实体。"我们已经由简单的运动现象[即它的最终原因]发现,必然存在着某种与物质迥异的无形本质。而通过考虑世界中这种运动的秩序和令人赞叹

---

① *Immortality of the Soul*, Preface.

的结果,我们对这一真相又有了进一步的把握。假定物质能够自行运动,那么,仅仅是自行运动的物质可能等同于我们在世界中看到的那种对事物的令人赞叹的智慧设计吗?盲目的冲动可能造就如此精确恒定的结果吗?人越是明智就越会确信,没有什么智慧能够增添、去除或改变自然作品中的任何事物而使之得到改善。因此,甚至连感觉都没有的东西怎么可能产生最高理性或理智的结果呢?"[①]通过这些目的论证明,摩尔确信存在着一位极为智慧的宇宙创造者和统治者,他在执行自己的目的时,其代理和下属媒介就是这种较低的无形存在者——自然精气。

第五节 空间作为神的在场

既然任何真实的东西都有广延,那么在摩尔看来,上帝必定也是有广延的。否认其广延性便是把上帝还原为一个数学点,那会把上帝从宇宙中流放出去。摩尔那虔诚的宗教趣味和对当时科学潮流的敏锐认识使他本能地感觉到,要想在那个时代新的形而上学术语中为上帝保留一个固有位置,就只能大胆宣称上帝延展于整个空间和时间中。在摩尔和笛卡儿的争论中,这是很重要的一点。在给笛卡儿的第一封信中,摩尔宣称:"您对物质或物体的定义过于宽泛了,因为似乎不仅上帝有广延,甚至天使以及任何独立存在的东西都有广延;因此广延的范围似乎并不比绝对存在的事

[①] *Immortality of the Soul*, Bk. I, Ch. 12. 亦参见 *Antidote to Atheism* (same collection) Bk. II, Chs. 1, 2; *Divine Dialogues*, p. 29, ff., etc.。

物狭窄，尽管它可以根据这些事物的不同而变得多样化。现在，使我相信上帝以他的方式延展的理由是，他无所不在，密切地充满了整个宇宙及其各个部分：因为倘若没有直接接触物质，他如何可能像早先所做的那样，或者依您之见是正在这样做，把运动赋予物质呢？……因此，上帝在以他的方式延展和扩展；因而上帝是有广延的存在。"①笛卡儿对这种观点的回答②是，上帝在能力上确有广延，也就是说，他能够在任何一点推动物质，但这与赋予物质的那种精确的几何广延有本质不同。但摩尔并不满意。"您把真正的广延理解为能够被接触且具有不可入性的东西。和您一样，我承认对于缺乏质料的上帝、天使、灵魂来说并不是这样；但我坚持认为，天使和灵魂中存在着同样真实的广延，不论各个学派是否承认这一点。"③笛卡儿曾以一个抽走空气的瓶子为例，断言必定有某种别的东西进入了这个瓶子，否则它的侧面会相互接触。对此，摩尔坚定地认为这个结论并不是必然的，因为神的广延可以充满此瓶，让它的各个侧面分开。④ 在这一点上，摩尔和笛卡儿或霍布斯一样，都不认为自然之中存在着真空。物质无疑是无限的，因为"从未空闲的神的创世活动在一切地方创造出了物质，没有留下一丝一毫空的空间"。⑤

然而，认为瓶子仅仅被神的广延所充满，这种思想促使摩尔提

---

① *Oeuvres de Descartes* (Cousin), Vol. X, p. 181.
② *Oeuvres*, X., p. 195, ff.
③ Second Letter, *Oeuvres*, X, pp. 212, ff.
④ First Letter, *Oeuvres*, X, p. 184.
⑤ Second Letter, *Oeuvres*, X, p. 223.

出了一种关于空间及其与神的关系的重要而有趣的观念。对笛卡儿来说，空间与物质是一回事，物体只不过是广延的一个有限部分。在处理第一性质和第二性质学说时，霍布斯被迫区分了空间与广延。你可以假设一切物体都被消灭，但却无法想象空间不存在。因此，空间是一个幻象，是心灵想象出来的东西，而广延却是物体的一种本质属性，物体的存在当然不依赖于人脑中那些构成心灵的运动。摩尔同意霍布斯的看法，认为可以设想物质不存在，而不会因此而成功地消除空间，但他由此事实得出了一个完全不同的结论。① 如果不能设想空间不存在，那么空间必定是一种真实的存在，构成了宇宙中一切广延物的基础，拥有一系列异常引人注目的性质。物质也许是无限的，但它完全不同于这种没有界限的不动的基底或空间，正是以空间为背景，才可以度量物质的各种运动。摩尔攻击笛卡儿的运动相对性学说，认为运动及其可度量性预设了一种绝对的、同质的、不变的空间，否则就会陷入自相矛盾。② 比如有三个物体 AB、CD、EF 处于位置 M，让它们改变关系出现在位置 N。于是，AB 相对于 EF 运动到右边，相对于 CD 运动到左边，也就是说，它同时沿相反的方向运动。摩尔认为要想摆脱这个矛盾，只能断言 AB 一直静止于一个绝对的空间。这当然是没有充分理解相对性学说，之所以会产生矛盾，只是因为物体中的参考点改变了；但摩尔想要坚持的其实是某种更深刻的东西，即运

---

① *Enchiridion*, Ch. 8.
② *Enchiridion*, Ch. 7, Par. 5. 参见 *Divine Dialogues*, pp. 52, ff. 中的一个包含类似前提的论证。

动这个事实以及运动的可度量性暗示有一个无限的几何系统作为自然界的一个实际存在的背景,度量正是依照这个背景作出的。就绝对空间的原理而言,我们在这个系统中把什么感觉对象当作静止的坐标中心完全无关紧要。

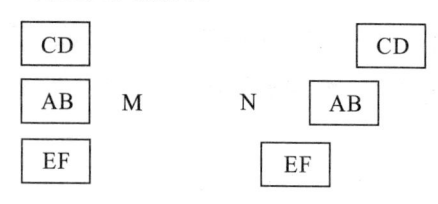

```
   CD              CD
   AB    M    N    AB
   EF              EF
```

摩尔发现,作如此辩护的这个绝对空间是一种非常奇妙的东西。它必定真实存在,因为它是无限延展的,但又与物质绝对不同,因为除了广延,它没有任何物体特征。[①] 因此,根据他的前提,空间必定是一种真正的精神实体。随着摩尔对空间作进一步的反思,它在摩尔心中变得越来越高贵。摩尔列举了不少于20种既适用于上帝又适用于空间的属性:上帝和空间都是"单一的、单纯的、不动的、永恒的、完满的、独立的、自存的、自持的、不灭的、必然的、无际的、非受造的、不受限制的、不可理解的、无所不在的、无形的、无所不入的、无所不包的、本质存在、现实存在、纯粹的现实"。把这一长串修饰词赋予空间意味深长地表明,与新的数学运动相一致的宗教精神根据几何宇宙观在无限空间中找到了对亚里士多德主义的纯粹形式或绝对现实的真正替代。在欧洲大陆,新秩序的这一宗教推论在尼古拉·马勒伯朗士(Nicolas Malebranche)那里找到了伟大的拥护者。对马勒伯朗士而言,空间实际上变成了上

[①] *Enchiridion*, Ch. 8, Par. 7.

帝本身。

摩尔并没有走那么远。在1662年之前写的《无神论的解毒剂》(*Antidote against Atheism*)中,摩尔提出了三种可能的空间观,但显然没有决定采纳哪种观点。[①] 一种观点是,空间是神的本质的无限广大或无所不在;第二种观点是,空间只不过是物质的潜能,距离并非实际的或物理的性质,而只是对触觉联合等等的否定;第三种观点是,空间就是上帝本身。在出版于1671年的最后一部重要著作《形而上学手册》(*Enchiridion Metaphysicum*)中,摩尔准备给出他对这些可能性的最终选择。[②] 他认为把空间当作潜能的第二种观点绝不能令人满意,但没有来自第一种观点的修正,他不敢贸然说空间就是上帝本身。他的结论是这样的:"我已经清楚地表明,通常被认作空间的这个无限广延的确是某种东西,它是无形的,或者是一种精神。……这个无限广大的内部位置

[①] *Antidote against Atheism*, Appendix, Ch. 7. "如果没有物质,而只有神的无限存在,因其无所不在而占据一切,那么我也许可以这么说,使他无所不在的那种不可分实体的不断重复将是那种扩散性和可度量性的主体。我还要说,对我们无法不去想象的这种无限广大和可度量性的不断观察……可能是提供给我们心灵的关于那个必然而自存的存在者的一种较为粗糙模糊的观念,上帝的观念的确更为完整和明确地向我们表现出这种存在者。"

"还可以用另一种方式来回答这种反驳:这种对空间的想象并不是对任何实际事物的想象,而只是对物质巨大潜能的想象,我们的心灵无法不这样去想象……"

"如果把有形物质从世界中移除之后仍然存在着空间和距离,这些物质在那里的时候也被设想为处于其中,那么这个距离空间不能不是某种东西,但它不是有形的,因为它既非不可入又不可触,因此,它必定是一种必然而永恒地自行存在的无形实体;关于一个绝对完美的存在者的更加清晰的观念会更完整、更准确地告诉我们,这就是那个自我存续的上帝。"

[②] *Enchiridion*, Ch. 8, Par. 8, ff.

(*locus internus*)或空间确实与我们的理解力所设想的物质截然不同,就它与神的生命和活动迥异而言,它是神的本质或本质在场的某种相当粗糙的轮廓,……是某种相当含混和模糊的表示。因为我们刚才列举的这些属性[即上述 20 个属性]似乎都不涉及神的生命和活动,而只是涉及他的本质和存在。"① 在另一些地方,他以更加虔敬的语气表述了同样的思想:"被我们称为空间的那种精神对象仅仅是一个短暂的影子,它在我们微弱的理智之光中为我们呈现出神的持续在场的真实性和普遍性,直到我们能够睁开眼睛在较近的地方直接感知到它为止。"② 换句话说,就上帝仅仅是从涉及他的生命和能力的其他特征中抽象出来的无所不在而言,空间就是上帝。但空间的精神性是某种本质的东西。空间是神圣的。一个单纯的机械世界不可避免会因为运动定律不受阻碍的运作而分崩离析。从根本上讲,宇宙中的一切连续性——无论是这个不动的、非物质的空间,还是像重力和内聚力那样把宇宙的不同部分聚集在一个系统中的那些不可见的力——都是精神性的。③ "上帝的仁慈是万物的支柱和倚靠。"④

第二位很有影响的剑桥思想家拉尔夫·卡德沃斯(Ralph Cudworth)并没有贸然接受摩尔关于上帝空间性的大胆假说。卡德沃斯精通古代哲学家的著作,对驳斥无神论者有极大热情,这使他难以像摩尔那样对机械论哲学的具体进展产生科学兴趣。因

---

① *Enchiridion*, Ch. 8, Par. 14, ff.
② *Opera Omnia*, London, 1675-9, Vol. I, pp. 171, ff.
③ 试与世界作为爱与憎这两种相反的力的产物的前苏格拉底观念进行比较。
④ *A Platonic Song of the Soul*, Part II, Canto 4, Stanza 14.

此,卡德沃斯的宗教兴趣并非表现在试图不惜代价把一种有神论的形而上学纳入新科学的范畴,而是显示于回到柏拉图和亚里士多德的思想。不过,我们饶有兴趣地注意到,即使在一位没能参与当时主流兴趣的保守思想家那里,他的某些重要成果也已经牢固地扎下根来。他欣然接受了关于物质宇宙机械结构的学说以及第一性质、第二性质的观念,觉察到真正的困难并不是通过大小、形状、运动等等来解释形式和性质,而是如何在此基础上解释灵魂和心灵。他深信对机械论哲学的一致追求不可避免会使我们承认非物质的东西,特别是一个至高无上的精神上帝。卡德沃斯为这种信念提出了五种理由。[①] 首先,原子假说只允许物体具有广延及其样式,"而不可能使生命和思想成为物体的性质,因为它们既不包含在那些事物[指广延及其样式]之内……也不能由那些事物的任何结合而产生。因此必须承认,生命和思想是另一种与物体迥异的实体或非物质实体的属性。再有……既然任何物体都不能推动自己,则我们可以无可否认地推出,世界上除了物体必定还有别的东西,否则绝不可能有任何运动。不仅如此,根据这种哲学,仅凭没有感知的机械论(指霍布斯的理论)是无法解释物质现象本身的。既然感知并非物体的样式,因此它必定是我们之中另外某种东西的样式,这种东西是非物质的、有认知能力的。此外,……感觉本身并不单纯是一种来自于外在物体的物质反应,因为……物体中实际上并没有什么东西类似于我们对可感之物所具有的那些

---

① Cudworth, *The True Intellectual System of the Universe*, Bk. I, Ch. 1, Pars. 27, 28, 38, 39.

幻想出来的观念，比如冷暖、红绿、甘苦等等，因此必定需要把它们的存在归之于灵魂本身的某种活动；这同样意味着它们是非物质的。最后，……感官并非关于物体本身的真理标准，……由此显然可以得出结论，在我们之中存在着某种高于感官的东西，这种东西对感官进行判断，察觉它的幻想，谴责它的欺骗，确定外界物体中到底什么东西存在、什么东西不存在，它必定是心灵的一种更高的自主能力，这显然表明它是非物质的。"① 与此同时，机械论哲学的确对物质世界提供了一种恰当的令人满意的解释，因此在卡德沃斯看来，它明确无疑地取代了经院哲学的形式和性质，用经院术语所进行的解释"只不过是说，结果已经发生了，我们不知其如何发生；或者更荒谬的是，在那些形式和性质的术语的伪装下，它使我们对原因的完全无知本身成为结果的原因"。

于是，卡德沃斯的思想总体上很符合笛卡儿二元论的纲要。对卡德沃斯而言，正如对那个世纪的每一个人一样（也许霍布斯是个例外），一切基本困难，不论是形而上学的还是认识论的，都通过诉诸上帝来解决。

第六节 巴罗关于方法、空间和时间的哲学

艾萨克·巴罗(Isaac Barrow，1630—1677)是牛顿的密友、老师和剑桥大学卢卡斯数学讲席的前任。在17世纪的历史上，他的重要性通常被认为仅限于数学和神学。但在他的数学和几何学讲

---

① 不过他说灵魂是有广延的。参见 Bk. III, Ch. 1, Sect. 3。

座中，他对数学方法、空间和时间作了一些具有重要形而上学含义的评论；和摩尔一样，他也对牛顿的形而上学思想产生了重要影响。因此本节考虑他的重要性似乎是恰当的。在巴罗关注数学的整个时期，牛顿是剑桥的一名学生，众所周知，牛顿参加了巴罗的讲座。1664年以后，他们的友谊变得非常亲密。1669年，牛顿编订了巴罗的几何学讲座，并且亲自补充了最后一讲以及其他讲座的可能部分。不过，我们主要感兴趣的时间讨论几乎不可能是牛顿的工作，因为它几乎涵盖了整个第一讲，假如牛顿是作者，我们肯定会有事实记录。

巴罗对数学方法和空间的看法主要出现在他的《数学讲座》(*Lectiones Mathematicae*)中，这些讲座是在1664年至1666年间进行的。关于数学方法，巴罗几乎与17世纪的任何哲学家一样，对大获成功的数学物理学家的方法有清晰的认识和表述，但很有意思的是，他从未看到并提出一种关于数学单位、假说和实验等等的融贯而一致的纲领以供科学研究者使用。

在对数学史作了一些初步评论之后，巴罗指出，数学这门科学的对象是量，量既可以根据其纯粹形式来思考，比如在几何学和算术中，也可以根据其混合形式来思考，即与非数学的性质相结合。[1] 例如，直线既可以像在几何学中那样根据其纯粹的、绝对的形式来思考，也可以像在天文学、光学或力学中那样被看成两个物体中心之间的距离，或者物体中心所走的路径。一般来说，几何学

---

[1] *The Mathematical Works of Isaac Barrow D. D.* (Whewell edition), Cambridge, 1860, Vol. I, pp. 30, ff.

家会直接把大小抽象出来作为研究对象,正如别的科学家会把所研究现象的某个部分的本质特征抽象出来一样。认为数学家在处理一个与感觉对象相对立的理想领域或理智领域,这种看法是错误的:就感觉领域是可理解的尤其是揭示了量的连续性而言,它乃是一切科学的对象。① 因此,就物理学是一门科学而言,物理学完全是数学的,一切数学也可以应用于物理学,因此我们可以说,这两门科学是同外延的、等同的。② 类似地,在天文学中,一旦其特殊公设被确定下来,一切推理就完全是几何的了。事实上,巴罗(依循其前辈的看法)显然把几何学看成了数学中的典型科学;代数并不是数学的一部分,而是在数学中运用的一种逻辑,而算术则被包含在几何学中,因为只有当构成数的单位相同,亦即这些单位是一个连续的同质的量的相同部分时,数才有数学意义。③ 既然这样一种量是几何学的对象,因此数学的数仅仅是几何大小(geometrical magnitudes)的符号或标记。④ 巴罗在这里表现为一个纯粹的英国唯名论者,他显然认为(与霍布斯和摩尔一样)必须把任何真正存在的东西设想成有广延的。巴罗主张,由于重量、力、时间都可以当作几何量来处理,所以它们在某种意义上是有广延的。⑤

接着,巴罗试图描述几何学研究和证明的方法。⑥ 他最初的

---

① Barrow, pp. 38, ff.
② Barrow, pp. 44, ff.
③ Barrow, pp. 53, ff.
④ Barrow, p. 56.
⑤ Barrow, pp. 134, ff.
⑥ Barrow, pp. 65, ff.

表述极为模糊和笼统,[1]但几页以后,他的总结要好一些。数学家们"沉思他们心中能够形成清晰分明观念的那些特征,并为其赋予合适的、恰当的、不变的名称;然后,为了研究它们的属性,构造关于它们的正确结论,他们只先验地运用人们极为熟悉且无法怀疑的少数几条公理。同样,他们先验确立的公设也很少,而且与理性极为符合,不会被任何健全的心灵所否认"。正是以这种方式,数学科学具有独一无二的说服力。[2] 巴罗在这里略为重复地列举了支持几何学确定性的八种特定理由:所涉及的观念清晰,数学术语有清晰的定义,公理有直觉的保证和普遍真理性,公设和假说易于设想且具有明显的可能性,公理数目少,产生几何大小的方式可以清晰设想,证明有简易次序,最后是,数学家们不理睬他们不知道或不确定的东西,"宁愿承认自己的无知,也不愿仓促肯定某种东西"。这场新运动的实证主义甚至也影响了巴罗。

现在我们也许会问,我们如何能够保证对自然的几何学研究所凭借的那些原理是真的呢?巴罗认为,这些原理最终都源于理性,感觉对象仅仅是唤起它们的诱因。[3] "有谁曾经凭借感官见过或看清过一条严格的直线或一个完美的圆?"然而,受感官刺激的理性察觉到,可感世界之中的确存在着几何图形,虽然看不见也触不到;它们就像雕像存在于雕刻家正在加工的大理石中一样。巴罗还断言,如果你愿意和亚里士多德一样相信所有一般命题都是

---

[1] Barrow, pp. 75, ff. 亦参见 pp. 89, 115, ff. 。
[2] Barrow, pp. 66, ff.
[3] Barrow, pp. 82, ff.

由归纳导出的,那么你更要承认数学原理的普遍有效性,因为它们已经得到很多经验的确证,上帝是不会改变的。因此,数学是完美的、确定的科学。[①] 要想获得最完整的认识,就必须总是通过能够使数学演绎以最简单的方式进行的那些性质来定义你的对象。巴罗相当匆忙地得出了这个结论,而没有充分觉察到它对物理科学的重要意义;但在后来的演讲中,他从另一个角度处理了这个问题,而且表述似乎更为清晰。

巴罗指出,数学从根本上讲是一门度量科学。[②] 无论什么东西都可以作为一种量度——我们可以用体验到的热度来度量我们与火的距离,或者用花的香味来度量我们与花的距离,正如我们可以用一位旅行者或一艘船所花的时间来度量更长的距离一样。[③] 但我们很难把这种度量称为数学的。现在,在任何可能的地方,数学度量都是做这种测定最简单、最容易的方式,因为它是通过一个与被度量事物同质的确定单位来进行度量的,因而能够给予度量结果以精确的数值形式。[④] 因此,我们可以通过与某个确定的已知量(即我们所谓的单位)的数值关系来表达被度量事物,在这种特殊的意义上,可以说被度量的事物已经为我们所认识。[⑤] 由于感官对世界的直接判断缺乏数的清晰性,而且变化无常,不大容易为心灵所把握以及很好地保存在记忆中,因此,量只有被还原为数

---

① Barrow, pp. 90, ff.
② Barrow, p. 216.
③ Barrow, p. 223.
④ Barrow, pp. 226, ff.
⑤ Barrow, pp. 239, ff.

值表示,才能说是已知的;只有通过数,一切事物的量才能还原为若干熟悉常用的标准量。

这一讨论中唯一遗漏的就是没有指明应当如何在那些尚未还原为数学的对象特征当中理出一个单位,从而用数值来表示这些特征。也许我们不应为此而过于指责巴罗,因为要想达到这一步,科学还需要等待一段时日。

巴罗的宗教兴趣表现于他前面关于自然恒常性的假设;接着,他断言一切证明都预设了上帝的存在。"我说,一切证明都预设了假说[我们应当说公设]为真;假说的真实性归因于那个被认为可能存在的事物;这种可能性涉及该事物的一个动力因(否则它就不可能存在);一切事物的动力因都是上帝。"[1]而在他关于空间和时间的讨论中,这种宗教含义表现得更加强烈。

几何大小的一个重要属性就是占据着空间。[2] 什么是空间?巴罗指出,把空间看成一种独立于上帝的真实存在是不虔诚的;同样,认为物质无限延展也有违《圣经》。然而,如果我们能够发现空间与上帝之间的恰当关系,我们就能如实地把真实存在归于空间。除了这个世界,上帝还能创造出其他世界,因此上帝的广延必定超越了物质,上帝的在场和能力的这种过剩正是我们所谓的空间。[3]然而,除了这种宗教含义,不能把空间描述成任何实际存在的东西;[4]空间"不是别的,而是单纯的潜能,仅仅是容纳的能力,是可

---

[1] Barrow, p. 111.
[2] Barrow, pp. 149, ff.
[3] Barrow, p. 154.
[4] Barrow, pp. 158, ff.

放置或……可在其中放置某个大小的能力"。

这是对摩尔此时正在把玩的空间观念的一种有趣结合。事实上,由于两人都住在剑桥,每个人的思想可能都受到了对方的直接影响。然而,摩尔对时间不太感兴趣,而巴罗却对时间和空间一样感兴趣,他设想几何大小是由运动产生的,并且热衷于在这种观念的基础上构造一种几何演算。他在《几何学讲义》(*Lectiones Geometricae*)中提出了自己对时间的看法,这本著作大概写于他关于方法和空间的上述讨论之前。在对时间的看法中,他表现得更具原创性。

指出了时间的一些有趣特征尤其是量的特征之后,巴罗问,在创世之前是否有时间,它现在是否在世界界限之外空无一物的地方流动。① 他的回答是:

> 世界创造之前就存在着空间,而且即使是现在,世界之外也存在着无限的空间(上帝与之共存)……同样,在这个世界之前以及与这个世界一起(或许在这个世界之外),时间过去和现在都存在着;既然在世界产生之前,某些东西就能持续存在[大概是上帝和天使],所以现在具有这种持存性的事物也许可以存在于世界之外。……因此,时间并不是指一种现实的存在,而仅仅是指持续存在的一种能力或可能性;正如空间是指包容一个介于其间的大小的能力一样。……但是难道时间不蕴含运动吗?我的回答是,就其绝对的内在本性而言,绝

---

① Barrow, Vol. II, pp. 160, ff.

第五章 17世纪的英国哲学

非如此；时间也不蕴含静止；时间的量本质上既不依赖于运动也不依赖于静止；无论事物是运动还是静止，我们是沉睡还是醒着，时间都在均匀地流逝。哪怕所有星辰从一诞生就保持固定不动，时间也没有任何损失；就像运动在时间中持续一样，静止也在时间中持续。即使在那种静止的状态中，之前、之后、同时（就事物的产生和消失而言）也都有自己固有的存在性，而且可能会被一个更完美的心灵察觉到。然而，尽管那些量是绝对意义上的量，不依赖于一切度量，但除非运用度量，我们无法察觉它们的量；因此时间本身是一个量，时间的量也许可以被我们辨别出来，尽管我们必须借助于运动作为量度来判断时间的量，并对其进行相互比较；所以时间作为某种可以度量的东西蕴含着运动，因为如果一切事物都保持不动，我们就无法辨别时间已经流过多少，无法辨别事物的年龄，也无法发觉它们的成长。[①]

……那些从熟睡中醒来的人显然不清楚时间已经过去了多久；但由此并不能理所当然地推断说，"除了运动和变化，显然不存在时间"。因为我们没有清楚地察觉到时间，所以时间就不存在——这是一个具有欺骗性的推理——睡眠有欺骗

[①] 这段引文的中间部分再次表明，即使对于那些对科学感兴趣的虔诚者来说，笛卡儿-霍布斯的哲学也产生了多么大的影响。"我说我们不会察觉到时间之流吗？我们肯定察觉不到时间之流，也察觉不到任何别的东西，而只会像木桩或岩石那样一动不动，毫无感觉。因为除非有某种影响感觉的变化打扰了我们，或者心灵有某种内部运作刺激和激发了我们的意识，否则我们什么也注意不到。正是由于运动向内挤压我们或者在我们之中引起了一种扰动，凭借运动的广度或强度，我们才能判断事物的各种程度和量。因此，就运动的量可以被我们注意而言，运动的量依赖于运动的广度。"

性，它使我们把两个远隔的时刻连接起来。……而且，由于我们设想时间总是以均匀的速度流向过去，不是说现在流得较慢，然后流得较快（假如真的承认这种不一致，时间就绝不容许有计算或量纲），因此并非所有运动都同样适合于确定和区分时间的量，而只能主要凭借那种最具简单性和均匀性、总是均匀进行的运动；运动者总是保持同样的力，而且是通过均匀的介质。因此，要想确定时间，就必须选择这样的运动者，至少就其各个运动阶段而言，它一直保持着同样的冲力，走过同样的距离。

巴罗指出，星辰的运动，尤其是太阳和月亮的运动，一般都因此而被接受，然后他提出了这样一个问题——如果时间的度量因此而依赖于运动，那么时间本身如何能像定义的那样是运动的量度呢？

但你会说，我们如何知道太阳作的是均等的运动？比如一天或一年精确等于另一天或另一年，或具有相等的时长？我的回答是，除非把太阳的运动与其他均等的运动相比较，否则我们无法知道这一点（除了可能获得的那些神的证词）。当然，如果我们发觉日晷记录下来的太阳运动……与任何足够精确的时间测量仪器的运动相一致[①]……由这一推理似乎可以得出（这也许会使某些人感到惊讶）：严格说来，第一个原初

[①] 此句在原文中不完整。

的时间量度其实并非天体,而是能用感官觉察到的、服从实验的我们周围的运动,因为我们是借助于它们来判断天体运动规律的。甚至连太阳本身也不足以成为时间的裁判,或者被视为诚实的见证者,除非时间测量仪器能够投票证明它的诚实。

巴罗还说,我们完全没有办法把现在的天体运行周期与许多个世纪以前的周期相比较,因此不可能确定无疑地说,玛土撒拉(Methusaleh)的确比未能活到一百岁的现代人活得长。然后,就像前人回答了空间与广延的基本关系一样,他也回答了时间与运动的基本关系这个具体问题。

> 所有人都承认,时间通常被视为运动的量度,运动的差异(较快、较慢、加速、减速)是通过假设时间是已知的而得到规定的;因此,时间的量不是由运动来确定的,而是说,运动的量是由时间来确定的:因为没有什么东西能够阻止时间和运动在这方面相互帮助。显然,正如我们先是通过某个大小来度量空间,了解它有多大,然后再通过空间来判断其他合适的大小,同样,我们也是先从某种运动来计算时间,然后再通过时间来判断其他运动;显然,这只不过是以时间为中介对不同的运动进行比较,正如我们以空间为中介来研究大小之间的关系一样。……此外,正如已经表明的那样,由于时间是一个均匀延展的量,它的所有部分都对应于一个均匀运动的各个部分,或者成比例地对应于一个均匀运动所通过空间的各个部

分,因此,我们可以非常成功地通过任何同质的大小,尤其是像直线或圆弧这样最简单的大小来再现时间,也就是说,把时间呈现给我们的心灵或想象;时间与同质的大小之间也有许多相似或类似之处。①

我们几乎完整介绍了这段冗长的论述,因为它美妙地呈现出时间哲学发展中一个自然的逻辑步骤,这种时间哲学可以与摩尔和巴罗时代英国常见的空间哲学相匹敌,它显然为牛顿的时间观做好了准备。无论是对于空间还是时间,巴罗都承认摩尔的宗教进路是有效的;空间和时间被视为真实而绝对的存在,它们只不过是上帝的无所不在和永恒持续。但巴罗也对另一种进路感兴趣,即实证的数学科学的进路。从这种观点来看,空间和时间并非真实存在的东西,而只是表达了大小和持续的潜能。那么,既然实际上必定要纯粹相对于大小和运动来处理空间和时间,为什么在从科学观点讨论它们时,巴罗没有抛弃绝对主义的术语呢?这无疑部分是由于巴罗对时间的意义显然已经有了一种更为清晰明确的

---

① 这段话的其余部分进一步阐明了这一点。"因为时间不仅有完全相似的部分,我们还可以把时间合理地看成一个一维的量;因为我们认为时间要么是由相继时刻的简单相加而构成的,要么是由(好比说)单一时刻的连续流动所构成,因此我们习惯于只把长度赋予时间;我们也只通过一段走过的线的长度来确定时间的量。正如我所说,一条线被视为一个动点的路径,从这个点来看,它具有某种不可分性,但从运动来看,它又具有某种可分性,那就是根据长度;因此,时间被设想为一个连续流动的瞬间的轨迹,从这个瞬间来看,它具有某种不可分性,但就它是一个相继的流动而言,它又是可分的。正如一条线的量只依赖于长度(运动的结果),时间的量就好像是一个点在长度上相继伸展开来;它由所走过空间的长度来证明和确定。所以我们总是用直线来表示时间……"

构想,即时间是一个明确的数学维度,但主要是因为另一种进路的有效性从未从他的视野中消失。时间并不是一种在形而上学上独立的东西。巴罗从未忘记存在着一个无限的、永生的上帝,他超越于世界的存在包含了空间,他在创造运动事物之前的持续生命包含了时间。正因为空间和时间涉及不变的神性,它们才具有那种明晰性和固定性,从而使我们能够在它们的帮助下精确地比较可感的大小和运动。因此,即使他不再指出时间有特定的宗教含义,这种含义也是绝对存在的;他可以把时间说成"均匀流逝","就其绝对的内在本性而言不依赖于运动","绝对意义上的量,不依赖于一切度量"等等。我们将会看到,这些关于时间的评论有益地引导了他那位著名学生牛顿在其主要著作中对时间的描述。

与此同时,我们不要忘了更大的背景。伽利略对运动的数学分析已经迫使有哲学头脑的人注意到两种不同寻常的新东西,随着时代的发展,这些东西已经作为基本范畴取代了经院哲学的实体和本质等旧概念。空间和时间获得了新的含义,在人们的思想中变得极其重要。那么应当如何从哲学上处理它们呢?对于空间,笛卡儿这位大胆的形而上学家已经有了一个现成的回答——他把空间看成物质宇宙的真正本质,只要是无法完全作几何处理的东西,就会被塞进非物质的思想世界。摩尔和巴罗等虔诚的英国思想家感觉到了这种草率的二元论的宗教危险,他们试图使上帝观念跟上最新发展,使空间显得不再独立于上帝;类似地,他们仿效霍布斯,在空间与物质之间作了一种更加基本的区分。然而,要想发展出一种时间哲学还需要更长时间。笛卡儿之所以没能做到这一点,部分是因为时间显然既是广延实体的一种样式,又是思想实体的一种样式,但更是因为他把运动看成一种一般的数学观念,而没有认识到伽利略对运动进行详细的定量描述的理想。然而,当人们逐渐试图弄清楚力、加速度、动量、速度等概念及其相互关系时,就会很自然地发现不得不对时间的含义作精确表述。随着他们在这一点上变得越来越有信心,时间逐渐成为一个像空间那样的自然自足的连续体,它同样不依赖于人的知觉和认识,并且能够根据同样的原则得到形而上学处理。在时间哲学的发展中,巴罗最先明确达到了这一阶段。正如空间对于物体来说已经不再是偶然的,与物体大小已无关系,而是变成了一种(除了与上帝有关)独立存在的、巨大的、无限的东西,同样,时间也不再被仅仅视为运动的量度,而是变成了某种具有宗教意味的神秘的东西,它不再依赖于运动(现在倒是运动要由它来度量),而是始终沿着均匀的数学方向从永恒流向永恒。就这样,自然由一个处于质的关系和目的论关系之中的实体领域最终变成了一个在空间和时间中机械运动的物体领域。

第六章　吉尔伯特和波义耳

霍布斯的经典著作出版于17世纪四五十年代,牛顿的《自然哲学的数学原理》则完成于1687年。在这之间的一代,英国思想在很大程度上受到了摩尔、卡德沃斯和巴罗等人著作的影响,而更大的推动则来自于大物理学家和化学家罗伯特·波义耳(Robert Boyle)的发现和著作。牛顿对基本问题的思考以及宗教形而上学都带有波义耳多方面思想的明显印记。因为波义耳是一位具有真正哲学水准的思想家,虽然通常并不这样来看他。

但在我们尝试介绍波义耳哲学的基本原理之前,要想经由这位近代原子化学之父的形而上学过渡到牛顿,有必要汇集一些线索统一到我们的思想中。

摩尔的"自然精气"是一种主动的、滋养性的、产生性的和引导性的媒介,上帝的意志通过它在物质世界中得到表达。这样一种观念虽然本质上并不复杂,而且开始在新近发展的科学哲学中发挥重要作用,但还是容易使现代学者感到困惑。我们已经讨论了它与古代"世界灵魂"观念的联系,还说它在世界中的功能就类似于"生命精气"在人的神经系统和循环系统中的功能。摩尔曾经强调,这种自然精气是一种无形的、精神性的东西,虽然没有有意识的智慧或目的,但摩尔坚持用它来解释像重力和磁力这类在他看来显然表明自然中存在着非机械力的现象。波义耳也确信,一个思想清晰的人必定会承认这种东西的存在,它在牛顿那里也至关重要。要想清楚地理解这种观念,我们需要知道其更大的背景。

第一节 非数学的科学潮流

让我们回到开普勒和伽利略的时代。他们的成就强有力地推动了科学中的精确数学运动,这场运动似乎正在酝酿着它所蕴含的那场非凡的形而上学革命。除此之外,还有另一种科学潮流正在进行,它虽然流速较慢且更具试探性,但在趣味和成效上仍然是科学的。而其方法则完全是经验的和实验的,而不是数学的。正是主要与这种潮流相关联,要想赋予科学一种正确的形而上学基础,才会非常明确和肯定地诉诸这种"自然精气",或者更多时候诉诸所谓的"以太精气"(ethereal spirit)。

威廉·吉尔伯特(William Gilbert)是科学磁学之父,其经典著作《关于磁石、磁性物体和地球大磁石的新自然哲学》(*De Magnete magneticisque corporibus et de magno magnete Tellure physiologia nova*)出版于1600年。他是这一非数学科学潮流的杰出人物。我们现在就来详细讨论其著作。他因磁现象而获得了一种非常有趣也非常重要的信念,即地球本质上是一个巨大的磁石。[1] 吉尔伯特设想地球内部是由一种同质的磁性物质构成的,[2]

---

[1] William Gilbert of Colchester, *On the Loadstone and Magnetic Bodies*, Mottelay translation, New York, 1893, pp. 64, ff.

[2] Gilbert, pp. 313, ff.

由此便解释了地球的内聚力和绕其两极的周日旋转,因为"浮在水上的球形天然磁石会绕中心旋转,从而在赤道面上变得与地球一致"。① 此外,由于除表面以外,地球的结构是同质的,所以地球的几何中心也是其磁运动的中心。② 就地球的周日旋转而言,吉尔伯特是哥白尼理论最早的英国拥护者之一;③ 吉尔伯特并没有接受地球也绕太阳旋转的激进看法,虽然他认为太阳是行星运动的第一推动者和激发者。再有,对后来在牛顿那里成熟的"质量"一词的最初使用和构想要归功于吉尔伯特的磁学实验。根据吉尔伯特的说法,如果天然磁石的纯度均匀,且来自某个特定的矿藏,则其磁性的大小和范围将取决于它的量或质量。④ 正是在这种意义和关联上,伽利略和开普勒从吉尔伯特那里借来了质量概念。

和其他近代科学之父一样,吉尔伯特并不简单地满足于指出和表述他的实验结果,他还试图对现象作出最终解释。天然磁石为何能够吸引在空间上与之分离的铁块?他的回答本质上就是那种在古代已经很流行的回答,即用万物有灵论来解释磁力。磁力是某种"有灵魂"的东西,⑤它"模仿灵魂",而且"在与有机体结合时会胜过人的灵魂",因为虽然有机体"运用理性,看见许多东西,研究更多的东西,但无论装备多好,它都要由外在的感官获得光芒和知识的开端,就好像要跨越一个障碍才能获得这些东西——因

---

① Gilbert, p. 331.
② Gilbert, p. 150.
③ Gilbert, p. 344.
④ Gilbert, pp. 152, ff.
⑤ Gilbert, pp. 308, ff.

此就有许多无知和愚昧迷惑了我们的判断和生命活动,以致很少人甚至没有人能够正确地做事情,适时地规范自己的行为"。① 而磁石则"准确无误地……迅速地、明确地、恒定地、引导性地、推动性地、支配性地、和谐地"发出自己的能量。② 因此,既然地球本身是一个大磁体,所以它具有灵魂,这正是它的磁力。"我们把整个世界看成有灵魂的,一切星辰以及这个荣耀的地球从一开始就受其自身注定的灵魂的支配,并从那里获得了自我维持的推动力。有机体活动所需的器官也并不缺乏,无论是被植于均质的自然中还是散布在均质的身体中,尽管这些器官既不像动物器官那样是由内脏构成的,也不是由明确的成员组成的。"③吉尔伯特对这种磁性灵魂能够产生超距作用特别感兴趣,他设想磁石发射出一种磁流(magnetic effluvium)来解释这种能力,并假定这种磁流就像一只紧扣的手臂伸到被吸引物体周围,将其拉向自身;④但它绝非有形的东西,而"必定是轻柔的、精神性的东西,这样才能进入铁之中";它是一种呼吸或蒸汽,在被吸引物体中会唤起相应的蒸汽。因此很明显,虽然吉尔伯特称这种磁流是无形的和精神的,但并不是指它是非广延的或笛卡儿意义上绝对非物质的,而只是说,它就像某种稀薄的空气一样极为稀薄。⑤ 它是可入的,而且是一种起推动作用的力量,在这个意义上,它与物质不同。地球和任何其他

---

① Gilbert, p. 311.
② Gilbert, p. 349.
③ Gilbert, p. 309.
④ Gilbert, pp. 106, ff.
⑤ Gilbert, pp. 121, ff.

第六章 吉尔伯特和波义耳

天体都把这些磁流发射到一定的空间范围,由此在周围形成的无形以太也参与那个天体的周日旋转。[①] 这种以太云之外是真空,没有遇到阻力的恒星和行星凭借自身的磁力在其中运动。在遗著《关于我们月下世界的新哲学》(*De mundo nostro sublunari Philosophia Nova*)中,吉尔伯特用磁的术语讨论了地球与月球之间的关系,[②]地球因质量较大而施加了更大的影响,但他没能讲清楚是什么原则使两者没有一起下落。

威廉·哈维是血液循环的发现者,尽管他极力强调经验主义,但却允许用以太精气的观念来解释热和营养如何从太阳传到生物的心脏和血液;[③]我们已经知道,笛卡儿——他的生理学受到了哈维极大影响[④]——把在物体的重量和不同速度中表现出来的那些性质暗地里转移给了以太,以便把物体本身看成纯几何的。这样一来,笛卡儿便为以太介质理论和宇宙的数学-机械论解释的进一步和谐发展给出了暗示。物体的第二性质已被流放到人的领域;现在,有一些性质开始被认为可以通过这种以太介质而得到说明,这些性质超越了纯粹几何,伽利略一直把它们在运动中的效应还原为数学公式,吉尔伯特和哈维则一直用感觉实验来研究它们。

---

① Gilbert, p. 326.
② Book II, Chs. 18, 19, Amsterdam, 1651.
③ William Harvey, *On the Motion of the Heart and Blood in Animals* (Everyman edition), p. 57.
④ 霍布斯也受到了哈维的深刻影响。在《哲学纲要》(*Elements of Philosophy*)序言中,他称哈维是科学生理学的奠基人,因为这种生理学是用运动构想出来的。他不无羡慕地指出,据他所知,只有哈维能够充分战胜偏见,从而在生前就完成了一门科学的革命。

大多数人都认为这种以太介质弥漫于整个空间。可见可触的物体凭借其确定的力量并且在其中运动着。摩尔曾经采用的正是固体与以太之间的这种区分。笛卡儿的学说认为,简单的碰撞运动足以解释广延实体的所有事件,摩尔则认为这一学说是毫无根据的假设。无论怎样描述可触物体,以太介质都不是纯粹的机器。否则根据第一运动定律,宇宙将会迅速消散。以太被认为拥有非机械的性质和能力。因此它必定是精神的和无形的,积极执行神的意志,在内聚力、磁力、重力等现象中维持着世界的构架。同时,其结果是规则而有序的,肯定可以还原为严格的科学定律。波义耳赞同所有这些观念,这些观念从摩尔和波义耳那里传到了牛顿,在牛顿的哲学中起着独特的作用。

第二节 波义耳作为科学家和哲学家的重要性

罗伯特·波义耳以非常有趣的方式例证了他那个时代的所有重要思潮,任何重要的或流行的兴趣和信念都在他的思想中占据着某个位置,围绕着他的两个兴趣焦点——实验科学和宗教,这些东西被非常成功地协调在一起。波义耳把哲学定义为"对所有那些真理或学说的认识,人的自然理性在摆脱了偏见和成见之后,借助于学问、关注、练习、实验等等显然能够理解它们,或者通过必然推理由清晰确定的原理推出它们"。[①] 在对经院哲学那种独断的

---

① *The Works of the Honourable Robert Boyle*, Birch edition, 6 Vols., London, 1672, Vol. IV, p. 168.

第六章 吉尔伯特和波义耳

形而上学特征进行攻击的最后,波义耳谈到了自己所处的这种科学潮流的引路者。"我们伟大的维鲁拉姆(Verulam)[指弗朗西斯·培根]以更多的技巧和勤奋(而且不无愤慨),试图按照以前的要求恢复古人研究具体事物而不急于构造体系的那种更谦逊、更有用的方式;在这方面,我们伦敦的两位非常勤勉的医生吉尔伯特和哈维对他帮助甚多。不必说,自培根以来,笛卡儿、伽桑狄等人已经用几何定理来解释物理问题;这些人以及自然哲学的其他恢复者已经使研究自然的实验方法和数学方法获得了高度尊重,就像它们流行于亚里士多德之前的自然学者那里时获得了高度尊重一样。"①波义耳频繁地提到培根、笛卡儿和伽桑狄,将其视为自己的三位主要先驱;他说自己年轻时并没有认真阅读他们的著作,因此"我不会事先受到任何理论或原理的影响,直到花时间去试验事物本身会使我想到什么";②但既已开始认真考察他们的著作,波义耳意识到要是以前读过这些东西,他的论文会得到充实,一些东西也会得到更好的说明。至于培根,波义耳很早就加入了一个誓愿贯彻培根精神和目标的科学研究小组(所罗门宫的一个雏形),他始终赞同培根哲学中与当时其他重要发展相一致的那些特征。特别是,他推进了培根哲学中的一个显著特征,即通过认识原因来实际控制自然,他认为这与经验方法密切相关。如果你的最终目的是理解,那么由原子论或笛卡儿的原理所得出的推论可能会使你非常满意;而如果是为了特定目的去控制自然,

---

① Boyle, Vol. IV, p.59.
② Boyle, I, 302.

那么你经常可以发现直接经验到的性质之间的必然联系,而不必上溯到原因序列的顶端。① 对波义耳而言,伽桑狄对伊壁鸠鲁原子论的复兴似乎起到了尤为重要的作用,不过,波义耳从未大量运用它与笛卡儿宇宙论的那些具体不同点,因此我们猜测,这种亲缘感更多来自于伽桑狄的经验主义而非原子论思辨。波义耳指出,在用具有各种不同形状和运动的小物体来解释现象方面,笛卡儿主义者和原子论者是一致的,他们的差异在于形而上学观点而不是物理学观点,因此,"具有调和倾向的人可能会把他们的假说看成……同一种哲学,由于都用微粒或小物体来解释事物,因此这种哲学也许可以(不无贴切地)称为微粒哲学。"② 他也经常仿照摩尔把这种哲学称为机械论哲学(虽然带有更广泛的含义),因为其特征明显而强烈地表现于机器中。波义耳对笛卡儿的主要不满在于,笛卡儿因为我们无法知道上帝的目的及其关于运动的主要设定而消除了目的因。③ 波义耳认为,显然所有人都能知道神的一些目的,比如说世界的对称性和生物非凡的适应性,因此拒不接受关于上帝存在性的目的论证明真是愚蠢。至于运动定律,他认为经验和理性都不能清楚地认识。④ 特别是,世界中运动的量保持恒定这一学说依赖于一个过分先验和思辨的证明,即上帝的不变性。它似乎并未得到一些实验的支持,无论如何,我们没有办法研究它在遥远宇宙区域的真实性。在推翻霍布

---

① Boyle, I, 310.
② Boyle, I, 355.
③ Boyle, V, 401.
④ Boyle, V, 140, 397.

第六章 吉尔伯特和波义耳

斯的物理学哲学及其方法方面,波义耳同样是一位重要人物。他用实验反驳了霍布斯关于空气本性的理论,此后再也没有哪位重要的思想家敢于未经认真严格的实验证实就宣布一种由一般原理的推论所构成的物理学。在这场新运动的方法上,忠于事实这一要素在波义耳那里得到了强有力的支持。除了与这些刚刚过去的人物的关联,波义耳还与许多同时代的重要科学家和哲学家有过大量通信,其中包括洛克、牛顿、摩尔、霍布斯、西德纳姆(Sydenham)、胡克、格兰维尔(Glanvill)等人,甚至连斯宾诺莎也对他的一些实验结论提出了批评。

那么,对于他自己在这场方兴未艾的运动中的作用,波义耳是如何设想的呢?"由于机械论哲学家们很少用实验来验证自己的断言,而化学家们被认为为了他们的断言作了很多实验,以至于在那些已经抛弃了无法令人满意的经院哲学的人当中……大多数人都接受了他们的学说,……出于这些理由,我希望我至少能为微粒哲学家做一点并非不合时宜的贡献——我要用实际的实验来说明他们的一些观念,并且表明我所探讨的这些东西至少能够得到似乎合理的解释,而不必诉诸无法解释的形式、真实的性质、亚里士多德学派的四元素,甚至是三种化学要素。"[1]换言之,波义耳注意到,新的假定迄今为止还缺乏充分的实验验证,特别是化学的研究主题还没有成功地用原子加以解释;流行的方法在很大程度上是神秘的和魔法的;作为基本成分的三要素——盐、硫和汞是极为复杂的东西。化学并没有与天文学和力学一起前进。通过试验是否

---

[1] Boyle, I, 356.

能把原子论的原理成功地运用于化学这样一个领域,波义耳渴望看到化学能被提高到像天文学和力学那样的精确水平。天文学家和地理学家"迄今为止已经向我们描述了一个关于宇宙的数学假说而不是物理假说,他们一直在小心翼翼地向我们表明天体的大小、位置和运动,而不是急于宣称我们所居住的地球是由什么更简单的物体和复合物体构成的"。① 波义耳渴望推进的正是这种对我们眼前事物的化学分析,他所推崇的方法(更多是遵循吉尔伯特的实践而不是培根的理论)是对经过严格实验确证的感觉事实进行理性分析。他注意到,新的哲学建立在理性和经验两个基础之上,但经验只是最近才得到了应有的重视。② 这使理性过分服从于经验了吗?波义耳回答说,绝非如此。"那些称颂抽象理性的人在言语上赞美理性,就好像它是自足的,而我们则是在实效上赞美理性,我们把理性交予物理经验和神学经验,告诉理性如何请教它们并从中获得信息;后一种人比前一种人更能为理性提供有用的服务,因为前一种人只是恭维理性,而后一种人却能用正确的方式来改进它。"③此外,我们的真理标准归根结底是理性的。"经验只是理性的助手,因为经验的确为理解力提供了信息,但理解力仍然

---

① Boyle, III, 318.

② Boyle, V, 513, ff. "但是现在,我所说的大师(virtuosi,……我指的是那些理解和发展实验哲学的人)在其哲学研究中更充分和更好地利用了经验,因为他们经常需要请教经验;他们不满足于自然自发提供的现象,如有必要,他们会热切期望通过有意设计的实验来扩展经验。"

③ Boyle, V, 540.

第六章　吉尔伯特和波义耳

还是法官,它有能力或权利考察和利用提交给它的证词。"①

第三节　对机械世界观的接受和捍卫

波义耳本人并不是一个深刻的数学家,但他很容易察觉到,要想根据流行的原理对化学世界作一种原子论解释,数学是至关重要的。"的确,物质或物体是自然学者沉思的主题,但如果物质部分之间的大多数(即使不是一切)作用取决于它们的位置运动从其大小和形状(这些是物质部分的主要机械属性)那里获得的变化,那么就很难否认某些知识对于解释许多自然现象必定总有用处,比如什么形状容量更大,什么形状更有利于运动或静止,更有利于穿透或抵抗穿透,更有利于彼此固定。"②这当然正是几何学的任务,因为几何学是关于大小、形状尤其是运动的科学。例如,天文学是一门关于物理事物的科学,在天文学中,如果没有足够的数学知识来指导人们构造假说或对其进行判断,思想家就很容易误入歧途(伊壁鸠鲁和卢克莱修便是证据);事实上,在处理具有几何性质的事物的任何学科中,图形的结构和描绘对想象的帮助都是巨大的。③ 不仅如此,这里波义耳还表示自己完全同意伽利略和笛

---

① Boyle, V, 539. 波义耳进一步指出:"外在的感官只是灵魂的工具,……感官可能会欺骗我们,……判断感官感觉到的东西是否有所缺乏的是理性而不是感官……判断什么样的结论可以安全地建立在感官信息和经验证词基础之上的也是理性。所以有人说经验纠正理性,这是不太恰当的,因为正是理性本身依靠经验信息纠正了它之前所作的判断。"
② Boyle, III, 425, ff.
③ Boyle, III, 431, 420, 441.

卡儿的数学形而上学,整个世界的结构似乎从根本上说是数学的;"自然的确在扮演机械师的角色";①数学原理和机械论原理是"上帝用来书写世界的字母表";在波义耳看来,这一结论的合理性主要来自于一个不可否认的事实:运用这些原理可以成功地解释事物。事实已经证明,这些原理是解开密码的正确钥匙。倘若生活在伽利略之前,波义耳也许大体上仍然是一位亚里士多德主义者。但那些大数学物理学家所作出的可用实验证实的非凡成就已经使他(就像对其他经验主义者那样)在事后改变了信仰。进而,由于上帝在创世时扮演着数学家的角色,数学原理必定像逻辑公理那样是高于上帝自身且不依赖于启示的终极真理;②事实上,对启示的解释一定不能与那些原理相矛盾,"因为全知的上帝是我们理性的创造者,应该不会迫使我们相信矛盾。""我把形而上学原理和数学原理看成……一种超验的真理,严格说来,它们既不属于哲学也不属于神学,而是我们凡人所能获得的一切知识的普遍基础和工具。"③

这种数学自然观当然包含一种关于自然运作的机械观念。"我的主要目的是通过实验向你表明,几乎一切种类的性质都可以机械地产生,这些性质中的大多数都没有得到经院学者的解释,或者被泛泛地归于我所不了解的某些无法理解的实体形式;我所谓的物质动因是指只有凭借物质自身各个部分的运动、大小、形状和

---

① Boyle, III, 20, 34, ff.; IV, 76, ff.
② Boyle, III, 429.
③ Boyle, VI, 711, ff.

第六章　吉尔伯特和波义耳

设计(contrivance)才会运作的东西(我把这些属性称为物质的机械属性)。"①这些部分最终都可以还原为只具有第一性质的原子,尽管伽桑狄复兴了伊壁鸠鲁主义,但波义耳还是用本质上笛卡儿主义的方式对原子作了描述。② 这些基本性质或第一性质中最重要的便是运动,③因为波义耳领会了笛卡儿对均一的广延实体最初被分化为各个部分的过程的构想。"我赞同哲学家们所允许的普遍性,即一切物体都共有一种普遍物质,我指的是一种有广延的、可分的、不可入的东西。但由于这种物质就其本性来说没有任何差别,所以我们在物体那里看到的多样性必定来自于别的东西,而不是构成它们的这种物质。既然我们看不出物质之中怎么可能会有变化,那么如果物质的所有部分都永远处于静止,要想把这种普遍物质区分成各种不同的物体,它的一些或所有可区分的部分就必须运动;此运动必须有各种不同的倾向,物质的这个部分的运动倾向于沿这个方向,那个部分的运动倾向于沿那个方向。"④事实上,会通过把多样性和变化完全还原为运动而对其进行解释的

---

① Boyle, III, 13.
② Boyle, III, 292. "像大小、形状、运动和静止等等习惯于被算作这样一些性质,我们可以将其更方便地视为物质部分的原初样式,因为从这些简单属性或原初属性可以导出一切性质。"
③ 波义耳遵照伽利略也把它们称为绝对性质。也就是说,无论在什么情况下都不能设想它们脱离物体。III, 22.
④ Boyle, III, 15.

尝试不可避免会引向原子论。①

现在,尽管要想产生我们看到的这个自然界,就必须注入运动对原始物质进行分解,迫使其各个部分以多种方式结合起来,从而对目前的现象进行解释,但(出于我们将在以后给出的理由)波义耳却极力坚持并不一定要让物质本身运动,也就是说,运动并不是物质的一种固有性质。在这一点上,摩尔的绝对空间观念帮助了他。他指出,物体不论静止还是运动都一样是物体,因此运动并非物质的本质,②"物质的本质似乎主要在于广延。"③对于是否能够仅由广延导出不可入性,波义耳不是很确定;④如果不能,则不可入性就必须连同可由广延导出的形状和大小一起包括在物质的本质性质中,但波义耳的要点是强调物质绝不能自己运动,物质的运动依赖于某种不是物质的东西。波义耳批评笛卡儿似乎使物质不依赖于上帝。根据笛卡儿的原理,上帝不能取消广延或运动定律。⑤

于是,通过大大小小的不同部分作各种运动的物质,所有自然

---

① Boyle, III, 16:"由此可知,物质必定可以实际分成各个部分,这是各种确定的运动的真正结果,而且物质的任何原始片段或整个分开的团块必定有两种属性:一是它自身的大小或尺寸,二是它自身的形状或外形。既然经验表明,物质经常可以分割成感觉不到的微粒或粒子,由此我们也许可以得出结论,这种普遍物质既有最大的团块也有最小的片断,每一个都有自己特殊的体积和形状。……无论把这些偶性称为物体的样态或第一性质是否足够合适,我这里都不去考虑它们与那些同属于物体的不够简单的性质(如颜色、味道和气味)的区分。"亦参见 29—35。

② Boyle, V, 242.
③ Boyle, II, 42.
④ Boyle, IV, 198, ff.
⑤ Boyle, IV, 43, ff.

现象无一例外都能得到解释。① 波义耳和笛卡儿或霍布斯一样没有完整地领会伽利略的远见，即要用精确的数学方式来表示运动；当落实到细节的理论问题时，他的目标只是要说明，根据排列组合原理，大小、形状和运动的少量原初差异如何能够以各种可能的组合产生出几乎无限多样的现象。② 波义耳以各种方式表明了，原始的同质物质如何在位置运动的影响下分解成为特定大小和形状的动静不同的片断；由此可以导出位置、秩序、结构（texture）等其他七个范畴，这为我们提供了一张足够的字母表，可以由它构造出宇宙之书。为了防止看起来不够充分，他又指出，位置运动本身是一种具有无限多样性的本原。"同样，运动虽然看起来是一种如此简单的本原，尤其是在简单物体中，但即使在这些物体中，运动也极为多样；因为它有快有慢，有无限多种程度，有简单有复合，有均匀有不均匀，可以变得更快或更慢。物体可以沿直线运动，作圆周运动，或者沿其他曲线运动，……物体还可以波动起伏，……或者绕其中间部分旋转等等。"③ 当然，波义耳确信自己关于空气静力学和流体静力学的实验极好地确证了这种关于形式和性质之起源的完全机构的构想。

值得注意的是，到了波义耳的时代，新的几何形而上学在理智

---

① Boyle, IV, 70, ff., 特别是77, ff.。
② Boyle, III, 297, ff. "关于性质的起源，我所提出的[微粒]学说面临的巨大困难……是……：难以置信，我们在物体中实际发现的如此众多的性质竟然是由数目如此之少（两个）和如此简单（物质和位置运动）的本原产生出来的；而位置运动仅仅是亚里士多德及其追随者们所设想的六种运动之中的一种……物质都是均一性的，在我们看来，只有通过位置运动的结果才能使之分化。"
③ Boyle, III, 299.

思潮中已经扎下根来,以至于已经开始有人初步尝试赋予一些传统形而上学术语以新的含义,以使它们更好地符合时代的语言。例如,他提议用"形式"一词来意指"构成特定种类的物体所必需的那些机械属性"(而不是经院哲学所说的本质属性)。[①] 他也想把"自然"一词从古代和中世纪的讨论中那些模糊不定的用法中解救出来,通过新的二元论来定义它——自然既非实体的聚集,亦非不可预见之力的神秘施予者,而是一个机械定律系统;也就是说,它是一个物质和运动的世界,与理性灵魂和非物质的精神迥然不同。[②] 波义耳强烈反对摩尔关于天使和"自然精气"(或朝着某些目的运作的附属的精神存在)的学说,以及用它们来解释内聚力、虹吸、重力等吸引现象。[③] 他完全相信这些现象以及其他定性现象能在一种微粒的或机械论的基础上得到解释,虽然他并未试图解决这些问题。

第四节　定性解释与目的论解释的价值

但在波义耳看来,诉诸一种神秘的东西并非真正的解释;要想解释现象,就需要由自然中比待解释者更为人所知的其他某种东

---

① Boyle, III, 28.

② Boyle, V, 177. "关于整个自然,我所提供的概念是这样的:自然是构成世界的物体的聚集,自然尽管是构想出来的,却被认为是一种本原,通过它,物体按照造物主规定的运动定律起作用和遭受作用。……我将用宇宙机制(cosmical mechanism)来表达我所说的整个自然,它包含伟大宇宙体系所属物质的所有机械属性(形状、大小、运动等等)。"

③ Boyle, V, 192, ff.

第六章 吉尔伯特和波义耳

西把它推导出来。① 因此,实体形式以及其他用来掩盖我们无知的东西(比如"自然")并不是解释,它们和有待解释的事物一样不同寻常。② 与此同时,如果没有更好的东西,一些定性的说明也并非毫无价值,因为波义耳和摩尔一样认为,新哲学在笛卡儿和霍布斯那里已经走到了不合理的极端。最令人满意的解释固然是通过大小、形状和运动进行的解释,"但不能小看那样一些说明,它们可以由物体那些最为明显和熟悉的性质或状态推导出特定的结果,比如热、冷、重量、流动性、硬度、发酵等等,虽然这些性质或状态本身可能的确依赖于此前列举的那三种普遍性质。"重力便是一个很好的例子。"我说,也许可以让他就相关事物给出一个理由,从而把现象归于尘世间几乎所有物体都拥有的一种已知属性,即我们所谓的重力,虽然他既没有由原子推导出这种现象,也没有给出重力的原因;事实上,几乎还没有哪位哲学家曾经给出过一种令人满意的解释。"正是出于同样的理由和本着同样的精神,波义耳批判了目的论解释;与笛卡儿和霍布斯不同,波义耳完全没有质疑目的因的有效性,但他指出,对某种东西最终的"为何"的回答并不能取代对直接的"如何"的回答。"因为要想解释一种现象,把它归于一种一般的动力因是不够的,我们还必须清楚地表明那种一般的原因是如何具体产生相关结果的。如果一个人需要得到关于钟表现象的解释,却满足于被告知它是由一个钟表匠制造出来的机械,则他必定是一个非常愚钝的研究者,因为由此并没有说明钟表的发

---

① Boyle, III, 46.
② Boyle, I, 308, ff.

条、齿轮、摆轮等零件的结构和接合以及它们是如何协调作用以使表针指示出正确时间的。"①对事物的完整解释并非实验科学的对象,事实上,那将远远超出机械论的范围;"宇宙的各个部分非常美妙地协力产生出特定的结果;假如不承认有一位智慧的造物主或万物的安排者,就很难对所有这一切给出令人满意的说明。"②但在回应摩尔对其实验结论的批评时,波义耳重申:"……假定世界先被创造出来,然后上帝通过自己的能力和智慧不断维护它;假定上帝的普遍协同维持着他在世界之中确立的定律,则我力图解释的现象就可以用机械的方式得到解决,也就是通过物质的机械属性来解决,而不必诉诸'自然厌恶真空'、实体形式或其他非物质的受造物。因此,如果我已经表明,我所力求解释的现象可以通过运动、大小、重力、形状[注意这里列举了重力]及其他机械属性来阐明……则我已经做了我所声称之事。"③波义耳虽然把目的论接受为一个有效的形而上学原理,但并没有在物理学中运用它,这一点对新科学哲学的发展颇为重要;④这里,他仿效那些伟大的先驱者们认为,任何结果直接的次级原因总是某种在先的运动。"世界曾

---

① Boyle, V, 245.
② Boyle, II, 76, ff.
③ Boyle, III, 608, ff.
④ Boyle, IV, 459. 关于空间和时间,波义耳的思想并不十分清楚。他对时间的主要兴趣是把时间与关于永恒的宗教观念调和起来;至于空间,他没有看到它与运动有任何关系,因此虽然他口头上否认摩尔的绝对空间概念,但又不得不含蓄地承认它。他似乎赞同笛卡儿关于运动相对性的看法。整个宇宙不能作位置运动,因为它没有物体可以离开或接近,但"如果最外层天能被上帝不可抗拒的力量所推动,那么就会产生一种没有位置改变的运动"。这里似乎有一些思想混乱,但这里是波义耳最清楚的分析了。

被伟大的造物主构造成现在这个样子,我认为自然现象是由作位置运动的一部分物质碰撞另一部分物质所引起的。"①"位置运动似乎的确是最重要的次级原因,是自然之中一切事件的主要动因;因为虽然大小、形状、静止、位置和结构的确与自然现象同时发生,但与运动相比,它们在许多情形中似乎都是结果,而在另一些情形中则只是条件、前提或必不可少的原因",②但在实际运动发生以前,所有这些一直毫无效果。然而在反驳霍布斯时,波义耳一直极力断言这只适用于次级原因——绝对地断言运动只有依靠邻近的被推动物体才能发生,将会导致无穷倒退,导致否认由一个精神性的上帝所控制的终极因果性。③

第五节　对第二性质实在性的强调
——人的观念

上述引文每每反映出波义耳与笛卡儿的颇多一致之处;当波义耳开始讨论人在世界中的位置和感觉机制时,正如我们所预想的那样,正是笛卡儿的二元论为其思想提供了主要背景,但有一个重要区别,这表现于波义耳对定性解释和目的论解释作了相当温和的处理。伽利略和笛卡儿都渴望把人从数学的自然界流放到一个次要的、不真实的领域。笛卡儿固然坚持过思想实体的独立性,但和伽利略一样,他的工作的整个结果也是使人的地位和重要性

---

① Boyle, III, 42;亦参见 IV, 60, 72 ff., 76, ff.。
② Boyle, III 15.
③ Boyle, IV, 167.

显得非常贫乏、次要和有依赖性。真实的世界是广延和运动的数学机械领域,人只是一个可怜的附属物和不相干的旁观者。这种观点已经渗透到那个时代的思想之中,霍布斯那充满破坏性的唯物论大大强化了它。思想家们在全神贯注地用数学原理来征服自然时,却忘记了能够获得这种认识和胜利的存在者必定是一种非凡的造物。面对着把人从自然中流放出去、贬低其重要性的这种似乎不可抗拒的趋势,波义耳极力重新肯定人在宇宙中的真实位置和他作为上帝之子的独特尊严。因此,第一性质并不比第二性质更真实;既然具有感官的人是宇宙的一部分,所以一切性质都同样真实。诚然,"假如我们设想宇宙中所有事物都被消灭掉,只剩下一个物体,比如一块金属或石头,那么我们很难表明在该物体中除了物质和我们业已列举的那些偶性[第一性质]以外,在物理上还有什么东西……但现在我们要考虑到,世界上实际存在着某些被我们称为人的有感觉的理性存在者;人体有眼睛、耳朵等几个外在的器官,每一个器官都有一种清晰独特的结构,从而能够从周围的物体获得印象,因此它被称为感觉器官;我说,我们必须考虑到,这些感觉器官可以按照若干种方式受到外在物体的形状、外形、运动和结构的作用,一些外在物体适合于影响眼睛,一些适合于影响耳朵,另一些适合于影响鼻子等等。人的心灵由于与身体相结合而能够感知到物体对感觉器官的这些作用,并赋予它们不同的名称,分别称之为光、颜色、声音、气味等等。"[1]心灵很容易把这些可感性质看成实际存在于事物本身之中,"而事实上,在被赋予这些

---

① Boyle, III, 22, ff., 35.

可感性质的物体中,除了其构成微粒的大小、形状、运动或静止以及源于其实际设计的整个物体的结构之外,并不存在什么真实的、物理的东西。"在这个问题上,波义耳的表述有时很混乱。在有的地方,他倾向于同意亚里士多德主义者的看法,认为"它们[感觉性质]与我们无关地绝对存在着;因为即使世界上没有人或任何其他动物,雪也仍然是白的,燃烧的煤也仍然是热的,……因为即使把世界上的所有人和有感觉的东西都消灭掉,煤也不仅会烧灼触摸它的人,而且会把蜡烧化……把冰融化成水。"当然,这几乎无法证明煤是热的,但他对此问题的一般解决是很保守的;这些第二性质作为"其构成微粒的一种倾向"存在于物体本身之中,"一旦真的适合于一个动物的感觉器官,它就会产生其他结构的物体不会产生的可感性质,就好像如果没有动物,就不会有疼痛之类的东西似的,而如果把一根针对着人的手指移动,它就可能因其形状而适合引起疼痛……"然而,由于世界上存在着人和动物,所以事物之中的这种"倾向"或"适合性"就像它本身所拥有的性质一样真实。"简而言之,如果我们想象周围的任何两个物体(比如一块石头、一块金属等等)与宇宙中的任何其他物体毫无关系,那么就很难设想,除了通过位置运动,一个物体如何可能作用于另一个物体,……或者除了发动另一个物体的各个部分,在其中造成结构、位置或其他机械属性的变化之外,它如何可能通过运动做到别的事情:虽然这个(被动的)物体处于我们当前这个世界上的其他物体之中,并且对设计极为奇特的动物的感觉器官发生作用,从而可能展示出许多不同的感觉现象,但无论这些感觉现象如何被我们视为不同的性质,它们也只是物质的那些经常提到的普遍属性的结果罢了。"

波义耳想必已经感觉到有必要强调指出,"世界上的确存在着某些被我们称为人的有感觉的理性存在者",①这种强调是对他那个时代科学精神的极为重要的注解。就波义耳本人而言,这种强调与其说是由于相信机械论科学所取得的惊人成就必然蕴含着其发明者在世界中占据一个重要的位置,不如说是出于他的宗教兴趣,②与前者相比,对人的价值的肯定总是更带有后者的味道。"不论延展有多么广大,设计有多么奇特,物质都是一种只能作位置运动的毫无思想的东西,它对其他物体或人脑的影响和结果不可能有任何真正的或至少是理智的知觉,不可能有真正的爱和恨;我认为理性灵魂是一种非物质的不朽的东西,带有其神圣创造者的形象,被赋予了广阔的理智和没有任何造物能够强加的意志,这些考虑使我倾向于把人的灵魂看得比整个物质世界更为高贵和有价值。"③就这样,波义耳一反流行思潮,重新肯定了中世纪目的论等级结构的一些特征。

然而,人这种可感性质的奇特感知者,这种能爱能恨且拥有理性灵魂的存在者到底是什么呢?在这方面,波义耳的观点完全是笛卡儿式的。人体作为物体,和自然的其余部分一样是机械的;人是"具有意志的机器"。④ 在其他地方,这个非物质的部分被描述成一种"非物质的形式",⑤或者像上面那样每每被描述成一种"理

---

① Boyle, III, 36.
② 参见 IV, 171; V, 517。
③ Boyle, IV, 19, ff.
④ Boyle, V, 143.
⑤ Boyle, III, 40.

性的灵魂"。他完全拒绝接受摩尔关于精气广延性的学说;灵魂不仅不可分,而且无广延,①因此波义耳认为,灵魂必定是非物质的和不朽的。不仅如此,他还明确指出,把精气看成一种稀薄的蒸汽或气息的流行观念是混淆了术语。"当我说精气是一种非物质实体时……如果有人回应,他一听见非物质实体这个词,便会想象出某种气状的或其他非常稀薄、精微、透明的物体,那么我将回答,这来自于他迫使自己接受的一种恶习,即只要一设想某种东西就要想象出某个形象,即使这种东西本质上无法用想象中的任何形象来真正表示。……由于每当我们设想事物时,想象力的运用都是一个顽固的障碍,它使心灵在需要纯粹思考时不能自由发挥作用,因此,我们必须或不妨习惯于不对那些超出或搅乱我们想象力的东西感到吃惊或恐惧,而要逐渐训练心灵去考虑那些超越想象但可以用理性来证明的观念。"②

所有这些听起来都颇具笛卡儿色彩,当波义耳开始详细描述感觉过程时,他是当时已作通俗解释的模糊的笛卡儿心理学的正统追随者。我们只消看看他对事实的描绘:灵魂是某种没有广延的东西;③同时灵魂又寄居于松果腺,感觉器官对外界物体的印象作为神经纤维的运动被带到那里,"在那里,由于灵魂与身体的……紧密结合,寄居于此的灵魂所觉察的这些不同运动变成了感觉。"波义耳也理所当然地认为,我们的观念为了将来的使用而

---

① Boyle, V, 416.
② Boyle, VI, 688, ff. 亦参见 796。
③ Boyle, IV, 44.

被贮存在大脑的一小部分区域。① 霍布斯对笛卡儿的修正并没有逃过波义耳的注意。但波义耳指出了物质实体与非物质实体的结合所涉及的一些困难,他特别感兴趣的一个事实是,特定的感觉实际上并没有被理论所解释。"因为我想知道,比如说,当我观看一个正在鸣响的钟时,松果腺中的这样一种运动或印象为什么会在心灵中产生视觉这种特定的知觉而不是听觉呢? 而同时来自于同一个钟的另一种运动为什么又会产生一种相当不同的知觉,即我们所谓的听觉而不是视觉呢? 对此我们只能回答说,人性的创造者乐意让它这样。"② 他指出,在这些问题上,我们并不比那些用隐秘性质进行解释的经院学者情况更好。

第六节 对人类知识的悲观看法
——实证主义

这里我们碰到了波义耳哲学中最有趣和最具历史意义的一个特征,即他的认识论,因为波义耳开始注意到这种观点中包含的人类知识理论的一些困难。他固然通过诉诸宗教来帮助克服这里遇到的根本困难(从而延续了新科学的其他拥护者所树立的榜样),但他的说法与牛顿的非常相似,值得我们认真关注。当时的形而上学普遍认为,灵魂位于身体之内,初始的运动到达各个感官并且被传递到灵魂在大脑中的居所,从而对灵魂产生影响。当我们考察这种形而上学时,我们也许会问,既然灵魂从不与那个真实的、

---

① Boyle, IV, 454.
② Boyle, IV, 43, ff.

物质的外在世界相接触,我们如何可能获得关于这个世界的任何确定知识呢?灵魂怎么可能建立起一个有序的观念体系来真正表达一个它永远无法企及的世界呢?事实上,我们如何可能知道有这样的世界存在呢?但人们需要用很长时间才能感受到这个严重的困难;甚至是洛克,虽然在《人类理解论》中已经发觉遇到了这个困难,但也没能看到自己的观点会不可避免地导致怀疑论推论。伽利略和吉尔伯特已经隐约感到,新的形而上学意味着一个相当贫乏的人类知识领域,古代人并非不了解某些感觉学说所涉及的关于知识的根本困难。但是现在,波义耳基于新的心理学仍然相当质朴天真地提出了这种怀疑,他欣然抛弃了那种更加一致的笛卡儿二元论,转而支持霍布斯的重要原理,注意到这一点对于我们至关重要;他把灵魂描绘成完全封闭在大脑之中。"假如人性有一个必然的缺陷,即当我们处于这种有死的状况时,被囿于黑暗的身体因牢中的灵魂只能……获得模糊的知识;则我们应当赋予基督宗教更大的价值,因为由此……我们的官能将会得到提升和扩展。"[①]在一个像我们这样的世界中,知识的这种模糊和贫瘠是预料之中的:"对于一个东西的真理性或存在性来说,我不认为能被人的理解力所理解是必需的,就像对于原子、空气微粒或磁石的磁流等等的存在性来说,能被人眼所见也不是必需的一样。"[②]从整个发展来看,这些说法显得多么自然啊!人的心灵已经接触到了一个广袤的存在领域,在心灵看来该领域极为真实,然而鉴于当时

---

① Boyle, IV, 45. 参见 Locke, *Essay*, II, 11[17]。洛克与波义耳和牛顿都很熟悉。
② Boyle, IV, 450;亦参见 VI, 694, ff. 。

的形而上学图景,心灵自身的存在和认识在该领域中倒显得极为有限和次要,而且与那个领域毫不相关。不过,波义耳在这方面的进一步评论相当简单。他注意到我们对天体和地球深处知之甚少;我们的经验和研究只涉及"地球的表面或表皮",①而那只是一个"微小的(更不用说是可鄙的)部分"。我们的知识"只局限于一个物理点的表面部分的一点点"。

所有这些对波义耳的教益是,我们绝不能因为事物超出了我们的理解力就对其加以拒斥,而应该思考是否因为我们的能力太过有限而无法把握它们。这一点对科学和宗教都同样适用,尤其是适用于后者。

在很大程度上正是带着这种情绪,波义耳在思想中添加了我们曾在伽利略那里注意到的科学观,它后来被称为实证主义。哈维那里已经出现了实证主义精神的一些重要特征,②现在,波义耳将它与整个哲学状况联系起来。既然与整个存在相比,人类的知识所及是如此狭小,因此试图设计庞大的体系是荒谬的;与构造庞大的思辨性宇宙假说相比,拥有一点(因为基于实验而)确定的不断增长的知识要更好,虽然它总是不完备的和片断性的。③ 在很多工作中,波义耳都会有意避免作出关于现象的斩钉截铁的理论,而是满足于收集事实,提供建议,从而为将来的某种"可靠全面的假说"做可能的准备。④ 他严厉批评人在通过认真观察和实验确定其认识是真实的之

---

① Boyle, IV, 50.
② Harvey (Everyman edition), p. 16, ff.
③ Boyle, I, 299, ff.
④ Boyle, I, 695;亦参见 1, 662, ff.。

前就急于知道很多东西。① "我绝不是谴责那些有强烈求知欲的聪明人的做法,他们不厌其烦地向我们解释哪怕最深奥的自然现象。……当他们的努力成功时,我钦佩他们,即使他们只是不带偏见地作一些尝试,我也称赞他们,……但迄今为止,我经常发现(虽然并不总是这样),在一段时间内令我满意的东西(因为与这些观念所基于的观察比较符合)没过多久就因为某个进一步的或新的实验而丧失了体面。"②因此,除非视其为"推进实验研究的障碍",③或者相信能够"用实验加以反驳",波义耳不会驳斥这些意见,他主要致力于确保其同时代人能够在新科学中完全认可一种明确的实验标准。"我并不是要反对某一派自然学者或与之进行论战,而只是想邀你接受或反驳某些观点,因为它们或者与实验相符,或者是由此推出的清晰理由,至少能与之类似。"在科学进一步发展以前,无需解决像连续体的构成那样的困难问题;"因为即使没有这么多梦呓般的争论,自然之中也仍有大量事物有待发现或使用。"④

的确,即使没有坚持一个牢固的关于现象的信念体系,科学也能收集许多重要事实对假说作试验性的思考;不仅如此,在符合我们一般方法和标准(即原子论、经验论等等)的前提下,往往会有不同的假说能够充当或者揭示所观察事实的原因。在这些情况下,也许不可能肯定地断言哪一个假说绝对为真,其他假说为

---

① Boyle, IV, 460.
② Boyle, I, 307;亦参见 IV, 235, ff.。
③ Boyle, I, 311, ff.
④ Boyle, IV, 43.

假。① 因此，科学在解释上必须经常满足于或然论；从人的理性的观点来看，各个假说在价值和为真的概率上各不相同，无法作绝对的判断。"因为假说的用处……[就是]对造成结果或相关现象的原因给出合理的解释，而不违背自然律或其他现象；微粒数目越多，种类越多，而且一些现象可以用给定的微粒假说来说明，另一些现象符合这个假说或至少不违背它，则假说的价值就越大，就越可能为真。"②持这种试验性态度的第三个理由是，在波义耳看来，时间本身使我们不可能在任何时间构造出一个完备的真理体系。更多的东西会不断发生，无论我们进行多么认真的构造和验证，也不能保证它们会符合我们目前的假说。③

波义耳在一段话中总结了他对这些话题的看法，几乎值得全文引用。④

---

① Boyle, II, 45.
② Boyle IV, 234.
③ Boyle, IV, 796.
④ Boyle, I, 302, ff. "的确……如果能够说服人们更加关心自然哲学的进展而不是自己的声誉，那么就不难让他们认识到，他们能够为人类作出的很大贡献就是去勤奋地做实验和收集观察资料，而不是急于确立原理和公理，要让他们相信，在没有注意到自然现象的十分之一之前就想去建立能够阐明所有自然现象的理论并不容易。我绝非不允许把推理用于实验，或者力图尽可能早地弄清楚事物的联合、差异和倾向：因为这样一种对运用理性的绝对中止即使不是不可能，也极为令人生厌……在生理学中，允许理解力作出假说来说明某种困难，这对发现真理有时是有益的，通过考察现象在多大程度上能够通过那个假说来解决，理解力甚至可以受到它自身错误的教导。一位大哲学家确已觉察到，真理的确更容易产生于谬误而非混乱。至于体系，我希望人们首先不要去建立任何理论，直到已经考察了与将在实验基础上建立的理论的广泛性相称的大量实验（虽然不是足以向他们提供要由那种理论来解释的一切现象的所有那些实验）。其次，我会把这种上层建筑看成只是临时的；虽然人们可能会更倾向于它们，认为它们是最没有缺陷的，甚至是我们目前所拥有的最好的东西，但决不要默认它是绝对完美的，或者不可能再有改进的。"

第六章　吉尔伯特和波义耳

第七节　波义耳的以太哲学

波义耳正是从这种批判性的观点来看待那种流行的观念,即存在着一种遍布空间的以太介质;它总体而言是一种可能的假说,但由于在这方面缺少充分的实验,所以应把它看成试验性的和可疑的。"……断言宇宙中可能存在这样一种物质的人也许会提出一些我所要讲述的现象作为证据;但至于世界上是否存在着某种物质精确地符合他们对初级元素和次级元素的描述,我这里不作讨论,虽然种种实验似乎表明存在着一种非常精细和弥散的以太物质。"[①]他对这种物质的设想可见于下面这段话。"我认为,由空气和以太或与之相似的流体所构成的星际部分的宇宙是透明的;以太宛如浩瀚的海洋,发光的天体如鱼儿一般凭借着自身的运动在其中四处游走,或如旋涡中的物体被周围的以太带着旋转,天体非常稀疏地散布着,因此与宇宙的透明部分相比,恒星和行星的比例极为微小,几乎不必考虑。"[②]

关于以太理论,我们必须注意,到了波义耳的时代,人们通常会诉诸一种以太流来实现物质领域的两种非常不同的功能。一种功能是通过相继的碰撞来传递运动(这在笛卡儿所概述的机械论体系中至关重要),并且为不利于自然中存在真空的所有那些实验提供一种解释。运动总是通过物体的碰撞进行的,这种观念非常

---

① Boyle, III, 309.
② Boyle, III, 706.

符合新科学的假定和方法,以至于几乎所有重要思想家都不可避免会相信某种类似的说法必定为真;于是,各个流派的哲学家都强烈抨击可能存在着像超距作用那样的东西。甚至连摩尔也不得不用一个有广延的上帝来表明上帝如何能在他所意愿的任何一个地方施加力量。根据这种观念,以太被自然地设想成一种同质的黏性流体,它充满了未被其他物体占据的所有空间,其任何特征都可由广延导出。以太的另一种功能是解释像磁现象那样的奇特现象,在这些现象中,显然有一种独特的力在起作用,它无法还原为那些普遍有序的机械运动,要想说明这种力的传递,就需要诉诸以太的第一种功能。像摩尔那样的思想家的主要动机是宗教的,他们在这方面满足于传统的"自然精气"观念,它有广延,拥有促进生长、滋养、调节和引导等能力,但没有意识、理性或目的。更具科学头脑的人也允许自己的想象力在这些传统道路上徘徊,但渐渐有人开始尝试提出一些更有希望的假说。我们说过,吉尔伯特的以太概念是高度思辨的,它在很大程度上沿袭了古代的思想体系;波义耳则建议,以太问题或许可以得到一种更加科学的解决,我们不妨假设以太中有两种物质,一种物质是同质的,适合实现第一种功能,另一种物质则能够解释第二种功能所对应的现象。"因此,我可以不无道理地向你承认,我已经隐约感觉到,除了被一些新哲学家认为构成了我后来所谈以太的那些数量更多的均匀微粒以外,也许还存在着另一种微粒可以对合适的物体产生相当大的作用;尽管我们正在考虑的效应也许可以通过以太得到合理说明,就像实际认为的那样,但我猜测那些效应可能不仅仅源于它们被归于的那些原因,而是可能存在着尚不知名的特殊类型的微粒,当它们遇到结构使其倾向于接受或同意这些未知动因的效力的物体时，就会表现出特殊的能力和作用方式。我的这种猜测似乎并不是不可能的，你只需想到，古代人的以太只是一种弥漫的、非常精细的物质，而我们现在甘愿认为空气中总有一堆蒸汽在南北两极之间沿着确定的路线运动。"①

区分两种以太物质是为了使以太能够恰当地解释这两种现象，在牛顿那里我们还会碰到这种区分。在波义耳写下这段话大约10年后(1679年)，牛顿在致波义耳的一封信中提到了这种可能性。与此同时，关于在这种背景下重性的情况，科学家们却很茫然。重性现象可以作机械的解释吗？或者，重性现象就其本性而言是电的或磁的吗？我们已经注意到吉尔伯特持后一种观点，即地球是一个大磁体，甚至连地球与月球的关系也要从磁学上来理解。在英国实验科学家当中，吉尔伯特的观点总体上占统治地位，同时也对伽利略和开普勒等大陆的杰出人物产生了巨大影响。笛卡儿则持前一种观点；通过假设遍布一切的以太介质形成一系列大大小小的涡旋，他认为可以完全机械地——也就是说，只赋予以太物质或其他物体能够由广延导出的性质——解释重性现象。我们已经注意到，以太表现和保持为涡旋形式意味着以太中存在着远远超越于广延的性质，但笛卡儿的威名和伟大成就使这一观念变得极富诱惑，特别是对于那些认为可以通过数学力学揭开一切自然之谜的人。就当时的主要运动而言，笛卡儿的假说显得比其他假说更科学。在这一点上，波义耳基本倾向于赞同笛卡儿，虽然

---

① Boyle, III, 316.

波义耳对"机械"一词的解释很不确切。我们将会看到,牛顿支持另一种观点,但同时也提出了把两者结合起来的一种可能方式。

1666年3月21日,罗伯特·胡克给波义耳写了一封信,在信中描述了他在重性方面所作的各种实验,部分是为了确定重力是否按照某种规律增加和减少,部分是为了确定重力是磁的、电的还是有别的什么本性。[1] 胡克发现还不能作最后的结论。没过多久(同年7月13日),波义耳收到了约翰·比尔(John Beale)的一封信,[2]比尔在信中敦促波义耳为重性提供解释,因为他觉察到这会对力学和磁学产生重要影响。70年代初,波义耳还不愿就重性给出任何明确假说,但认为把它的本性称为"机械的"并没有什么害处,"因为阿基米德、斯台文等人就静力学提出的许多命题被认为在数学或上或机械地得到了证明,虽然这些作者并没有用它们来确定重性的真正原因,而是理所当然地认为,在他们讨论的物体中存在着这样一种性质,就好像这是一件得到公认的事情似的。……既然这种类型的解释后来一般被称为机械的,因为它们一般建立在力学定律的基础上;我向来不爱就名称进行争论,所以就默默地容忍它们这样了"。[3] 这段话摘自波义耳对摩尔反驳的回应;波义耳曾公然宣称,他关于空气重量和弹性的实验表明这些现象可以用机械原理来解释,摩尔对此提出反对;只要"机械"一词还没有明确的公认含义,就很难看出如何能解决或回避这些争论。

---

[1] Boyle, VI, 505, ff.
[2] Boyle, VI, 404, ff.
[3] Boyle, III, 601.

不过,波义耳和摩尔在宗教趣味上相当一致,所以在任何问题上都不会有太深的分歧;事实上,10年之后,波义耳就用让摩尔快慰的语言来很小心地谈论重性了。①

第八节　上帝与机械世界的关系

以上许多引文已经足以表明波义耳那极为虔诚的气质。我们现在要更直接地关注其哲学的这个方面,考察他对这个方面与实验科学的最终关联的看法。波义耳的宗教活动多种多样,比如大力资助在地球偏远角落布道的传教士,并与一些传教士有相当多的通信,这其中就包括在新英格兰地区很有名的约翰·埃利奥特(John Eliot)。此人创立了著名的波义耳系列讲座,希望这些讲座能够回答当时因科学和哲学的发展而在基督教接受过程中出现的新的反对意见和困难。牛顿的重要通信者理查德·本特利(Richard Bentley)博士成为获波义耳基金资助的第一位讲演者。我们从托马斯·伯奇(Thomas Birch)的《波义耳的生平》(*Life of Boyle*)中得知,"波义耳对上帝极为崇敬,以至于在演讲中提到上帝的名号时,他总会特作停顿;与之有近40年交情的彼得·佩特(Peter Pett)爵士确认,波义耳严格恪守,没有一次不这样做的"。②对波义耳来说,就像对培根一样,实验科学本身就是一项宗教的工

---

① Boyle, V, 204. "他们显然会觉察到,使地球物体或地界物质穿过空气落到地球上的东西是某种一般的动因(无论它是什么),它按照造物主的智慧安排决定了我们所谓的'重'物沿着最短路径朝着这个由水与陆地构成的球体的中心部分运动。"

② Boyle, I, 138.

作。"上帝已经在宇宙中展示了这么多令人赞叹的作品,它们注定不适合故意闭上眼睛说它们不值得沉思的人。野兽生长在并享受这个世界;人如果愿意做得更多,就必须研究这个世界,并为其赋予精神意义。"①他希望人们能以虔诚的宗教精神从事科学工作,比如在遗嘱中恳求皇家学会能把一切成就归于上帝的荣耀。

那么在波义耳看来,有哪些基本的经验事实清楚地表明上帝存在呢?在这方面,他非常详尽地提供了两种类型的事实:一种是人的理性和智慧,另一种则是整个宇宙中的秩序、美和适应性。"我很怀疑原子论者能用物质微粒的形状、运动或关联令人满意地解释自然中的所有现象。因为人的理性灵魂的某些能力和运作极为特殊和超越,既然我尚未发现能够通过物质本原对其加以可靠的阐明,我并不打算急于认为它们就是由这些东西拼凑出来的"。② 那么,这个事实暗示出一个什么样的上帝?他与这个可理解的自然界有什么样的关系?这些都必须详细说明。我们将会看到,波义耳是按照传统学说来回答的,而不是尝试获得一种关于这些问题的新的洞见。关于他更具目的论色彩的第二种论证,可以对照以下出自不同地方的说法:"想想天体的广大、美丽和有规律的运动,动植物的美妙构造,再加上众多其他自然现象,其中大都有益于人,所有这些都有充分的理由让作为理性造物的人断言,这个巨大、美丽、有序、(简言之)在许多方面都令人赞叹的事物体系,即我们所谓的世界,是由一位极为强大、智慧和良善的造物主设计

---

① Boyle, III, 62.
② Boyle, II, 47, ff.

第六章 吉尔伯特和波义耳

出来的,任何理智的、无偏见的思想者都很难否认这一点。"①

一旦确立了上帝,波义耳就满足于用公认的基督教方式来解释上帝在世界中的位置及其与人的关系了。这位上帝就是特意在《圣经》中直接向我们讲述他自己以及我们对他的义务的那位上帝,《圣经》比我们通过研究自然而获得的任何知识都更值得研究。②"从上帝那里获得认识和对永恒幸福的希望,但不竭尽全力通过他的启示来研究他的本性和目的……[或者]渴望争论原子的属性,而不注意研究创造万物的伟大上帝的性质,这都是不可取的。"③因此,科学和神学同属于一个在范围和价值上远远超越了二者的更大整体。"事实上,福音书包含和展现了人的赎罪的全部秘密,为了得救,我们必须认识它。微粒哲学或机械论哲学力图由惰性的物质和位置运动导出一切自然现象。但无论是基督教的基本教义,还是关于物质和运动的能力和效果的学说,似乎都只是上帝设计的伟大宇宙体系中的……一个轮子,仅仅构成了更一般的事物理论的一部分,这种理论只有通过自然理性才能认识,通过《圣经》的消息才能改进。所以这两种学说……似乎都只是一个普遍假说的成员,这一假说的对象我认为就是上帝的本性、意图和作品,我们在今生可以发现它们。"④波义耳把未来状态描述为继续认识这个更广大的神的活动领域;主要区别在于,我们目前的障碍将被消除,因为上帝那时"会扩展我们的能力,使我们能够凝视那

---

① Boyle, V, 515, ff.; cf. 136; IV, 721.
② Boyle, IV, 7.
③ Boyle, IV, 26.
④ Boyle, IV, 19.

些崇高而光辉的真理而不感到目眩,那时我们将会有资格发现并且情不自禁地赞美那些真理的和谐与壮丽"。①

这种对宇宙起源于神、由神支配的宗教信仰,以及对人类知识贫乏性的感受,使得波义耳明确拒斥笛卡儿的设想,即在我们经验领域中发现和证实的机械运动定律必定可以原封不动地适用于整个广延实体。"现在,如果我们同意某些现代哲学家的看法,认为除了我们这个世界之外上帝还创造了别的世界,那么他在那里所展示的种种智慧很可能远远不同于我们这里所赞美的智慧。……在其他世界中我们可以猜想,这位无所不知的设计师最初为物质部分设计的原始结构或构造可能非常不同于我们体系的结构;此外我们还可以设想,在那样一个体系中可以观察到的随后的现象和产物可能与我们体系中规则发生的现象有很大不同,虽然我们应当假定在那些未知的世界里,至多只有两三条位置运动定律不同于我们世界中的运动定律。……上帝也许创造了一些本身静止的物质部分……但可能赋予了其他物质部分一种与原子论者赋予其本原的能力相类似的能力[以太的第二种功能],即本身不停地运动,同时又不会因为在静止物体中激起运动而丧失这种能力。物体之间的运动传递定律可能不同于在我们世界中确立的那些定律。"②

由这些证明上帝存在和能力的论证我们应该可以预料,上帝在宇宙体系中首要的功能便是发动宇宙,使之产生现在所展现的

---

① Boyle, IV, 32.
② Boyle, V, 139.

第六章 吉尔伯特和波义耳

那个和谐有序的体系。[①]

"普遍协同"一词在笛卡儿那里已经出现过,波义耳对它的频繁使用表明,为了防止宇宙瓦解,就一直需要上帝;迫使他得出这一结论的主要是他的宗教兴趣,虽然在某种程度上他也受到了影响摩尔的那些想法的推动。波义耳同样感觉到,一个机械宇宙不可避免会分崩离析,把宇宙的各个部分维持在一起的力就本性而言是精神的。"世界的这位极有威力的创造者和设计者从未抛弃这件与他如此相称的杰作,而是一直在维持和保护它,他精确调节着天体和其他巨大宇宙物体的快得惊人的运动,使它们不会通过任何显著的无规律性而扰乱这个宏大的宇宙体系的秩序,不致使宇宙陷入一片混沌或者堕落事物混在一起的混乱状态。"[②]这种关于上帝的"普遍协同"维持着世界体系的观念所表达的意思很难与波义耳哲学的其余部分协调起来,特别是我们注意到波义耳坚持认为,一旦有规律的运动确立起来,次级原因或物理原因就会相当

[①] Boyle, V, 413, ff. "这位最智慧、最强大的自然创造者那敏锐的目光能够洞穿整个宇宙,一瞬间便能将宇宙的各个部分了然于心,他在万物之始便将有形之物构造成了这样一个体系,在万物之中制定认为符合其创世目的的运动定律;通过他最初运用的广大无边的理智,他不仅能够看到其所造之物的当前状态,还能预见到有如此这般限制的、按照他所确立的运动定律行动的个别物体在如此这般的情形下彼此可能产生的一切影响;同样,通过他那无所不知的能力,他能够把整个世界织体及其各个部分设计成这样一种样子,使得当他的普遍协同维护着自然秩序时,世界这部巨大的机器的每一个部分,尽管既无意图又无认识,都应该有规律地、恒定地朝着获得他为它们分别设计的目标而运作,就好像它们本身真的理解了这些目标,并且积极实现它们似的。"

[②] Boyle, V, 519, 亦参见 198, ff.。

机械地运作。①

在波义耳那里,这个困难的关键似乎可见于他对自然神论者的回应。自然神论者否认需要这种普遍协同,认为"在宇宙最初形成之后,一切事物的发生都是由既定的自然定律实现的。虽然这种观点显得很有自信,而且说得绘声绘色,但……我认为定律实际上只是一种概念上的东西,表明那个智慧的、自由的动因必定会按照它来调节其行动,但是无生命的物体绝对无法理解什么是定律……因此,无法激起或调节自己活动的无生命物体的活动是由真实的力量产生的,而不是由定律产生的。"②在波义耳著作的其他段落中③也体现出了这样一种思想:由于世界无法知道它正在做什么,所以它那有序的、服从定律的行为必须通过真实的、恒常的、智慧的力量来解释。他从未在任何地方明确尝试把这种思想与以下观点调和起来,即运动定律和重性现象代表着完全自足的机械运作。

于是,上帝现在不仅被设想为事物的第一因,而且也被设想为一个积极的、智慧的存在者,他一直在留心维护这个和谐的世界体系,并且在其中实现合意的目的。④ 他的"认识立刻把握了一切他所能认识的东西;他那敏锐的目光一转眼就能洞彻宇宙万物。……上帝一瞬间就能洞悉这个巨大宇宙中任何造物的所作所

---

① Boyle, IV 68, ff. "运动定律既已制定,一切都由他那连续不断的普遍协同和神意来维持,由此构成的世界现象在物理上是由各部分物质的机械属性和它们按照机械定律彼此作用而产生的。"
② Boyle, V, 520.
③ 参见 Boyle, II, 40, 38, ff.。
④ Boyle, V, 140.

想。此外,上帝的知识不是我们由推理获得的那种渐进式或推理性的知识,而是一种直觉知识。……上帝……无需借助另一个东西就能认识任何一个东西,他知道每一个事物本身(因为他就是其创造者),一切事物对他来说都是同样已知的,或可说,他只要看看自己,就可以瞬间看到每一个清晰可知的事物,就像面对着一面神妙的万能镜"。① 这种对神的智慧的赞颂使我们想起了伽利略和笛卡儿;它甚至还有一点摩尔的有广延的神的痕迹,而此前波义耳对此是否认的。事实上,在一段有趣的文字中,波义耳完全忘记了他与这位剑桥牧师学说的对抗。实际情况"就好像有一个有智慧的存在者遍布整个宇宙,他维护着宇宙普遍的善,为了宇宙的各个部分而小心翼翼地、智慧地管理着万事万物,同时又与整体的善保持一致,维护着由那个至高的原因所确立的原始的、普遍的定律"。②

如今,在这样一段文字中,波义耳甚至显然超出了原先那个需要用"普遍协同"来维持世界体系的上帝观念;他正在补充一种特殊的神意学说,试图以斯多亚派的方式将它与普遍定律规则调和起来。特殊的个体或者宇宙的各个部分,"只有当它们的福祉符合上帝在宇宙中制定的一般定律,并且服务于上帝在构造宇宙时为自己提出的、比那些特殊造物的福祉更重要的目的时,才会得到照顾"。③ 与此同时,与一般定律的符合未必是强制性的,因为"这一

---

① Boyle, V, 150.
② Boyle, II, 39.
③ Boyle, V, 251, ff.

学说[并非]不符合关于任何真正神迹的信念,因为它虽然假定了需要维持的、日常的、确定的自然进程,但绝不否认只要认为合适,这位最自由、最强大的自然创造者就能中止、改变或违背他起初独自确立的、需要其永恒协同才能维持的那些运动定律"。① 因此,上帝可以在任何时候"通过撤销他的协同或者改变这些运动定律(这完全取决于他的意志)而使自然哲学的大多数(如果不是一切的话)公理失效"。②

因此,虽然上帝在日常情况下会把物质的运动限制于最初在物质之中确立的规律,但他绝没有放弃为了某个新的或特殊的目的而改变物质运作的权利。波义耳想把什么类型的事件包含在这个意义上的神迹名下呢?首先当然是在神的启示中记录的神迹。由自然中存在着规律推不出以下结论:"假如自然的创造者乐意收回他对烈火运作的协同,或者不再对那些暴露在烈火中的物体进行超自然的保护,那么烈火必然会烧毁被抛入火窑的但以理(Daniel)的三位同伴或他们的衣服。"③其次,波义耳把人出生时的肉体与理性的不朽灵魂的结合也算作神迹;④第三,如有基督教哲学家宣称生病时祈求特殊帮助是无望的,波义耳认为这并不适宜;⑤第四,他倾向于认为,整个宇宙中存在的无规律性要比我们愿意承认的多得多。"当我思考无生命物质的本性、构成世界的物体的广

---

① Boyle, V, 414.
② Boyle, IV, 161, ff.
③ Boyle, IV, 162.
④ Boyle, III, 48, ff.
⑤ Boyle, V, 216, ff.

衷、地球实际包含以及可能包含的物体的奇特种类时,当我思考飘浮着天体的那个广大的星际世界的易变性时,我不禁猜测在这个宇宙结构中并不像我们被教导地那样存在着那么多精确性和恒常的规律性。"①他以太阳黑子为例,把它解释成大量不透明物质的无规律喷发;另一个例子是彗星,对当时的所有科学家来说,彗星都是巨大的神迹和奥秘。波义耳认为,把这类事件归因于神圣创物主的直接干预,而不是引入第三种东西或附属的东西(比如自然)来解释,要更令人满意。上帝无疑还有一些目的远远超越了科学所发现的那个和谐体系中显示出来的目的。

然而值得注意的是,波义耳并不想过分强调神迹的重要性。支持上帝和神意的主要论证是世界的精致结构和对称性(是规律性,而不是无规律性),当其科学激情达到顶峰之时,波义耳几乎否认他曾经有过关于上帝当前进行直接干预的任何说法。如果上帝"只是继续他那日常的普遍协同,就没有必要进行超出日常的干预,这会使上帝沦落为好像只是在玩游戏;在世界最初的构造中,迫使哲学家和物理学家设计他们所谓的自然的所有那些紧迫的重要事件就已经被预见到和预备好了;于是,如此安排好的物质将根据普遍的运动定律行一切事。"②宇宙显然不是一个需要不时摆弄的牵线木偶,而是"像一个非同寻常的钟表,就像斯特拉斯堡的大钟,一切都经过了灵巧的设计,整个机器一旦发动,一切都会按照设计师最初的设计进行下去,运动……并不需要这位设计师或他

---

① Boyle, III, 322.

② Boyle, V, 163.

所雇用的任何机智的代理的特殊干预，而只需依照整个机器一般的原始设计发挥其在特殊场合的功能"。

为了与新的科学世界观明确联系起来，波义耳对有神论作了这种重新解释，我们将会发现，牛顿几乎完全重复了这种解释，只不过去除了那些最模糊的地方。在牛顿哲学的这个方面，唯一能与之相比的就是摩尔和通神论者雅各布·波墨（Jacob Boehme）的影响。摩尔是牛顿在剑桥的同事，而牛顿读过波墨的大量著作，由此必定加强了一个信念，即整个宇宙不能用机器而只能用宗教来解释。

我们现在准备最详细地考察牛顿的形而上学，他那划时代的科学成就使他能够把此前从仍然可疑的假定中获得的信念变成公理，它们在随后的近代思想进程中几乎被奉若神明。不过在这之前，我们先来总结一下我们一直在追溯的这场非凡的运动的关键步骤。

第九节　对牛顿之前发展的总结

哥白尼之所以敢把周日绕轴自转和绕太阳的周年运转赋予地球，是因为由此获得的天文学体系具有更大的数学简单性，而他之所以能够接受这一冒险举动的形而上学含义，是因为柏拉图主义-毕达哥拉斯主义的宇宙观在他那个时代得到了广泛复兴，此前数学科学的发展已经向他的心灵暗示了这种宇宙观。这个有序的宇宙体系的美与和谐打动了开普勒，并且满足了他青年时代对太阳的神化，因此开普勒致力于在第谷·布拉赫所编纂的精确数据中

第六章 吉尔伯特和波义耳

寻求另外的几何和谐,并把由此揭示的和谐关系设想成可见现象的原因以及事物最终的真实基本特征。通过思考地球运动及其在天文学中的数学处理,伽利略想弄清楚地球表面物体的运动是否可以作数学还原,这种努力的成功不仅使他获得了一门新科学的奠基者的荣名,而且使他看到了其成就与进一步的形而上学后果的更完整关系。经院哲学用实体和原因对运动及其最终的"为何"作目的论解释,现在,实体和原因被清除,取而代之的则是这样一种观念:物体是由只具有数学性质的、在无限而同质的时间和空间中运动的、不可毁灭的原子构成的,物体的实际运动过程可以通过时间和空间在数学上加以表述。伽利略的成功使他欣喜若狂,而且又得到了势不可挡的毕达哥拉斯主义潮流的支持,伽利略把整个物理宇宙设想为一个广延、形状、运动和重量的世界;我们认为存在于事物本性之中的所有其他性质实际上在那里都没有位置,而只是缘于我们感官的混乱和欺骗。真实的世界是数学的世界,一种恰当的、实证的因果性概念被提了出来;一切直接因果性都寄居于其原子要素的可作定量还原的运动之中,因此,只有通过数学我们才能真正认识世界。事实上,就我们无法获得数学知识而言,承认自己的无知,试探性地一步步走向未来的一门更加完整的科学,这比仓促提出关于有根据的真相的思辨要更好。笛卡儿很早就相信数学是揭开自然奥秘的钥匙,这种信念被一种神秘体验大大增强,又得到了他新发明的解析几何的引导。整个自然难道不能还原为一个纯粹的几何体系吗?基于这种假说,笛卡儿构造了近代第一个机械宇宙论。但非几何性质的情况如何呢?笛卡儿把伽利略一直在努力思考的那些性质隐藏在模糊的以太之中;而受到伽利略榜样的激励及其形而上学倾向的指引,笛卡儿又把其他性质从空间领域中排除出去,把它们变成思想的样式,思想是完全不同于广延的另一种实体,独立于广延而存在。"如果有人告诉我们,他在物体中看到了颜色,或者在其肢体中感觉到疼痛,这就完全等于说,他在那里看到或感觉到了某种东西,他对这种东西的本性一无所知,或者他不知道自己看到或感觉到了什么东西。"但这两种完全不同的实体显然有重要的关系。如何来说明这种关系呢?笛卡儿发现,除非把思想实体说成就好像局限在身体内部的一个极为贫乏的位置中,否则就无法回答这个棘手的难题。在霍布斯那里,这个可怜的位置被明确地赋予心灵,他已经开始尝试把包括思想在内的一切事物还原为物体和运动,并试图提出一种对第二性质的合理解释,它应当把第二性质归结为虚幻不实的东西,并且表明为什么它们实际上是由我们内部的运动冲撞所引起,但又会在我们之外出现。霍布斯进而把这种努力与一种彻底的唯名论结合起来,这使他在这场新运动中第一次敢于坦率地宣称,因果性必须到具体的运动中去寻找,任何领域中的有效解释都必须通过基本成分来进行,这些基本成分的时间关系只能按照动力因的方式来设想。摩尔费力地追随着新科学哲学的发展,他愿意赞同迄今所断言的一切(霍布斯把心灵还原为生命体的运动这一点除外),但必须承认上帝在整个空间和时间中无限延展,并且能够随意支配一种附属的精神存在物,即自然精气,从而能把一个假如只有机械力就必定会分崩离析的世界维持在一个有秩序和目的的体系之中。摩尔认为,这种观念还有另一个好处,那就是能恰当地处理空间——我们的科学方法暗示空间绝对而真实地存在着,它显示出一系列高贵的属性——因此,应把空间看作上帝的无所不在,以区别于他的其他能力。巴罗对时间作了类似的处理,但有一个重要区别。在巴罗看来,除了宗教含义,不论空间还是时间都只是一种潜能,但本来只适合宗教含义的关于空间和时间的语言在纯科学的背景下却被自由运用,那些对科学比对宗教更有兴趣的人又把空间和时间的观念进一步发展为完全不依赖于物体、运动和人的认识的无限、同质、绝对的东西。

与此同时,一场更具经验色彩的科学运动正在酝酿,吉尔伯特和哈维等研究者在英国领导了这场运动,它的方法是特定的假说和实验而不是几何还原。波义耳用这种方法来解决某些迄今为止难以处理的物理问题,并使化学发生了革命,伽桑狄对伊壁鸠鲁原子论的复兴也大大激励了波义耳。然而意味深长的是,虽然波义耳本人并非重要的数学家,但却全盘接受了伽利略和笛卡儿所提出的自然观和人与自然的关系,只不过主要出于宗教理由,他重新肯定了人在宇宙体系中的目的论意义,从而坚持第二性质与第一性质具有同等的实在性。同时我们也注意到,波义耳对心灵处于大脑之内这一流行看法作了进一步反思,认为人的知识本质上是不完备的和贫乏的,从而极力强调尝试性和实证主义。此外,在他的时代,一种遍布一切的以太概念似乎被用来实现两种不同的明确功能——解释超距的运动传递,以及解释内聚力、磁性等尚未得到精确数学还原的现象。最后,他那强烈的宗教热情使他尝试(并非没有矛盾地)把一种当下的神意观念与把世界构想成一部巨大的钟表似的机器的观念结合起来,这部机器最初由造物主发动,然后仅仅在其自身次级原因的作用下运转。

如果我们试图完整地描绘16、17世纪的科学哲学,就必须讨论更多重要人物,其中最著名的有惠更斯、马勒伯朗士、莱布尼茨、帕斯卡和斯宾诺莎等人。但我们无法表明这些人的哲学影响了牛顿,或者深刻影响了关于人与自然关系的学说。牛顿的工作进一步发展和支持了人与自然的关系学说,使之成为后来思想家一般思想背景的一部分。事实上,从这种观点来看,莱布尼茨倒像是反对新的形而上学正统的第一位伟大的抗议者。

第七章 牛顿的形而上学

第一节 牛顿的方法

人常说,伟人和机会同时出现,便会迅速创造历史。在牛顿那里,这种巧合的实在性和重要性是毋庸置疑的。数学、力学和天文学(很大程度上还有光学)在随后近一百年间主要表现为更充分地理解和进一步应用牛顿成就的一个时期。在这一百年间,上述每一个领域中都涌现出了最杰出的人物,这只能归因于非凡的天才在该领域脱颖而出的时机已经成熟,而且即将进行收获。牛顿本人曾说:"如果我看得[比别人]更远,那是因为我站在了巨人们的肩上。"他的先驱者们尤其是伽利略、笛卡儿和波义耳等等固然都是巨人(他们已经为人类心灵最惊人的成就铺平了道路),但牛顿看得更远。这当然不仅仅是因为他生得比这些人更晚。由他来发明必要的工具,藉此把整个物质宇宙的主要现象归结为一条数学定律,这与他的天才有关,他具备了科学头脑所必备的一切品质(尤其是数学想象力),而且可能是无与伦比的。在一个以彻底反叛权威为特征的时代,牛顿被誉为只有亚里士多德才能相比的权威。然而,我们不必对这些赞誉表示怀疑;在近代科学这场迄今为止历史上最成功的思想运动中,牛顿的至高地位毋庸置疑。

要是我们能在这样一个人的著作中发现,他对那些耀眼的成就所运用的方法作出了清晰的表述,对天资不高的人或许还有具体指点;或者对他所完成的这场前所未有的思想革命的最终方向和意义也有一种严格而一致的逻辑分析,那该有多好!然而翻开他的著作,我们是多么失望啊!牛顿对自己的方法只有少量一般而且往往是模糊的表述,我们必须仔细研究他的科学传记,才能对其进行艰难的解释和补充(不过在这方面,即使与他最出色的先驱者如笛卡儿和巴罗相比,牛顿也很难说显得逊色)。这场宏伟运动最奇特和最令人气恼的特征之一就是,其伟大的代表人物似乎都没有足够清晰地认识到自己正在做什么和怎样做。至于那些科学成就所蕴含的基本的宇宙哲学,牛顿只是接受了思想先驱们在这些问题上为他塑造的思想,仅仅在他的个人发现明显产生影响的地方偶尔对其进行更新,或者把它们略微改造成一种更符合他的某些科学以外兴趣的形式。在科学发现和科学表述方面,牛顿是一位了不起的天才;但作为哲学家,他却显得粗浅而缺乏批判力,前后矛盾,甚至二流。

然而,牛顿论述方法的段落要优于他的其他形而上学声明,这是很自然的,因为前者与科学有更直接的关系,而且牛顿从其伟大先驱者的讨论和做法那里继承了一笔宝贵遗产。让我们看看他是如何来描述其方法的,因为这对于理解他的形而上学影响必不可少。

在《自然哲学的数学原理》的前言中,牛顿评论说:"哲学的全部任务似乎就在于由各种运动现象来研究各种自然的力,而后由这些力去证明其他现象。"这种说法很有趣,因为它立即揭示出牛顿要把他的工作限定于哪个精确领域。我们的研究对象正是运动现象,该研究从发现力入手(当然,力被定义为一切运动变化的原因),然后由力引出证明,再将这些证明运用于其他运动并得到确证。事实上,在构想方法时,牛顿从未达到比他本人的做法更高的一般性程度——他所谈论的总是他的方法。这也许是意料之中的,尽管这在哲学上有些令人失望。

1. 数学方面

"证明其他现象"的说法立刻暗示出数学在牛顿方法中的基础性地位,牛顿本人在解释他所选择的标题——"自然哲学的数学原理"——的含义时强调过这一点,顺便说一句,这个标题简明扼要地恰当表达了这场新运动的基本假定。"我把这部著作称为哲学的数学原理,……根据前两卷中在数学上已经得到证明的命题,我在第三卷由天体现象导出使物体趋向太阳和几颗行星的重力,然后通过其他同样在数学上得到证明的命题,由这些力导出行星、彗星、月球和海洋的运动。我希望能用同样类型的推理由力学原理导出其余自然现象。因为有许多理由使我猜测,这些自然现象可能都依赖于某些力,正是由于这些力的作用,物体微粒通过某种迄今未知的原因,或是相互接近而凝聚成规则的形状,或是相互排斥而彼此分离;正是由于我们还不知道这些力是什么,所以直到现在哲学家对自然的探究仍然徒劳无功;但我希望本书所制定的原理将对这种或某种更加正确的哲学方法提供一些启发。"①

这段话立即使我们领会到牛顿所设想的数学在自然哲学中的中心作用,以及他长期以来的一个希望:也许最终可以证明一切自然现象都能通过数学力学来解释。由刚才引用的他的评论可以看出,科学的程序是双重的:由某些运动导出力,再用由此得知的力证明其他运动。我们也许期待能在他那本包含了 1673—1683 年剑桥讲演内容的《普遍算术》(Universal Arithmetic)中找到他关于数学在哲学方法中地位的有力论述,但结果却大失所望,他关于把问题翻译成为数学语言的说明仅仅被用于那些已经明显涉及定量关系的问题。② 这本书在哲学上最有趣的特征是把算术和代数确立为基本的数学科学,③这与笛卡儿、霍布斯和巴罗的"普遍几何"是不同的。不过,只要能够提供最容易、最简单的证明方法,算术和代数都能使用。④ 牛顿作出这种转变主要是出于方法论的考虑,他发明的流数演算为之提供了工具,其操作不可能完全作几何表示。在这些讲演中,他关于方法的一些评论也很有启发性。由于要用代数来处理力学和光学,我们必须引入符号来表示对它们进行数学还原时所关心的一切属性(比如运动的方向和力的方向,以及光学图像的位置、亮度和清晰性)。⑤ 这种思想没有得到进一步阐发,当牛顿进行详细说明时,他并没有告诉我们应当如何挑选

---

① *Preface*, Motte translation.
② Ralphson and Cunn translation, London, 1769, pp. 174, 177.
③ *Arithmetic*, pp. 1, ff. 9.
④ *Arithmetic*, pp. 465, ff. 参见 p. 357。
⑤ *Arithmetic*, p. 10.

第七章 牛顿的形而上学

出这些性质,而是理所当然地认为,它们已经被从现象中清楚地分解出来。"因此,在提出某个问题以后,对其所涉及的量进行比较,对给定的量和所求的量不作区分,考虑它们如何彼此依赖,这样通过综合性的步骤,你就能知道假定哪些量将会给出其余的量。"①"因为你假设任何量都可以借助于它们得到方程;只要注意这一点,你假设多少未知量,就可以由它们得到多少方程。"②

然而,如果转到《光学》(*Opticks*)这部首版于1704年但代表了他三四十年前所做工作的著作,我们就会发现关于更一般的数学方法构想的一些简要暗示,我们希望牛顿也许会更详细地提出这一构想。"如果允许这两个定理进入光学[关于光的折射与构成],便会有足够的余地按照一种新的方式来恢宏地处理那门科学,不只是讲授那些有助于改善视觉的东西,还要从数学上确定因折射而产生的各种类型的颜色现象。为了做到这一点,最需要的就是查明异质光线的分离,它们各种各样的混合以及在任何一种混合中的比例。通过这种论证方式,除了对论证不太必要的某些其他现象外,我几乎构想出了这几卷所描述的所有现象;由于这些试验获得了成功,我敢保证,如果一个人正确地进行论证,又以优质棱镜足够谨慎地进行试验,就不会得不到预期的结果。但他首先要知道什么颜色会由按给定的比例混合的其他颜色产生出来。"③在这里,通过查明"异质光线的分离,它们各种各样的混合

---

① *Arithmetic*, p. 202.

② *Arithmetic*, p. 209.

③ *Opticks*, 3rd edition, London, 1721, pp. 114, ff.

以及在任何一种混合中的比例",牛顿把数学方法应用于颜色现象,他显然认为自己已经拓展了数学光学的界限。在第一卷的末尾,他总结了在这一点上的结论。他断言,由于他用实验精确确定了折射性和反射性,"颜色科学和光学的任何其他部分一样是一种真正数学的沉思"。① 因此,牛顿渴望把另一组现象还原为数学公式,这再次表明了数学在其工作中的基础性地位,但就其完成那种还原所使用的方法而言,他的阐述过于简要,没有太大帮助。让我们转到他的方法的另一个同样重要的方面,即实验。

2. 经验方面

即使是最不细致的牛顿研究者也能明显看到,牛顿既是一位技艺高超的数学家,又是一位彻底的经验主义者。牛顿不仅和开普勒、伽利略、霍布斯一样都认为"我们的任务是处理可感结果的原因",②在表述其方法时总会强调说,我们力图解释的是观察到的自然现象,而且还主张,解释过程的每一步都必须伴随着实验指导和实验证实。③ 对牛顿而言,绝不存在开普勒、伽利略尤其是笛卡儿所相信的那种先验的确定性,即世界彻彻底底是数学的,更不相信通过已经臻于完美的数学方法便能完全揭示世界的秘密。世界就是现在这个样子,如果能在其中发现严格的数学定律,那当然

---

① *Opticks*, p. 218.

② *System of the World*, 3rd Vol. of Motte's translation of Newton's *Mathematical Principles of Natural Philosophy*, London, 1803, p. 10.

③ *Opticks*, pp. 351, 377; *Principles*, Preface, I, 174; II, 162, 314.

第七章 牛顿的形而上学

很好;如果不能,我们就必须试图扩展数学,或者屈从于其他某种不太确定的方法。这显然是前引《自然哲学的数学原理》前言中那段话的精神:"我希望能用同样类型的推理由力学原理导出其余自然现象。……但我希望本书所制定的原理将对这种或某种更加正确的哲学方法提供一些启发。"经验主义的这种试探性心态在这里表现得很明显,因此在牛顿看来,数学真理与物理真理之间有明显差别,这与伽利略和笛卡儿的看法形成了鲜明对比。"物体的抵抗力与速度成比例,这更是一个数学假说,而不是一个物理假说",[①]类似的说法也出现在他对流体的研究中。[②] 当然,即使是伽利略和笛卡儿大概也不会认为能够先验地解决这样的问题,但那只是因为不可能由那些被认作自然结构的基本数学原理导出对这些问题的回答;只有这些原理的推论导出了其他可能性时,才需要用实验加以判定。然而在牛顿看来,数学必须不断以经验为遵循;只要他能够由这些原理进行很长的推导,他就会极力强调结果的纯抽象特征,直到这些结果在物理上得到证实。

因此,牛顿同时继承了先前科学发展中的两种重要而富有成效的潮流,一种是演绎的和数学的,另一种则是经验的和实验的。他既是哥白尼、开普勒、伽利略和笛卡儿的真正继承者,也是培根、

---

① *Principles*, II, 9.
② *Principles*, II, 62. "如果各微粒以这种方式排斥与它同类的临近微粒,而对更远的微粒没有作用,则由这种微粒构成的流体将会与本命题所讨论的流体相同。如果微粒的力向所有方向无限扩散,则要构成具有相同密度的较大量的流体,需要更大的内聚力。但弹性流体究竟是否由这种相互排斥的微粒构成,这是个物理学问题。我们在此只由这种微粒构成的流体的性质作出证明,哲学家们不妨对这个问题作一讨论。"

吉尔伯特、哈维和波义耳的追随者;如果其方法的这两个方面能够完全分开,那么就不得不说,牛顿的最终标准更多是经验的而不是数学的。尽管他那部伟大著作的标题是"自然哲学的数学原理",但在把演绎推理应用于物理问题时,他比一般近代科学家更缺乏自信。他总是要求实验证实,甚至在解决那些答案似乎就包含在其术语含义之中的问题,如抵抗力与密度成正比时也是如此。[①]既然已经通过密度定义了质量,也通过抵抗力定义了质量,那么这种成正比似乎就包含在这些语词的含义之中。在《普遍算术》中他甚至暗示,严格地说,某些问题根本无法翻译成数学语言,这对伽利略或笛卡儿来说无异于一个可怕的异端邪说。认为数学对牛顿而言只是解决由感觉经验所提出问题的一种方法,这样说并不为过。对于并非注定要应用于物理问题的那些数学推理,他并没有什么兴趣;数学推理本质上是还原物理现象的一种有用工具。他在《自然哲学的数学原理》的前言中明确宣布了这一点:"由于古人……在研究自然事物时非常重视力学科学,而今人则舍弃了实体形式和隐秘性质而力图以数学定律来解释自然现象,因此我在本书中也致力于用数学来探讨有关的哲学问题。古人从两方面来探讨力学,一方面是理性的,用论证来精确地进行;另一方面是实践的。"牛顿注意到,完全精确的东西被称作几何的,不那么精确的东西被称作力学的,但我们绝不能因为这一区分而忘记,二者最初都是以一门关于力学[这里或译"机械学",因为是指 mechanics 在

---

① *Opticks*, pp. 340, ff.

古代的含义——译者]实践的科学而出现的。① 例如,"怎样画直线和圆是个问题,但不是几何问题,这些问题需要用力学来解决,解决之后再用几何学来表明它们的用处。几何学的荣耀就在于它能用从外面得来的少数几条原理而做到这么多事情。因此,几何学是以力学实践为基础的,它仅仅是普遍力学中能够精确提出和证明测量技艺的那个部分。但因人工技艺(manual arts)主要精通的是物体的运动方面,所以通常认为几何学涉及物体的大小,而力学涉及物体的运动。在这个意义上,理性力学是一门能准确提出并证明力所引起的运动,以及产生任何运动所需要的力的科学。"这里对经验和实践的强调是最重要的。几何学是普遍力学的一部分,它和力学的其他分支一起构成了一门关于物体运动的科学,这门科学最初正是在回应实践需要的过程中发展起来的。

3. 对"假说"的攻击

于是,我们预计牛顿会极力强调实验的必要性,并且会对某些既不能通过实验从感觉现象中推导出来、又不能在经验中得到严格证实的世界观念感到不耐烦。他的著作不停地反对"假说",他所谓的假说通常正是指具有这种特征的观念。他早年作光学实验时,这种反对采取的是温和形式,即宣称把假说悬搁起来,直至通

---

① 整篇前言都应当在这种背景下来理解。

过研究现有事实而确立精确的实验定律。[①] 事实上,当性质和定律用实验确立起来之后,就应当立即拒斥不能与之协调的一切假说,如果解释得当,往往会有几个不同的假说能够与之协调。[②] 但牛顿的兴趣集中在直接可由事实证明的性质和实验定律,他坚持要把这些东西与假说绝对区分开来。再没有什么能比把他的光的可折射性学说称为假说更令他气恼的了。在回应这一指控时,他极力断言他的理论"似乎只包含着我已经发现且认为不难证明的光的某些性质;假如我尚未发觉这些性质是真的,那么我宁愿斥之为徒劳而空洞的思辨,而不是把它们当作我的假说接受下来"。[③] 在这一断言之后,他又用其他强有力的断言表明,实验方法优于由先验假定进行演绎的方法。"与此同时,请允许我委婉地表达一下,先生,为了确定什么是真理而去对用来解释现象的若干种说法加以推敲,这种做法我并不认为是行之有效的,除非我们能把所有这些说法完全列举出来。您知道,探究事物性质的恰当方法是从实验中把它们推导出来。……因此,我希望所有关于假说以及其他问题的异议不会再提出来,除非有以下两种异议:要么能够指出我由实验得出的结论中的瑕疵和缺陷,从而表明那些实验不足以

[①] *Isaaci Newtoni Opera quae exstant Omnia*, ed. Samuel Horsley, 5 Vols., London, 1779, ff., Vol. IV, pp. 314, ff. "如果有人仅仅凭借假说的可能性就提出关于事物真相的猜测,那么我看不出在任何科学中如何能够决定确定的东西。……因此我断定,我们应当避免考虑假说,就好像戒绝谬误的论证一样。""因为做哲学最好和最安全的方法似乎是,先勤勉地研究事物的性质并用实验来确立它们,然后寻求假说来解释它们。""因为假说应当只适合用来解释事物的性质,而不应试图预先确定它们,除非它们能够对实验有所帮助。"

[②] *Opera*, IV, 318, ff.

[③] *Opera*, IV, 310. 亦参见 p. 318, ff. 。

判定这些疑问或证明我的理论的任何其他部分；要么能够提出与我的理论针锋相对的另外一些<u>实验</u>，假如这样的实验可能有的话。"①牛顿在光的本性上并非完全未作假设性猜测，但他试图在这些说法与他那些精确的实验结果之间保持清晰的区分。胡克滥用他关于光线是物质的说法尤其令其恼火。"胡克先生看来是把这种说法当成我的假说了。诚然，根据我的理论，我提出了光的物质性，但我这样做不带有任何绝对的肯定性，我至多只是得出了这一学说的一个看似非常可信的推论，而不是作了一个基本假定。……要是我想作任何这样的假说，我会在某个地方对它加以说明。但我知道，我所声称的光的那些性质在某种程度上不仅能用那个假说来解释，而且能用其他许多力学假说来解释；因此，我宁愿谢绝一切假说，只是一般地谈论光，把它抽象地看成从发光体沿直线四处传播开来的某种东西，而不肯定那种东西到底是什么。"②他还对这一立场作了更多澄清。"我不认为有必要用某种假说来阐释我的学说。"③"因此你看，就假说进行争论是多么没有意义啊！"④"但如果［对我的结论］有任何怀疑的话，更好的做法是把它交给进一步的实验去检验，而不是默认某种假说性解释的可能性。"⑤

然而事实证明，要让他同时代的科学家认识到假说与实验定

---

① *Opera*, IV, 320.
② *Opera*, IV, 324, ff.
③ *Opera*, IV, 328.
④ *Opera*, IV, 329.
⑤ *Opera*, IV, 335.

律之间的基本区分,那几乎是不可能的。牛顿陷入了一场又一场关于其学说本质和有效性的争吵,结果随着岁月的流逝,他不得不相信,唯一安全的方法就是在实验哲学中完全禁止假说,把自己严格限制于那些已被发现的、可以严格证实的性质和定律。在《自然哲学的数学原理》和后来的一切著作中,他都断然采取了这种立场;虽然在《光学》中,他的确没能避免一些冗长的思辨,但他还是谨慎地把它们排除于这部著作的主体之外,只是把它们当作指导进一步实验研究的疑问提出来。拒斥假说的经典声明出现在《自然哲学的数学原理》的结尾。"凡不是从现象中推导出来的任何说法都应被称为假说;而假说,无论是形而上学的还是物理学的,是关于隐秘性质的还是力学的,在实验哲学中都没有位置。在这种哲学中,特殊的命题总是从现象中推论出来,然后再用归纳方法加以概括而使之带有普遍性的。物体的不可入性、可运动性和冲击力(impulsive force),以及运动定律和引力定律,都是这样被发现的。"①

鉴于这些富有启发性的断言,我们必须把第四条"哲学中的推理规则"看得极为重要,因为如果理解正确,这条规则可以为牛顿开脱罪责,因为有人指控他的哲学已经接受了某些先验的原则,这在其他三条规则中似乎可以表现出来;尽管他那谨慎的语言(尤其在第三条规则中)本应避免我们作出这样的抱怨。第一条规则是简单性原则:"除那些真实而已足够说明其现象者外,不必再去寻求自然界事物的其他原因。因此哲学家说,自然不做徒劳之事,如

---

① *Principles*, II, 314. 亦参见 *Opticks*, p.380。

第七章 牛顿的形而上学

果少做即够用,多做便是徒劳;因为自然喜欢简单性,而不爱用多余的原因来炫耀自己。"[①]第二条规则是:"自然界中的同样结果必须尽可能地归之于同样的原因。"后来对这条原则更加数学的表述是,如果不同的事件由同样的方程来表示,就必须认为这些事件是由同样的力产生的。第三条规则甚至显得比前两条规则更明确地超越了严格的经验原则。"物体的性质,凡程度既不能增强也不能减弱,又为我们实验所及范围内的一切物体所具有者,就应视为所有物体的普遍性质。"认为我们可以正当地把在狭窄的经验领域中发现的性质无限地普遍化,这难道不是一种笛卡儿式的高度思辨的假定吗?或许,它是一条纯粹的方法论假定?接下来牛顿解释说,他只是把这条规则看成实验方法与关于自然齐一性的第一条原则的结合。"因为物体的性质只有通过实验才能为我们所了解,所以凡是与实验普遍符合而又既不会减少更不会消失的那些性质,我们就把它们看成物体的普遍性质。我们绝不能为了自己的空想和虚构而抛弃实验证据,也不应远离自然的相似性,因为自然习惯于简单,总保持与自身一致。"这就把我们带回了前两条原则,即自然的简单性和齐一性原则,以及同果同因原则。这些先验的原则是使我们总有可能把现象还原为定律尤其是数学定律的关于宇宙结构的思辨假定吗?抑或对牛顿而言,它们只是方法上的事情,即被试探性地用作进一步探究的原则?要想绝对确定地回答这个问题也许是不可能的。在牛顿科学的神学基础还在其心中占据至高无上地位的时代,他也许会像伽利略和笛卡儿那样来实质

---

① *Principles*, II, 160, ff.

性地回答这个问题。但在他严格的科学段落中,他所强调的主要是那些试探性的、实证主义的特征,因此必须认为我们现在所要引用的第四条哲学中的推理规则对其他三条规则施加了明确限制。

"在实验哲学中,我们必须把那些从各种现象中运用一般归纳而得出的命题看成完全正确的或者非常接近于正确的;虽然可以设想出某些与之相反的假说,但在没有出现其他现象使之更为正确或者可能出现例外以前,仍然应当这样看待它们。这条法则我们必须遵守,以便不致用假说来回避归纳论证。"换句话说,即使是我们最有信心地采纳的原则也可能出现例外,对此我们没有什么形而上学保证;经验主义是最终的检验。《光学》中有一段有趣的话表明,这也适用于自然的简单性和齐一性原则。"这样[即正弦折射定理适用于一切光线]是非常合理的,因为自然永远一致;但渴望有一个实验证明。"[1]因此,如果不继续作认真的实验证实,那么从业已接受的原理推出的结果,无论多么一般,或者无论多么清晰地由过去的现象推导出来,都不能认为是绝对的或物理上确定的。

4. 牛顿对数学和实验的结合

那么,牛顿打算如何把数学方法和实验方法结合起来呢?只有在细致地考察他的做法之后,我们才能给出他在这方面的完整看法,因为很遗憾,他的表述不够充分。最好的说法可见于我们引

---

[1] *Principles*, p. 66.

第七章 牛顿的形而上学

用过的他在回应胡克的攻击时致亨利·奥尔登堡(Henry Oldenburg)的信。"最后,我注意到我不经意间所作的一个表述,它暗示了这些东西中有一种比我曾经许诺的更大的确定性,即数学证明的确定性。的确,我曾说过颜色科学是数学的,它与光学的任何其他部分一样确定;但有谁不知道,光学和许多其他数学科学既依赖于数学证明,也依赖于物理科学呢?一门科学的绝对确定性不可能超出其原理的确定性。既然我用来断言颜色命题的证据来自于实验,从而只能是物理的,因此可以认为这些命题本身仅仅是一门科学的物理原理。如果通过争论或表明折射以何种方式以及在多大程度上把原本含有若干种颜色的光线进行分离或混合,数学家可以根据那些原理来确定由折射引起的一切颜色现象,那么我认为就应当承认颜色科学是数学的,它与光学的任何其他部分一样确定。我有充分的理由相信这一点,因为自从我了解了这些原理,我便为此目的而利用它们,并且不断取得成功。"[①]这里所说的一般性程度仅止于牛顿本人的典型做法,而没有提得更高,这无疑令人失望;但与此同时,他又在说一些重要的、有教益的东西。从实验中可以导出某些关于颜色的命题,这些命题成为这门科学的原理,由它们可以对一切颜色-折射现象进行数学证明。认真研究牛顿的科学传记,我们可以概括和详细阐明牛顿本人对其操作方式的这种更清楚的构想。

按照这样一种补充研究,牛顿的整个实验-数学方法似乎可以分解为三个主要步骤。首先是通过实验对现象进行简化,从而把

[①] *Opera*, IV, 342. 奥尔登堡时任皇家学会秘书。

握和精确定义现象的那些定量变化的特征及其变化方式。后来的逻辑学家实际上忽视了这个步骤,但显然正是以这种方式,牛顿精确地确定了光学中的折射和物理学中的质量等一些基本概念,并且发现了关于折射、运动和力的更加简单的命题。第二步是对这些命题进行数学阐述(通常要借助于微积分),使得这些原理在出现它们的任何量或关系中的运用能够在数学上得到说明。第三步是进一步作精确的实验,以便(1)证实这些推论可以应用于任何新的领域,并把它们归结为最一般的形式;(2)如果现象比较复杂,就要查明可作定量处理的任何额外原因(在力学中是力)是否存在并确定它们的值;(3)如果这些额外原因的本性依旧模糊,那么就要拓展我们目前的数学工具,以便更有效地处理它们。因此,在牛顿看来,每一个重要的科学步骤都必须以认真的实验作为开始和结束,因为我们试图理解的永远是感觉事实;[1]但要想获得精确理解,就必须用数学语言来表示它。因此我们必须通过实验来发现那些能够用数学语言处理的特征,并通过实验来证实我们的结论。"我们的目的只是由现象探寻这种力[引力]的量和性质,并用我们在某些简单情形中发现的原理,以数学方式推测更复杂情形的结果。因为要想直接观测每一个特殊事物既无止境又不可能。我们曾以数学的方式说过,要回避与此力[引力]的本性或性质有关的所有问题,它们不是通过决定采取某种假说就能被理解的。"[2]我们现在准备考虑牛顿在《光学》末尾对其方法更一般的论述,在那

---

[1] 参见 *Opticks*, pp. 351, 364, ff.。

[2] *System of the World* (*Principles*, Vol. III), p. 3.

第七章 牛顿的形而上学

里,其实验主义的实证主义后果和对假说的拒斥尤其得到了强调。

> 这些本原(质量、重力、内聚力等等),我认为都不是因事物的特殊形式而产生的隐秘性质,而是自然的一般规律,正是由于它们,事物本身才得以形成。虽然这些规律的原因还没有找到,但它们的真实性却通过种种现象呈现给我们。因为这些本原是明显的性质,只有它们的原因是隐蔽着的。亚里士多德主义者所说的"隐秘性质"并非指明显的性质,而是仅指他们认为隐藏在事物背后、构成了明显结果的未知原因的那些性质,如重力、电磁吸引和发酵等等的原因,如果我们认为这些力或作用源自那些我们无法发现和显明的未知性质的话。这些隐秘性质阻碍了自然哲学的进步,所以近年来已经被抛弃了。如果你告诉我们说,每一种事物都有一种隐秘的特殊性质,由于它的作用而产生明显的结果,那么这实际上什么都没有说。但是先由现象得出两三条一般的运动原理,而后告诉我们,所有物体的性质和作用是如何由这些明显的原理中得出来的,那么,虽然这些原理的原因还没有发现,在哲学上却是迈出了一大步。因此,我毫无顾虑地提出了上述那些运动原理,因为它们的应用范围很广,其原因则留待以后去发现。[①]

牛顿自信地认为,他本人的方法与先前的亚里士多德体系和

---

① *Opticks*, p.377.

笛卡儿体系的方法之间存在着根本对立，我们后面还会回到这种对立。然而，关于他的方法，仍然有一个有趣的问题要问。难道使现象的数学行为方式得以规定的那些最初的实验和观察没有预设某种我们只能称之为假说并把那些实验引向成功的东西吗？早期从事光学研究时，牛顿不会完全否认这一点；有时候会有一些假说肯定"对实验有所帮助"。但在其经典著作中，甚至连这些指导性观念的位置和功能也遭到了否认。我们似乎只是在一种非常一般的意义上才需要假说：由于迄今为止自然已经在很大程度上呈现出一种简单而齐一的数学秩序，我们预料在简化的实验使我们发现的任何一组现象（详细的实验则把它们归结为最一般的形式）中都存在着精确的定量方面和定律。于是牛顿认为，可以把他的方法称为从现象中推导出运动原理，[1]因为就其运动而言，这些原理是对现象精确而完备的表述。当把归纳应用于这些原理时，作为对现象的一种还原，它们的精确性和完备性并未丧失；牛顿指的是，这些原理是按照最一般的形式表述的，所以适用于更广泛的领域。因此，根据牛顿最终的观点，假说在自然哲学中根本没有地位；我们对现象进行分析而导出它们的数学定律，通过归纳而使其中有广泛应用性的数学定律变得具有一般性。"归纳"一词并未贬低结果的数学确定性，不要因为牛顿在《光学》中对其方法作最后总结时强调了它而对我们产生误导。它只是强调了牛顿那种基本的经验主义。

---

[1] *Principles*, II, 314.

第七章 牛顿的形而上学

在自然哲学中,应该像在数学中一样,在研究困难的事物时,总是应当先用分析的方法,然后才用综合的方法。这种分析方法包括做实验和观察,通过归纳从中得出一般结论,并且不使这些结论遭到异议,除非这些异议来自实验或者其他可靠的真理。因为在实验哲学中是不应该考虑什么假说的。虽然通过归纳而从实验和观察进行论证不能算是对一般结论的证明,但它是事物的本性所许可的最好的论证方法,并且随着归纳的愈为一般,这种论证看来也愈为有力。如果在许多现象中没有出现例外,那么可以说,结论就是一般的。但是如果以后在某个时候从实验中发现了例外,那时就可以声称有这样或那样的例外存在。通过这样的分析方法,我们就可以从复合物论证到它们的成分,从运动到产生运动的力,一般地说,从结果到原因,从特殊原因到一般原因,一直论证到最一般的原因为止。这就是分析的方法;而综合的方法则假定原因已经找到,并且已把它们确立为原理,再用这些原理去解释由它们发生的现象,并证明这些解释的正确性。在这部《光学》的前两卷中,我采用了这种分析方法,从光线的可折射性、可反射性、颜色和它们交替的易反射猝发和易透射猝发,以及决定它们的反射和颜色的那些透明和不透明物体的性质中来发现并证明它们的原始差异。而这些发现经过证明以后,可以作为解释由它们所产生的现象的综合方法,我在本书第一卷结尾给出了这种方法的一个例子。[①]

---

① *Opticks*, pp. 380, ff. 比较 Kepler, VII, 212 中对方法的表述。

由这些郑重其事的表述我们可以清楚地看到,牛顿自认为已经做出了非常重要的方法论发现,尽管他未能极具普遍性地陈述他的方法。伽利略不再按照物理事件最终的"为何",而主张按照它们直接的"如何"(也就是表示其过程和运动的数学公式)来进行说明。但伽利略仍然从前人那里继承了许多形而上学偏见,尽管在其他方面,他把他的数学方法确立为一种形而上学,而且没有像前人那样在其著作中(除了少数几段话)明确区分对感觉到的运动的科学研究和这些更基本的观念。在笛卡儿那里,数学形而上学变得更加核心和更有支配性,对完备的宇宙体系的激情也更加强烈。至于波义耳,他深信世界从根本上要从宗教方面来解释,但就实验科学而言,他乐于强调人类知识的贫乏,强调它的进步是试探性和渐进式的。然而,波义耳并非数学家,他看不出如何能在科学中获得确定性。科学是由假说构成的,假说固然要尽可能地用实验来检验和证实,但由于相反的实验在任何时候都可能出现,因此我们必须只满足于或然论。正如我们所看到的,牛顿愿意承认发生例外的可能性,但他绝不愿意承认科学是由假说构成的。任何不能直接从现象中导出的东西都要称之为假说,假说在科学中毫无地位,特别是解释在运动现象中显示出来的力和原因的本质的那些尝试。这些解释依其本性就不会受实验证实的影响。比如我们知道,自然中有某些运动,我们把这些运动归结为数学定律,并认为它们源于所谓的重力。"迄今为止,我还没有能力从现象中发现重力的那些属性的原因,我也不杜撰假说。"[①]重力的最终本性

---

① *Principles*, II, 314.

是未知的；科学没有必要去认识那种本性，因为科学试图理解的是重力如何起作用，而非它是什么。于是，在牛顿看来，科学只包括阐述自然的数学行为方式的那些定律——这些定律可以从现象中清楚地推导出来，可以在现象中严格证实——任何进一步的东西都必须从科学中清除出去，这样一来，科学就成了一个关于物理世界活动的绝对确定的真理体系。通过把数学方法与实验方法紧密结合在一起，牛顿相信他已经把数学方法完美的精确性与实验方法对经验始终如一的关注牢固持久地结合起来。科学是对自然进程精确的数学表述。思辨是不受欢迎的，但运动已经无条件地听任于获得胜利的人的心灵的摆布。

第二节 实证主义学说

现在，也许有人会问，如果这就是对牛顿方法的正确描述，那么像"牛顿的形而上学"这样一种说法难道不是明显包含着矛盾吗？这种对假说的拒斥难道不是他别具特色的做法吗？至少在其著作的主体中，他难道不是在一定程度上成功地禁止了对整个宇宙的本性进行思考吗？他自称发现和运用了一种方法，由此可以开辟一个确定性真理的领域，我们不依赖于对终极问题假想的解决便可以逐渐开拓这个王国，这难道不是完全正当的吗？据说，牛顿是第一位伟大的实证主义者。[①] 牛顿继承了伽利略和波义耳，

---

① Brewster, *Memoirs of the Life, Writings, and Discoveries of Sir Isaac Newton*, Edinburgh, 1855, Vol. II, p. 532.

但比他们更为一致地背弃形而上学,主张少量但逐渐增长的严格知识。由于他的工作,伟大的思辨体系时代结束了,取而代之的则是一个充满精确性的、人可望对自然进行理智征服的新时代。那么,怎么说他是一位形而上学家呢?

从我们的整个讨论来看,回答这一批评的主要线索是很清楚的。不过,较为详细的回答它将为我们分析牛顿的形而上学提供有益的导引和纲要。

首先,形而上学是无法摆脱的,也就是说,任何一个或一套命题的最终意涵是无法摆脱的。要想避免成为一位形而上学家,唯一的方式就是不置一词。对任何陈述进行分析都可说明这一点。以实证主义本身的核心观点为例,它或可表述成以下形式:我们可以不预设关于事物最终本性的任何理论而获得关于事物的真理;或者更简单地说,我们可以不知道整体的本性而正确地认识部分。让我们仔细考察一下这种观点。科学,特别是数学科学的实际成功似乎能够保证它在某种意义上是正确的;我们可以在某些物质片断中发现有规律的联系,而对它们没有任何进一步的认识。问题不在于其真假,而在于其中是否存在着形而上学。对此观点严加分析,它难道没有充满形而上学假定吗?首先它充斥着大量缺乏精确定义的短语,比如"最终本性","正确地认识","整体的本性"等等,重要的假定总是潜藏在这些漫不经心使用的短语中。其次,随便你怎样定义这些短语,难道这种说法没有揭示出关于宇宙的极为有趣和重要的意涵吗?无论取何种可以被普遍接受的含义,难道它不意味着(比如说)宇宙本质上是多元论的(当然思想和语言除外)吗?也就是

第七章 牛顿的形而上学

说,有些事物可以不真正依赖于别的事物而发生,因此可以用普遍词项来描述它们而不涉及任何别的东西。科学实证主义者们以各种方式来为这种多元论的形而上学作证;正如他们强调自然中存在着孤立系统,至少在一切显著方面,这些系统的行为可以还原为定律,而丝毫不必担心研究其他事件会把那种认识置于更大的背景中去。严格说来,假如恒星突然间消失不见,我们无疑不能说自己知道太阳系将会发生什么,但我们确实知道可以根据那些不依赖于恒星存在的原理而把太阳系的主要现象归结为数学定律,因此没有理由认为恒星的消失会推翻我们的表述。那么,这必定是一个关于宇宙本性的重要假定,它暗示了许多进一步的思考。然而在这里,我们先不要急着继续进行推理;其教训是,回避形而上学的尝试一旦以命题的形式提出来,似乎就会立即涉及极为重要的形而上学假定。

因此,实证主义那里存在着一种极为微妙的潜在危险。假如形而上学无法避免,而你又坚持认为自己已经摆脱了这种可憎的东西,那么你可能怀有一种什么样的形而上学呢?不用说,在这种情形下,你的形而上学将是不加批判地持有的,因为它是无意识的;而且,由于它的传播是经由暗示而非直接主张,所以它将比你的其他观念更快地传给别人。一位严肃的牛顿学者没能看到他所研究的主人公持有一种非常重要的形而上学,这恰恰证明了牛顿的形而上学在整个近代思想中的深远影响。

现在,思想史很清楚地表明,这位诋毁形而上学的思想家实际上主要持有三类形而上学观念。首先,他赞同那个时代在一些基本问题上的观念,只要这些观念未与他的兴趣相冲突或引来他的批评。人类历史上，在任何人那里都能发现重要的剧场偶像（idola theatri），哪怕他是最具批判性的深刻思想家，不过在这方面，这位形而上学家至少优于他的对手，因为他时刻提防着这些观念暗中进入并悄悄产生影响。其次，如果从事某种重要的研究，他就必须持有某种方法，他将受到一种强烈而持久的诱惑，要从其方法中提取一种形而上学，即假定宇宙最终的样子是如此这般，以至于他的方法必定能够适用和成功。从我们对开普勒、伽利略和笛卡儿工作的讨论可以明显看出，屈从于这样一种诱惑会导致哪些后果。最后，既然人需要形而上学来获得其理智上的满足，因此任何伟大的心灵都无法完全避免涉及基本问题，特别是，由实证主义研究所产生的种种考虑，或者科学之外的某些强烈兴趣，比如宗教，会迫使人思考基本问题。但这位实证主义者没能培养自己作细致的形而上学思考，因此在这方面的冒险很容易显得可怜、不当甚至荒谬。在牛顿那里，这三类形而上学观念都得到了例证。他关于物理世界及其与人的关系的构想，包括其最终的模糊结果，即革命性的因果性学说和笛卡儿的二元论（这是新本体论的两种核心特征），连同其关于感觉的本性和过程、第一性质和第二性质、人的灵魂那囚笼式的处所及其微不足道的能力等等不那么核心的推论，都被不加审视地当成了这场胜利运动的确定结果，而牛顿注定会成为这场运动最伟大的胜利者。他对空间和时间的看法在部分意义上属于同一类型，但因第三类信念而在一定程度上发生了有趣的变化。他对质量的处理属于第二种类型，也就是说，它从扩展其方法意涵的倾向中获得了自身的形而上学意义。第三类形而上学观念则主要涉及以太的本性和功能、上帝的存在、上帝与科学揭示的世界之间的关系。分析了这三种类型的形而上学观念之后,我们最好让它为以下各节提供一个纲要。

到了牛顿之后的那代人,牛顿的神学遭到了休谟和法国激进分子的猛烈抨击,稍后康德又对其作了敏锐的分析。在拉普拉斯(Pierre-Simon Laplace)等后来的研究者作出了辉煌的发现之后,牛顿用来证明上帝存在的那些科学理由似乎也不再令人信服。然而,在他那里得到进一步发展的新形而上学的其余部分却随同其科学成就一起进入了欧洲的主要思想潮流,因不知不觉地徐徐渗透而被视为理所当然,它从与之相关联的力学或光学定理清晰的可证明性那里获得了一种毋庸置疑的确定性,成为科学和哲学中一切重要未来发展的固定背景。那些辉煌的、无可辩驳的成就赋予了牛顿支配近代世界的权威性,通过作为实证主义者的牛顿,近代世界自认为已经摆脱了形而上学,而通过作为形而上学家的牛顿,它又被一种非常确定的形而上学束缚和控制着。那种形而上学的本质要素是什么呢?

第三节 牛顿关于世界以及人与世界之关系的总体观念

我们先来简要总结一下牛顿从前人那里接受的观点,并指出他以何种确切形式将其传给整个近代世界。波义耳虽然并非训练有素的数学家,但也未经质疑地接受了伽利略、笛卡儿和霍布斯所描绘的宇宙的主要结构,和波义耳一样,虽然牛顿的数学从根本上讲是为实验哲学服务的工具,但牛顿也未经批判地接受了那些杰出前辈所提出的关于物理世界以及人在其中地位的一般看法。对牛顿来说,物质世界从根本上讲也是一个拥有数学特性的世界。它最终是由绝对坚硬且不可毁灭的微粒构成的,这些微粒拥有我们所熟悉的、被归于第一性质的那些特性,只不过牛顿发现和严格定义了物体的一种新的精确的数学性质——惯性,并把它也归入其中。自然中的一切变化均应视为这些永恒原子的分离、结合和运动。①

与此同时,我们必须承认,牛顿强烈的经验主义总是倾向于限制和修正他对原子论的数学解释。原子主要是数学的,但它们也只是感觉经验的缩影。从他在《自然哲学的数学原理》中的系统表述可以明显看出这一点。

> 除了通过感官,我们没有其他办法知道物体的广延性,而我们的感官又不能感知所有物体的广延性;但是由于在一切可感物体中我们都觉察到广延性,所以我们也把广延性普遍归于所有其他物体。我们从经验中得知,很多物体是坚硬的;由于整个物体的坚硬性来自其各个部分的坚硬性,所以不仅对我们所能感觉到的物体,而且对其他一切物体都可以合理地推断说,其不可分割的微粒也具有坚硬性。一切物体都有不可入性,这并非理性的推断,而是感觉的总结。我们发现触摸到的各种物体都是不可入的,从而得出结论说,不可入性是

---

① *Opticks*, p. 376.

任何物体的普遍属性。我们只是从可感物体的类似属性中推断出一切物体都能运动,且赋有某些能使其保持运动或静止状态的力量(我们称之为惯性)。整个物体的广延性、坚硬性、不可入性、可运动性和惯性来源于其各个部分的广延性、坚硬性、不可入性、可运动性和惯性,由此我们得出结论,一切物体的最小微粒也是有广延的、坚硬的、不可入的和可运动的,且赋有其固有的惯性。①

牛顿甚至提出,随着更强大的显微镜被发明出来,我们也许能看见其中最大的微粒。② 在这一表述中,经验主义的根本性和实验关联与以下事实同样明显:被视为自然基本性质的恰恰是到牛顿时代已经发现可以用精确的数学方法来处理的自然中的那些性质。物理学的世界是一个可感的世界,但它只能由把这个世界还原为数学定律必然要强调的那些性质来刻画。"考虑到所有这一切,我认为上帝开始造物时,很可能先造结实、沉重、坚硬、不可入而易于运动的微粒,其大小、形状和其他一些性质以及空间上的比例等等都恰好有助于达到他创造它们的目的;由于这些原始微粒很坚固,所以它们比任何由它们复合而成的多孔物体都要坚硬得无可比拟;它们甚至坚硬得永远不会磨损或碎裂,没有任何普通的力量能把上帝在他最初创世时所创造的那种微粒分裂。"③"然而,

---

① *Principles*, II, 161.
② *Opticks*, pp. 236, ff.
③ *Opticks*, pp. 375, ff. 亦参见 p. 364, ff.。

只要有一个实验能够证明,在敲碎一个坚硬的固体时任何未被分开的微粒都能予以分开,则我们就可根据这条规则得出结论说,未分和已分的微粒一样可以无限地分割和实际分离开来。"①"当这些微粒继续保持完整的时候,它们可以组成在任何时候性质和结构都是一样的物体;但如果这些微粒可以磨损或碎裂,那么由它们组成的物体的性质就将改变。……因此,自然是永恒不变的,有形物体的变化只是这些永恒微粒的各种分离、重新组合和运动而已;复合物体容易破裂,但不是在固体微粒的中间破裂,而是在这些微粒聚集在一起时互相接触的几处破裂。"②

假如这就是物理世界的基本结构,那么牛顿是如何设想人及其与物理世界的关系的呢?在这里,这位英国天才同样未经质疑地接受了伽利略和笛卡儿的自然哲学和形而上学的主要特征,而在这种情况下,他并没有像通常那样对观念进行认真地经验检验。在《自然哲学的数学原理》的上述引文以及牛顿没有忘记其经验主义的另一些地方,他都把人说成是与物理事物本身直接发生感知接触和认识接触的存在者——我们看到、听到、闻到和触摸到的正是这些事物。③ 然而,当他更直接地处理人与自然的关系时,尤其是在《光学》中,我们便发现自己错了。他完全同意当时的正统观点。人的灵魂(和在波义耳那里一样,它等同于人的心灵)被封闭在身体之内,与外在世界没有任何直接接触;它存在于大脑的一个

---

① *Principles*, II, 161.
② *Opticks*, p. 376.
③ *Principles*, II, 312.

特殊部位(因此而被称为"感觉中枢"),运动经由神经从外在对象传到那里,再通过生命精气从那里被传到肌肉。到了牛顿时代,在视觉方面,生理学研究已经与德谟克利特-笛卡儿-霍布斯的形而上学联合起来暗示,在视觉经验与我们自认为看到的对象之间存在着一套极为复杂的屏障;不仅灵魂被限制在大脑之中,运动必须从无法企及的外部事物传递到大脑,甚至最终被传递的运动也并非来自于外部对象,而是来自于它在视网膜上的图像。"当一个人注视任何物体时,来自物体上各点的光被眼睛的透明表皮和体液……所折射,使之会聚并再次相遇于眼底同样多的点上,并且在覆盖着眼底的皮(称为网膜)上绘出物体的图像。……这些图像通过沿着视神经纤维的运动传送到大脑,这便是视觉的原因。"①"只有上帝才能看见物体本身";②而对于人,"只有物体的图像经由我们的感觉器官传送到我们小的感觉中枢,并在那里为我们负责感觉和理性的东西所看到"。于是,在《光学》的疑问 23 和 24 中谈到他所假设的以太介质的功能时,他问道:"视觉是不是主要由光线在眼底上激起这种介质振动,并通过视觉神经坚固透明而均匀的细丝传播到感觉的地方而产生的?同样,听觉是不是由空气的颤动在听觉神经中激起这种介质或某种别的介质的振动,并通过听觉神经坚固透明而均匀的细丝传播到感觉的地方而产生的?其他感觉也都同样如此。动物的运动是不是由意志的力量在大脑中激起这种介质的振动,又通过坚固透明而均匀的神经细丝传播到肌

---

① *Opticks*, p.12.
② *Opticks*, p.345. 参见 p.379。

肉,使肌肉收缩和扩散而产生的?"①

如果从这些引文回到牛顿关于第一性质和第二性质学说最清晰的表述,我们会发现,他的表述与其形而上学先驱们传给他的学说并无很大分歧。由于他本人在光学领域的工作,正如我们所预料的那样,这些表述尤其与颜色有关。牛顿认为自己的折射和反射实验已经明确推翻了颜色是物体性质的学说。"事情既然这样,就没有必要再去争论黑暗地方是否有颜色,颜色是否是我们所看到的物体的性质,以及光是否可能是一种物体等问题。因为既然颜色是光的性质,并以许多光线作为颜色的全部而直接的主体,那么我们怎能设想这些光线也是性质呢,除非一种性质可以是其他性质的主体并且可以承载它们,这就应实际上称之为实体。……此外,谁曾想到有某种性质是一种异质的集合,如同我们对于光所发现的那样?但要更确切地判定什么是光,它怎样折射,并且凭借什么样式或作用在我们心灵中产生颜色的幻相,这都不是那么容易的事。我不想把推测和已确凿的事实混淆起来。"②牛顿拒绝承认颜色是物体性质,他对这种理论的第一种替代方案似乎是:颜色是光的性质,颜色的主体是光线。然而,我们在这段引文的结尾发现,这必定是一种语言疏忽。牛顿在那里说自己不打算把推测和已确凿的事实混淆起来。这一评语暗示前面的假定并非猜测,也就是说,颜色即使在光中也不存在,它只是由光的样式或作用在我们心灵中产生的幻相;猜测性的东西仅仅是其发生的过程。在《光

---

① *Opticks*, p.328. 参见 pp.319, ff.。
② *Opera*, IV, 305. 注意其中的经院哲学术语和假定。

学》中，他更详细地断言了这种观点。"如果我在什么时候说过光是有颜色的或者被赋予了颜色，那么应该把我的话理解为不是在哲学上和严格地说的，而是粗略地和按照普通人在看到所有这些实验时容易产生的观念来说的。因为严格来说光线并没有颜色。在光线中，只有某种激起这种或那种颜色的感觉的某种能力和倾向。因为正如钟、弦或其他发声物体中的声音只不过是一种颤动，在空气中声音只是由物体传播出来的该运动，在感觉中枢中声音是对声音形式的运动的感觉，因此，物体中的颜色也只不过是对这种光线的反射要比其余光线更充分的一种倾向；光线的颜色只是光线把这种或那种运动传送到感觉中枢的一种倾向，在感觉中枢中，颜色是对颜色形式的那些运动的感觉。"[1]

这里显然在宣称流行的第二性质学说。除了作为物体或光线反射或传播某些运动的倾向，第二性质在人脑之外并不真实存在。外界只有一些具有可用数学处理的性质的物质微粒在以某些方式运动。那么这些运动是如何激起各种颜色感觉的呢？牛顿先是承认自己给不出任何回答（见上）。然而，考虑到他关于折射的实验以及对原子论的接受，他几乎无法避免在《光学》中提出一种一般性的解释。"不同种类的光，是否引起不同大小的振动，并按其大小而激起不同的颜色感觉，就像空气的振动按其大小而激起不同的声音感觉一样？而且是否特别是那些最易折射的光激起最短的振动以产生深紫色的感觉，最不易折射的光激起最长的振动以产生深红色的感觉，而介于两者之间的各种光激起各种中间大小的

---

[1] *Opticks*, pp. 108, ff.

振动而产生各种中间颜色的感觉？颜色的和谐和失调，是否可能由于经过视神经纤维传送到大脑中去的各种比例的振动所引起，正如声音的和谐和失调是由各种比例的空气振动所引起的一样？因为某些颜色，例如金色和靛青色，在一起看来是彼此调和的，而其他一些颜色在一起时，看来就彼此不调和。"[①] 这种关于颜色和谐的数学理论有趣地使我们想起了开普勒试图把天体的音乐简化成我们的音乐记谱法。牛顿接下来假定双眼看到的物体的图像在进入大脑之前在视神经会聚的地方结合起来，"使它们的纤维只产生一个完整的形象或图像，在感觉中枢右边的一半图像来自两眼的右边，通过两根视神经的右侧到达这两根神经相遇的地方，而后从这里在头的右边进入大脑，而在感觉中枢左边的一半图像则依同样的方式来自两眼的左边"。牛顿及其同时代人在试图解释为什么我们看到的是单个物体而不是两个物体时，便不得不接受这种非凡的观念。由于他们认为看不到物体本身，传送到感觉中枢的只是物体在两个视网膜上的图像，所以这的确是一个必须面对的实际困难。

牛顿从未言明他对摩尔和笛卡儿之间基本争论（即精神的广延性）的看法，但在他的同时代人和追随者看来，单凭他不赞成笛卡儿试图为精神指定一个不同的最终地位，就足以认定他将全力支持对这位法国大思想家的流行解释。人的心灵是囚禁在大脑中的一个独特的小东西，正如我们所看到的，笛卡儿本人的模糊性很大程度上为这一信念提供了辩护，随后，霍布斯和波义耳的著作又

---

① *Opticks*, pp. 320, ff.

第七章 牛顿的形而上学

有力地推进了它,就这样,这种观念在新时代的狂热者中间流传开来。很自然地,在他们看来,我们方才引用的牛顿的那些重要段落恰恰也暗示了精神的这种地位。在知识界,没有人支持摩尔试图在身体界限之外为灵魂分配一种可能的广延(因为摩尔的这种做法极不符合科学的心态,而且也无益于解决基本的认识论问题或其他问题),因此我们可以有把握地说,在牛顿时代,几乎所有受过教育的人,尤其是那些把观念当作意象的人,都认为灵魂在大脑内部占据着一个位置或一小部分广延,这一位置后来渐渐被称为感觉中枢。在牛顿那里没有什么东西能够推翻这种观念,倒是能大大支持它。而且,倘若牛顿在这一点上明确表达了自己的看法,那么他很可能会明确赞成目前的这种观点。他同意摩尔的看法,认为上帝是有广延的,而且正如我们后面将要看到的,他也相信有广延的以太精气。那么,牛顿怎么会不相信人的灵魂有空间性呢?——尽管上述引文显然并未包含摩尔思辨性的唯灵论(灵魂完全被封闭于大脑之内)。

因此,尽管牛顿认真地尝试成为彻底经验的,尽管他希望自己的数学方法不会失去控制,但以他的名义发布的关于宇宙和人在其中位置的一般图景本质上已由他之前的那些伟大的数学形而上学家以非常含糊和暧昧的方式构造和设计出来。他和那些人一样没有认识到那种一般图景向我们提出的重大问题,因为牛顿大体上也采用了他们(尤其是摩尔)的做法,即通过诉诸上帝来回避这些问题。但对于后来的思想而言最大的后果就是,牛顿的巨大权威支撑着这样一种宇宙观,它认为人是巨大数学体系的一个无关紧要的、可怜的旁观者(一个被完全囚禁在暗室中的东西是可以这样称呼的),该体系的那些服从力学原理的规律运动构成了自然界。未对人超越时空的想象力规定任何限制的但丁和弥尔顿那极富浪漫色彩的宇宙现已遭到彻底清除。空间被等同于几何学领域,时间被等同于数的连续性。人们原以为自己居住的世界是色彩斑斓的,不时会传来悦耳的声音,四周弥漫着花香,充满着喜悦、爱和美,处处表现出目的的和谐和创世理念,如今这个世界却被塞进了分散的生物体大脑的极小角落。真正重要的外在世界是一个坚硬、冷漠、无色、无声的死寂世界,一个量的世界,一个由服从力学规律、在数学上可以计算的运动所组成的世界。人直接感知的那个质的世界变成了更远处那个无限机器所产生的一个奇特而次要的结果。在牛顿那里,经过模糊解释、不再声称作认真哲学思考的笛卡儿主义形而上学终于推翻了亚里士多德主义,成为近代最主要的世界观。

第四节　空间、时间和质量

但对于前人所提出的关于人和世界的流行图景,牛顿并非仅仅是接受和支持,他本人关于那个世界异乎寻常的发现提高了近代科学的声誉,很自然地,与那些发现相联系,他本应有机会以一种比前人更加明确、更易于传播的方式来表述对人之外的自然界的构想。自牛顿以来,近代人渐渐认为自然本质上是一个在确定可靠的力的作用之下按照数学定律在空间和时间中运动的有质量物体的领域。牛顿具体是如何描述这些东西尤其是空间和时间的呢？他最后是如何把物体的那些不可还原的特性概括在"质量"这个术语之下的呢？需要注意的是，在这方面的工作中，牛顿在某种程度上显示了第二节指出的所有那些类型的形而上学信念。他部分采用了现有的一些基本观点，部分拓展了其数学方法的后果，部分依赖于某些科学之外信念的有效性。很重要的一点是，这里他同样在很大程度上背离了实验主义。他在其主要经典作品中提出的一些构想完全超出了可感实验的证实范围。

1. 质量

然而，对于质量而言，这种先验论表现得并不非常明显。在伽利略和笛卡儿发现了空间的本性，巴罗表述了时间的本性之后，把物体定义为质量是近代力学所必需的显著成就。对伽利略来说，就像对牛顿伟大的同时代人惠更斯那样，质量等价于重量；笛卡儿把运动设想成一个一般的数学概念，他并没有认真考虑一切类型的运动是否都可以还原为数学公式。当把两个在几何上相同的物体与其他同样物体置于相同关系中时，它们可能作不同的运动，这个关于物理自然的基本事实使得笛卡儿的力学不再恰当。笛卡儿当然意识到了这个事实，但他并未试图在数学上还原它，而是宁愿把它隐藏在思辨性的涡旋理论之下。

牛顿觉察到了这个事实，在这种类型的最重要的运动差异——重力现象的情形中，牛顿对它作了成功的数学还原。不仅如此，他还定义了一切必要的基本概念，以使运动完全服从数学定律。对于某些还不能被纳入其原理范围内的重要现象，后人通过进一步运用他的概念而取得了进展,比如高斯把磁学纳入了牛顿力学。在牛顿那里,伽利略已经触及、笛卡儿和霍布斯以比较令人满意的方式表达的那项发现与著名的第一运动定律相联系。每一个物体都倾向于保持其静止状态或匀速直线运动状态,但这样做的倾向有程度上的差异。现在牛顿认为,这种差异可以作严格的定量表述。在施加同样力的情况下(这里蕴含着第二和第三运动定律),不同物体以不同程度偏离静止状态或匀速运动状态,或者说被加速。就这些差异是而且只能是加速度的差异而言,可以用数学方式对其进行精确比较。于是,我们可以认为一切物体都具有一种惯性力或惯性,它是一种严格的数学特性,可以用给定外力使物体产生的加速度来度量。当我们说物体是质量时,我们的意思是指除了几何特性,它们还拥有惯性这种力学性质。由此显然可以看出,力和质量是完全相关联的术语。不过,在发现质量以后,通过质量来定义力要比通过力来定义质量更容易,因为力是不可见的,而标准质量则是一个可以感觉和使用的物理对象。密度和压力这两个概念也是如此,通过用质量和体积来定义它们,它们现在变得在力学中更加有用。牛顿对质量的发现可能在某种程度上受到了波义耳关于压缩气体实验的影响。波义耳已经发现,无论何种气体,其压强与体积的乘积总是一个常数,现在,正是这个与其他物质的惯性成比例的常数成了气体的质量。牛顿在《自然哲学的数学原理》的第一段通过密度和体积来定义质量,便暗示了这种与波义耳的关系;实际上,他选择用那些更为熟悉的术语来定义质量,而不是把质量作为物体的一种基本性质提出来,他很难做得比这更好了。

第七章 牛顿的形而上学

发现同样的质量在与地心不同距离处有不同的重量,对开普勒运动定律的数学表述,再加上博雷利(Giovanni Alfonso Borelli)、惠更斯、雷恩(Christopher Wren)、哈雷和胡克等人的工作,这一切渐渐导向了牛顿对万有引力定律的宏伟表述,它把天文学和力学统一在一门关于运动物质的数学科学中。表达天体质量对匀速直线运动的偏离的方程与表达地球物体下落的方程是一样的。我们宇宙体系中的任一物体趋向于每一个其他物体的程度与两者质量之积成正比,与它们中心距离的平方成反比。事实上,通过牛顿提出的质量、力、加速度等概念,特别是借助他发明的微积分而迅速有效地处理运动问题,很难设想有什么运动变化不能用他的术语作数学还原,尽管只有由比较规则和恒定的力所引起的加速度才值得研究者花费时间和精力去还原。假如运动变化是不规则的或独一无二的,问题通常并未得到解决,这并非是因为手头上没有工具对其进行完整的处理,而是因为它不值得去还原。

牛顿的质量概念与形而上学有何关联呢?牛顿认为物体仅仅是质量,也就是说,只具有几何性质和惯性吗?也许不是。但其工作的影响肯定促使别人这样去设想。这里有一个悖论需要作某种解释。

从牛顿的著作特别是《自然哲学的数学原理》和《光学》显然可以看出,他本人的思想主流坚决反对剥夺物体的一切性质,而只保留他本人的数学方法论所要求的那些性质。这在很大程度上是他那充满活力的经验主义的一个推论。我们应该还记得上一节的内容,即被牛顿列为物体基本微粒的第一性质的那些特性最终是在经验上得到辩护的。诚然,由于牛顿接受了其科学先驱的数学形而上学的主要特征,尤其是第一性质和第二性质的学说,所以他并没有把一切可感性质都归于这些微粒,但他坚决反对把它们遴选为他的科学方法所要求的最少性质。倘若他沿着这样的路径来思想,他准会由惯性推出可运动性,由广延性推出不可入性。但即使这样也无法使坚硬性还原为构成物体或质量的这两种性质;牛顿之所以把坚硬性包括进来,①部分程度上无疑是由于他关于流体和气体的原子论需要这种东西,但主要是因为没有理由怀疑它有为之辩护的实验基础。我们感觉到的任何物体都有某种程度的坚硬性(hardness,当时更流行的术语是坚固性[solidity]),因此通过归纳,我们把它归于所有物体。

鉴于这种悄悄潜入其原子论的坚定的经验强调,为何牛顿在历史上能够冒充成一个关于物理世界更加严格的机械论观点的拥护者呢?在前一章我们已经指出了答案的主要线索。不过让我们更具体地探究这一问题。牛顿有大批科学信徒既不认同他那极端的经验主义,在很大程度上也不赞同他那谨慎的神学态度,我们很可以理解,他们一直愿意为牛顿做出伽利略和笛卡儿为自己所做的事情,那就是把一种方法变成一种形而上学。但他们怎能无视主人亲口说的话呢?然而事实是,牛顿为他们提供的东西远远超出了他们之所需。正如笛卡儿提出了一种精致的以太介质理论以解释似乎无法由广延性导出的关于物体运动的一切现象,同样,牛顿也在摆弄一种以太假说,或许能把无法由质量概念导出的一切运动机械化。我们将在下一节详细考察这个假说。此外,在他最

---

① *Opticks*, pp. 364, ff.

伟大的作品中,他明确把这些难以对付的现象的假设性原因都归于物体的惯性。[1] 例如,绝不能把重性普遍归于物体,因为重性可以有程度上的减弱(参见第三条规则),我们不能保证它在太阳系以外还存在。然而,质量是任何物体本身的一种本质性质,源于质量概念(或者毋宁说是解释质量概念)的运动定律被普遍视为必然为真的自然哲学公理。[2] 在牛顿那里,这些说法以及以太思辨都表明,广延性和惯性是比物体的其他特性更加基本的性质,因此,其追随者很容易忘记他那彻底的经验主义。他们一直对牛顿的一项精彩之举感到惊诧,即通过质量可以把物质的运动归结为严格的数学公式,而且牛顿很早就发现,力学的一切基本单位都可以用质量、空间和时间的单位来定义,因此便出现了我们今天肯定非常熟悉的那种非常简单的形而上学进展,那就是,从说物体是质量发展到认为物体仅仅是质量,其余一切现象都可以通过外在于物体本身的因素来解释。于是,与牛顿本人思想中的某些基本假定相对立,在接下来的几代人看来,他似乎是完整的机械自然观的衷心拥护者。质量的观念已被纳入了笛卡儿的几何机器,而质量对臆想涡旋的取代恰恰使宇宙体系显得更像是一部精确的机器。

2. 空间和时间

然而,如果我们回到牛顿关于空间和时间的说法,便会发现他

---

[1] *Principles*, II, 162, ff.
[2] *Principles*, I, 1, ff.; 14, ff.

背离了自己的经验主义,其主要工作的主体表现出了这样一种立场,它部分源于别人的看法,部分是其数学方法的需要,部分则基于一种神学基础。牛顿本人断言,"在哲学探讨中"(这里显然是指描述空间、时间和运动的基本特性),"我们应当把它们从感觉中抽离出来,考虑事物本身,并把它们同只是其可感知的量度区分开来"。① 这的确是一位感觉经验哲学家所作出的独特观察;本节余下部分的任务便是去理解牛顿的立场,解释这种与其经验原则的偏离。

关于这些问题,牛顿一开始就说,他的主要目的是消除某些流俗的经验偏见。"迄今为止,我已对那些不太熟悉的词下了定义,并说明了我在下面论述中如何理解它们的意义。但我并没有对人所共知的时间、空间、位置和运动下定义。不过我必须看到,普通大众不是基于别的观念,而只是从这些量与可感事物的关系中来理解它们。这样就产生了某些偏见。而要想消除这种偏见,我们不妨把它们区分为绝对的和相对的,真实的和表观的,数学的和日常的。"② 在这样批驳了当时的相对主义者之后,牛顿开始定义他的区分。

> I. 绝对的、真实的和数学的时间本身,依其本性而均匀地流逝,与一切外在事物无关,它又可被称作延续;相对的、表观的和日常的时间是对运动之延续的某种可感的和外在的

---

① *Principles*, I, 9.
② *Principles*, I, 6, ff.

第七章 牛顿的形而上学

(无论是精确的还是不均匀的)量度,它常被用来代替真实的时间,比如一小时、一天、一个月、一年。

II. 绝对空间,就其本性而言与一切外在事物无关,处处相似,永不移动。相对空间则是绝对空间的某个可以运动的大小或部分,我们的感官通过它与物体的相对位置来确定相对空间,它通常被当作不动的空间。如地表以下、大气中或天空中的空间,就都是以其相对于地球的位置来确定的。绝对空间与相对空间在形状和大小上相同,但在数目上并不总是相同。例如地球在运动,大气空间相对于地球总是保持不变,但在一个时刻大气通过绝对空间的一部分,而在另一时刻又通过绝对空间的另一部分,因此从绝对的意义上看,它总是可变的。

III. 处所是空间的一个部分,为物体所占据,它也可以是绝对的或相对的,依空间性质而定。……

IV. 绝对运动是物体从一个绝对处所迁移到另一个绝对处所,相对运动是从一个相对处所迁移到另一个相对处所。比如在一艘航行的船中,物体的相对处所是它所占据的船的那个部分,或物体在船舱中填充的那一部分,因而它与船一起运动;所谓相对静止,就是物体保持在船或船舱的同一部分。而真实的、绝对的静止,则是指物体保持在不动空间的同一部分,船本身、船舱以及船所包含的物品都已在不动空间中运动。因此,如果地球确实静止,那么相对于船静止的物体,将以船在地球上运动的速度真实而绝对地运动;但如果地球也在运动,则物体真实而绝对的运动应当一部分由地球在不动空间中的真正运动所引起,另一部分由船在地球上的相对运动所引起;如果物体也相对于船运动,那么它真实的运动将部分由地球在不动空间中的真实运动所引起,部分由船在地球上以及物体在船上的相对运动所引起。由这些相对运动将形成物体在地球上的相对运动。……

在天文学中是通过使表观时间均等或对其加以校正来区别绝对时间与相对时间的。因为虽然自然日并不真正相等,虽然一般认为它们相等,并用以度量时间。天文学家校正这种不均等性,以便用更准确的时间来测量天体的运动。能用以精确测量时间的均等运动可能是不存在的。所有运动可能都是加速的或减速的,但绝对时间真实的或均等的流逝却不会有任何变化。不论运动是快是慢,抑或根本不动,一切存在事物的延续或持续总是一样的。因此,这种延续应当与只能感知的时间量度区别开来,我们通过天文学均等把它从可感知的时间量度中推导出来。此均等对于测定现象周期的必要性已由木星卫星的食和摆钟实验得到证明。

正如时间各个部分的次序不可改变一样,空间各个部分的次序也是不可改变的。假定这些部分被移出其处所,则它们将是(如果可以这样表述的话)移出其自身。因为时间和空间仿佛是它们自己以及所有其他事物的处所。所有事物在时间上都有一定的相继次序,在空间上都有一定的位置次序。时间和空间从本质或本性上说就是处所,因此,如果说事物的基本处所是可以移动的,那是荒谬的。因而这些是绝对处所,移出这些处所是唯一的绝对运动。

但是，由于我们的感官看不见空间的各个部分，也不能把它们彼此区分开来，所以我们代之以可感知的量度。我们由事物的所处及其到我们认为不动的物体的距离定义出所有处所，再根据物体由某些处所移到另一些处所而测出相对于这些处所的所有运动。因而，我们就用相对的处所和运动来代替绝对的处所和运动，这在一般情况下没有任何不便。但在哲学探讨中，我们应当把它们从感觉中抽取出来，考虑事物本身，并把它们同只是其可感知的量度区分开来。因为可能没有一个真正静止的物体可以作为其他物体的处所和运动的参考。

在继续讨论牛顿的观点之前，让我们先对上述见解作简要的分析。空间和时间通常被视为完全相对的，也就是说，被视为可感知的对象或事件之间的距离。实际上，除了相对空间和相对时间之外，还有绝对的、真实的、数学的空间和时间。它们是无限的、同质的、连续的，完全不依赖于我们试图测量它们所凭借的任何可感知的对象或运动；时间均匀地从永恒流向永恒；空间同时存在于无限的不动性之中。绝对运动是物体从绝对空间的一部分移向另一部分；相对运动则是物体与其他任何可感物体距离的变化；绝对静止是物体持续处于绝对空间的同一部分；相对静止则是物体与其他某个物体的距离保持不变。任何物体的绝对运动都可以通过把它在地球上的相对运动与地球在绝对空间中的运动进行数学迭加而计算出来。于是，要想得到在航船上运动的物体的绝对运动，可以把它在船上的运动、船在地球上的运动以及地球在绝对空间中的运动进行数学迭加。通过对天体运动进行越来越精确的研究，只要使流俗时间均等或对其加以校正，我们就能接近绝对时间。然而，我们可能无法找到一种真正均匀的运动来精确地测量时间。一切运动，甚至是在我们看来相当均匀的那些运动，可能实际上都在加速或减速，而绝对时间真实的或均匀的流逝却不会发生任何变化。同样，空间就其本质或本性而言是不动的，也就是说，其各个部分的次序无法改变。倘若可以改变，它们就会从自身之中移出；因此，把事物的基本处所或绝对空间的各个部分看成可动的，这是荒谬的。然而，绝对空间的各个部分是看不见的，在感觉上无法区分；因此，为了测量或规定距离，我们不得不把某个物体看成不动的，然后测定其他物体相对于它的运动和距离。因此，我们使用相对空间和相对运动，而不是绝对空间和绝对运动，这在实践中足够合适，但如果从哲学上来考虑问题，我们就必须承认，在绝对空间中可能没有物体实际处于静止，我们采用的参考中心或许本身就在运动。因而通过观察和实验，我们只能接近这两个绝对的、真实的、数学的东西，而无法最终达到它们。"在遥远的恒星世界，也许更为遥远的地方，或许存在着某个绝对静止的物体，但是从我们这个区域的物体的相互位置，却无从知道其中是否有任何一个物体与那个遥远的物体保持着同样的位置。由此可知，不能从我们区域中物体的位置来确定绝对静止。"[①]

我们想必会产生这样一个问题：我们如何能够知道存在着像绝对空间、绝对时间和绝对运动这样的东西呢？既然观察和实验

---

① *Principles*, I, 9.

第七章 牛顿的形而上学

无法达到它们,我们的一切测量和公式都是完全相对于可感对象而言的,那么它们在力学中有什么地位和用处呢?牛顿这位实验主义者和假说的拒斥者如何敢于连同质量和力的定义以及运动公理来引入它们呢?我们甚至可以继续追问,既然空间就其本性而言是无限的、同质的,其各个部分彼此之间是不可区分的,他如何能够判定这个假设的天体(即使它能被我们观察到)真的在绝对空间中处于静止呢?

牛顿的回答实际上是这样的:通过它的某些性质我们能够知道绝对运动,而绝对运动蕴含了绝对空间和绝对时间。

> 不过我们可以由事物的属性、原因和结果来区分静止和运动,绝对和相对。真正静止[即在绝对空间中]的物体彼此之间也是静止的,这是静止的一个属性。
>
> 各个部分保持其在整体中的给定位置并参与整体的运动,这是运动的一个属性。由于旋转物体的所有部分都有离开其转轴的倾向,而物体向前运动的动力源于其各个部分动力的联合。所以,如果周围的物体在运动,那么处于其中相对静止的那些物体也将参与其运动。于是,物体真正的绝对的运动不能由它相对于那些只是看起来静止的物体的运动来确定,因为外部的物体应该不仅看起来是静止的,还应是真正静止的。……
>
> 与上述特性相似的是这样一个属性:如果一个处所在运动,那么处于其中的任何东西也随之一起运动。……因此,整体的和绝对的运动,只能由不动的处所予以确定。也正因为

如此，我在前文中把绝对运动与不动处所相联系，而把相对运动与相对处所相联系。然而只有那些从无限到无限、彼此之间确实保持着同样给定位置的处所才是不动的，因此它们必定永远不动，从而构成我所谓的不动空间。①

本节开始时我们曾抱有很大希望，然而到目前为止，我们的困难几乎还没有得到解释。我们要通过事物的属性、原因和结果来区分静止和运动，绝对和相对。运动的一个属性是，各个部分保持其在系统中的给定位置并参与系统的运动或静止，因此绝对运动不能由它们彼此之间的关系来确定，而只能通过不动的空间来确定。然而不动的空间是观察或实验所无法达到的，因此我们的困难依然存在：我们如何能够判定某个给定的物体在这个不动的空间中是静止还是运动？不过，牛顿接下来便开始讨论运动的原因和结果。这里我们也许能发现更有帮助的线索。

能把真实的运动与相对的运动彼此区分开来的原因是施加于物体使之运动的力。只有把力作用于运动物体之上，才能产生或改变真实的运动，但即使没有力作用于物体，相对运动也能产生或改变。因为只要施力于与该物体作比较的其他物体之上，那么由于那些物体的运动，就足以改变该物体先前所处的相对静止或运动的关系。再者，只要有力作用于运动物体之上，那么真实的运动总要发生某种改变。而相对运动

---

① *Principles*, I, 9, ff.

第七章 牛顿的形而上学

则未必会因这种力的作用而发生什么变化。因为如果把同样的力类似地施加于与它作比较的其他物体之上,以使它们的相对位置保持不变,那么相对运动的情况也将保持不变。因此,当真实的运动保持不变时,相对运动可能发生变化;而当真实的运动发生变化时,相对运动却可以保持不变。因此,这样一些关系并不构成真实的运动。

把绝对运动与相对运动区分开来的效应是在旋转运动中出现的离开转轴的力。因为在纯粹相对的旋转运动中并没有这样的力,而在真实绝对的旋转运动中,该力大小取决于运动的量。如果把一个桶吊在一根长绳上,把桶旋转多次而使绳扭紧,再向桶中注满水,并使水与桶都保持平静,然后通过另一个力的突然作用,使水桶沿相反方向旋转,随着长绳自行松释,水桶作这种运动会持续一段时间。开始时,水面会像水桶开始旋转以前那样是平的,但此后桶逐渐把它的运动传递给水,使之明显地旋转起来,逐渐离开中心而向桶的边缘攀升,形成一个凹形(我曾做过验证),随着运动变得愈来愈快,水将升得愈来愈高,直到最后水与水桶同时旋转,水在桶中达到相对静止。水的这种上升表明它有远离转轴的倾向;这里显现出来的是与相对运动直接相反的水的真实绝对的旋转运动,可以用这种倾向来量度这种运动。起初,当水在桶中的相对运动最大时,它并未使水表现出远离转轴的倾向,水没有显示出任何倾向要趋近桶的周围或在其边缘上升,而是保持水面平坦,因此其真实的旋转运动尚未开始。但是后来水的相对运动减小,水沿桶的边缘上升表明它在力图远离转轴。这种倾向说明水的真实转动在不断增大，直到获得最大的量，此时水相对于桶静止。……

要发现个别物体的真实运动并将它与表观运动有效地区分开来，确是一件极为困难的事，因为这些运动所在的那个不动空间的各个部分绝不是我们的感官所能觉察到的。但情况也并非完全令人绝望，因为还是有一些论据可以用来作为我们的指导。这些论据部分来自表观运动，它们是真实运动之差，另一部分则来自力，它们是真实运动的原因与结果。例如有两个球，用一根绳把它们连在一起，并使它们之间保持一定距离，然后让两球绕其共同重心旋转，则我们可以由绳的张力发现两球远离转轴的倾向，从而计算出它们旋转运动的量。……这样，即使在巨大的真空中，那里没有任何外部的或者可感知的物体可以和两球作比较，我们也能确定这种旋转运动的量和方向。但是，如果在那个空间中放置一些遥远的物体，使它们彼此之间总保持一定的位置，就像我们区域中的恒星一样，那么，我们就确实无法从球在那些物体中的相对移动来确定这个运动属于球还是属于那些遥远的物体。但如果我们观察绳子，发现其张力正好是两球运动所要求的大小，则我们就可以得出结论说，球在运动而物体静止。最后，由两球在物体间的移动，我们还能确定其运动的方向。[1]

让我们来仔细分析这个论证。正如牛顿自己所总结的，显示

---

[1] *Principles*, I, 10, ff.

和度量绝对运动(从而绝对空间和绝对时间)有两种方式:"部分来自表观运动,它们是真实运动之差,另一部分则来自力,它们是真实运动的原因与结果。"我们先来考察后者。

无论任何物体,相对运动都可以在不施加任何力的情况下发生,与该物体相比较的其他物体则不得不改变与它的关系。然而,如果不施加力,真实的运动便不能发生,反之亦然,只要施加力,绝对运动就必定发生。因此,只要有力在起作用,我们便可断言存在着绝对运动。考虑到自牛顿以来的科学发展,很难看出这部分论证有什么说服力。因为我们只有通过运动的变化才能发现力的存在——实际上在绝大多数近代科学家看来,除了充当质量-加速度的未知原因,力没有任何意义。因此虽然加速度总是蕴含着力,但却不能反过来断言力的作用总是蕴含着绝对运动。我们只能由结果推出原因,而不能由原因推出结果;在结果出现以前,该原因是完全未知的和假设的。值得注意的是,近代科学经历了漫长的过程才把万物有灵论的装饰从它那种能力或力的观念中除去;实际上,只有发现即使因某种疾病状况而没有出现合适的肢体运动我们也能对力有直接的感受(这无疑是力的科学观念中早期万物有灵论的基础),才能确定地说这种净化开始了。领会了这个事实,我们才明白力只不过是一个用来表示运动变化未知原因的名称。当然,在牛顿生活的时代,这种净化还没有走太远,因为他赞同当时那种粗糙的心理学,认为在力产生运动之前就可以不依赖于那种运动而知道力的存在。因此只要有力在起作用,就必定有被作用质量的加速,即绝对运动。但在我们看来,这种论证思路是不合法的,困难仍然存在。

然而，牛顿从作为运动原因的力过渡到作为运动结果的力却有更可靠的根据。水桶和两球的例子确实证明了一些重要的东西。用日常用语来说，旋转的水桶逐渐把运动传递给了它所盛的水，水的运动导致了一种离心力，这个力可以由水所呈现的凹面程度来度量，在双球的情形中则由绳的张力来度量。这里我们把某些运动看成某些力的原因，这些力在可度量的其他现象中表现出来。当先前的运动是相对运动时（即水在旋转的桶中处于静止，水和桶相对于彼此在快速运动时），这些运动并不出现，因此当它们出现时，我们处理的必定不是相对运动，而是那些可以被恰当地称为绝对运动的运动。其理由很简单。只要考虑一下相对于周围的地球和恒星迅速旋转的水，离心力表现于水面的凹度。如果愿意，我们可以把水看作静止的，而把运动赋予恒星吗？我们让桶突然停止，使之沿相反方向旋转。水相对于恒星将会很快慢下来，呈现一个平面，然后渐渐沿着桶目前的方向运动，并再次呈现凹面。如果除一桶水之外，我们顷刻间就能使整个宇宙的迅速旋转突然停下来，并使之沿反方向作同样迅速的旋转，那么我们的运动定律以及力、质量和因果性等概念将会变成什么样子呢？显然，我们无法以这样一种方式对物理学的主要事实作出一致说明——否则我们大多数基本而可靠的概括将会被丢弃。换句话说，我们只能假定恒星是静止的，而把运动赋予水。事实证明，相对主义者所认为的自由选择完全是一种幻觉；为了能对物理世界最明显的事实作清晰地思考，我们只能依循目前的做法。在空间关系的变化中，只要可用其他现象度量的力是在这一个物体而不是另一个物体中产生的，我们就把运动赋予前者——用早期力学的语言来说，该物体的运动是绝对的,而另一个物体的运动是相对的。否则,我们的世界就会呈现出一片混沌,而不是一个有序的体系。只有完全就其自身来考虑给定的运动,我们才能作自由选择。事实上,在某种根本的意义上,绕轴旋转的现象不依赖于地球和恒星,这显见于牛顿指出的一个事实,那就是,假如宇宙中没有别的物体,那么水的平面与凹面之间的区别就是真实的和确定的,不过在那种情况下,静止和运动将毫无意义。

不仅如此,牛顿认为,虽然这种想法不像另一种想法发展得那么彻底,但只要存在着相对的或表观的运动,就必定至少存在着大小是相对运动之差的绝对运动。因此在桶、水和周围宇宙的例子中,如果水和宇宙相对静止,就像在该实验的第一部分那样,那么就必定存在着具有某一角速度的绝对旋转运动,不论运动的是桶或水,还是周围的环境。同样,在两个相同质量正以某一速度改变相对位置的例子中,情况也是类似。无论我们把什么当作参考点,都会有按照那一速度进行的运动,如果两者同时远离第三个物体,则绝对运动的量就会增加。这适用于任何物体系统;采取任何一个参考点,都不可能不发现这个系统中至少存在着等于其相对运动之差的运动。因此肯定至少存在着这么多的绝对运动。请注意在牛顿这里的表述中,绝对运动学说并非与相对运动概念相对立,它只是断言,物体的确以如此这般的精确方式改变它们的空间关系,我们的参考系并不是任意的。

3. 对牛顿时空哲学的批判

绝对运动在这种意义上的存在性,即物体沿任何方向且以任何速度改变其距离关系意味着,存在着物体可以在其中运动的无限空间;对运动可以进行精确度量意味着该空间是一个完美的几何体系,并且蕴含着一种纯粹的数学时间——换句话说,绝对运动意味着绝对时间和绝对空间。至此,牛顿在《自然哲学的数学原理》中运用的数学方法采用并完善了摩尔和巴罗出于某些类似的考虑而开始作哲学处理的时间和空间观念。如果绝对空间和绝对时间的意义就像牛顿宣称的那样仅在于此,那么这些观念在逻辑上将无可指摘,理应纳入为其力学提供基础的定义和公理中,尽管它们在实验上是无法达到的。运动可以在实验上发现和度量,这预设了绝对空间和绝对时间的观念。就此而言,牛顿有正当的理由支持这些概念,他经常注意到,空间和时间"无法被我们的感官觉察到",这个事实未必会使作为理智的经验主义者的牛顿感到苦恼。

但我们随牛顿只能走这么远而无法再进一步了。因为请注意:如此理解的绝对空间和时间就其本性而言否定了可感物体相对于它们运动的可能性——这些物体只能在它们之中、相对于其他物体而运动。何以如此呢?这只是因为它们是无限的、同质的东西;它们的任何一个部分根本无法与另一个同等的部分区分开来;它们中的任何一个位置都等同于其他任何位置;因为无论那个部分或位置在哪里,都会被沿四面八方无限延伸的类似空间所包围。因此,无论任何物体或物体系统本身,我们都不可能清楚地说出它在绝对空间或绝对时间中是运动还是静止;只有补充说相对于另一个某某物体,这一陈述才变得有意义。物体在绝对空间和时间之中运动,但相对于其他物体运动。必定总有一个可感的参考中心或隐或显地蕴含着。

很明显,牛顿并未发觉时间和空间意义的这种内涵,也没有注意到这种区分。因为他谈到可以把物体在船上的运动、船在地球上的运动与地球在绝对空间中的运动叠加起来;而且在《自然哲学的数学原理》和更加简要的《宇宙体系》的许多地方,他还讨论了太阳系的重心在绝对空间中是静止还是在作匀速运动。① 在牛顿时代,还没有办法在恒星中得到一个确定的参考点,所以这个问题显然是无解的——绝对空间的本性使它绝不可能有任何可指定的意义。那么,牛顿是如何陷入这一谬误,把这样的陈述包含在他那部经典著作的主体之中的呢?

这个问题的答案要到牛顿的神学中去寻找。在牛顿看来,就像对摩尔和巴罗一样,空间和时间不仅仅是数学-实验方法及其处理的现象所蕴含的东西,而是有一种对他来说至关重要的基本的宗教含义,它们意味着全能上帝的无所不在和从永恒到永恒的持续存在。我们将在最后一章讨论上帝在牛顿形而上学中的确切功能,这里只是指出如何通过神的概念来理解牛顿目前的不一致性。

---

① *Principles*, I, 27, ff.; II, 182; *System of the World*, (Vol. III), 27. 试把当前关于牛顿时空学说的讨论与 Mach, *Science of Mechanics*; Broad, *Scientific Thought* 和 Cassirer, *Substanz und Funktionsbegriff* 中的讨论相比较。

依照牛顿的实证主义,而且他明令禁止自己所有的科学著作主体使用一切假说和最终解释,在《自然哲学的数学原理》的第一版中,无限而绝对的时间和空间被描述为物体在其中作机械运动的巨大的、独立的东西,这个事实让一些虔诚人士颇为不安。人之外的世界似乎只是一部巨大的机器——上帝仿佛被清除掉了,用来取代他的只有这些没有边际的数学的东西。贝克莱的《人类知识原理》(*Principles of Human Knowledge*,1710年)等著作表达了由此引起的宗教恐慌,它们抨击绝对空间是一种无神论的观念。然而,从牛顿早期的书信,尤其是他1692年写给理查德·本特利(Richard Bentley)博士的信①中可以明显看出,这绝非牛顿的意图。我们已经指出,他十分了解和认同巴罗的观点,我们可以预料,从在格兰瑟姆(Grantham)学校的少年时代起,牛顿就与摩尔的哲学保持着接触,因为这位柏拉图主义的极度崇拜者也曾在这所学校就读。② 两人之间有着惊人的相似性,这绝非偶然。

因此当《自然哲学的数学原理》的第二版在1713年出版时,牛顿补充了著名的《总释》(*General scholium*),他在其中毫无保留地表达了自己的看法。

> 由于有真正的统治权,所以上帝才真正成为一个有生命的、智慧的、强大的主宰者;而由于他的其他一切完美性,所以

---

① 参见本章第六节。
② *Collections for the History of the Town and Soke of Grantham*, London, 1806, p.176.

他是至高无上的,也是最完美的。他是永恒的和无限的,无所不能和无所不知的;也就是说,他的延续从永恒达于永恒,他的在场从无限达于无限;他支配一切,知道所有已经做的和可能做的事物。他不是永恒或无限,但却是永恒的和无限的;他不是延续或空间,但却延续着和在场着。他永远持续,处处在场。**通过总是存在和处处存在,他构成了延续和空间。**……上帝无所不在,不仅就其**实效**而言如此,而且就其**实质**而言也是如此,因为没有实质就没有实效。一切事物都包容于上帝之中,并在其中运动,却不相互影响:上帝并不因为物体的运动而受到什么损害,物体也并不因为上帝无所不在而受到阻碍。所有的人都承认至高无上的上帝是必然存在的,而正是由于这种必然性,他又是**永远存在、处处存在**的。因此,他也就到处相似,浑身是眼,浑身是耳,浑身是脑,浑身是臂,并有全能进行感觉、理解和活动,但其方式绝不和人类的一样,绝不和物体的一样,而是完全不为我们所知的。①

在另一处,牛顿把上帝说成"自身包含万物,作为万物的本原和位置";②在其手稿中,我们读到了一个信条:"天父是不动的,出于其本性的永恒必然性,他没有哪个位置能够变空或变满。而所有其他存在者都可以从一处运动到另一处。"③

---

① *Principles*, II, 311, ff.
② Brewster, *Memoirs*, II, 154.
③ Brewster, II, 349.

由这些声明可以明显看出,当牛顿谈及在绝对空间中运动的物体或太阳系的重心时,他想到的并不只是表面显示于永恒全知的造物主在场中的那些数学和力学关系,他也意指它们是在上帝之中运动。让我们把这一思想特地与我们最终表述的问题联系起来,即牛顿并未看到在《自然哲学的数学原理》主体中描述的绝对空间和时间,这使我们不再可能合理地说物体相对于绝对空间和时间运动,而只能说相对于别的物体在它们之中运动。回想一下摩尔关于空间的论证,以及波义耳的一段奇特的话,他说上帝凭借自己的意志沿某个方向推动整个物质宇宙,结果得到的是运动而不是位置改变。当然牛顿主要是像摩尔那样来设想上帝的,他把那些涉及世界的数学秩序与和谐的属性与对事件的绝对统治和有意控制的传统属性都归于上帝。所有这些都属于牛顿在《光学》"疑问"中的两条更具体陈述的背景,牛顿在那里把空间描述为神的感觉中枢——正是在这里,上帝的理智和意志领会和指导着物理世界的行为。对牛顿来说,绝对空间不仅是上帝的无所不在,而且也是上帝进行认识和控制的无限场所。

然而,自然哲学的主要任务是不杜撰假说而从现象来探讨问题,并从结果中推导出原因,直到我们找到第一因为止,而这个原因肯定不是机械的;自然哲学的任务不仅在于揭示宇宙的结构,而主要在于解决下列这些以及类似的问题。……动物的感觉中枢是否就是敏感物质所在的地方?也就是通过神经和脑把事物的各种可感种相传出去的地方?在那里,它们是否能够因直接呈现在敏感物质之前而被感知?

第七章 牛顿的形而上学

这些事情都是这样井井有条,所以从现象来看,是否好像有一位无形的、活的、最高智慧的、无所不在的上帝,他**在无限空间中,就像在他的感觉中一样**,仿佛亲眼看到形形色色的事物本身,深刻地理解并全面地领会它们,因为事物就直接呈现在他的面前。只有这些事物[在视网膜上]的图像经由我们的感觉器官传送到我们小的感觉中枢,并在那里为我们负责感觉和理性的东西所看到。虽然这种哲学中每一真正的步骤并不能直接使我们认识到第一因,但却使我们更接近于它,所以每一个这样的步骤都应受到高度的评价。①

在第二段话中,除了强调上帝拥有完满的认识外,牛顿还特别强调上帝对世界的主动控制。上帝"是无处不在的,他更能凭借其意志推动物体在他那无边无际的均匀的感觉中枢里运动,从而形成并改造宇宙的各个部分,这比我们用意愿来使我们身体的各个部分运动容易得多。然而,我们不应认为世界是上帝的身体,或者认为世界的某些部分就是上帝的某些部分。上帝是个均匀的整体,没有器官,没有四肢或其他部分,虽然这些都是他的创造物,从属于他,并为他的意志服务;他不是这些创造物的灵魂,正如人的灵魂不是各种物体的灵魂一样;这些物体经过人的感觉器官被带到灵魂所能感觉的地方,在那里,灵魂由于它们的直接呈现而感觉到了它们,不用任何第三者的参与;感觉器官并不能使灵魂去感知其感觉中枢中的各种物体,而仅仅是把它们带到那里。上帝不需

---

① *Opticks*, p. 344, ff.

要这样的器官,他在任何地方总是呈现给各种事物本身。"①

这难道不正是对我们所寻求的东西的说明吗?绝对空间是神的感觉中枢。在其中发生的、呈现于神的认识的每一件事情都必定被直接感知和详细了解。至少,上帝一定知道某个既定的运动是绝对运动还是相对运动。上帝的意识为绝对运动提供了基本的参考中心。而且,牛顿力的观念中的万物有灵论也许在此观点的前提中起了一定作用。上帝不仅是无限的知识,而且也是全能的意志。他是运动的最终起源,在任何时候都可以在无限的感觉中枢之内把运动添加给物体。于是归根结底,一切真实的或绝对的运动都源于神的能量消耗,只要神的智慧认识到这样一种消耗,被这样添加给宇宙体系的运动就必定是绝对的。当然从逻辑上讲,很难认为这一推理有什么说服力。提到上帝的创造能量涉及本节前面那种从力到运动的似乎无效的过渡。如果把绝对运动与相对运动的准确区分包括进来,那么甚至把完满的知识归于上帝也会变得令人困惑。因为我们可以反驳说,上帝如何能辨别出它们之间的差别呢?据说上帝同等地存在于每一个地方,那么上帝不会集中关注任何可能的运动参考点。他与每一个运动同在,因此一切运动都是静止的;他不局限于任何运动,因此每一个运动都是绝对的。但是当然,通过虔诚的敬畏而进行的解释还没有得到批判性地考察。上帝的全知和超越于人的认识是牛顿依照传统接受的、未作反思检验的假定。② 在一个被设想成存在于上帝的感觉

---

① *Opticks*, p. 377, ff.

② *Principles*, II, 312, ff.

第七章 牛顿的形而上学

中枢里的宇宙中,不经仔细的逻辑分析便认为有可能合理地谈论相对于绝对空间和时间运动的物体,这难道不是很容易吗?在这里,一个重要的观念悄悄潜入了牛顿的数学科学,它归根结底是其神学信念的产物。

无论如何,当牛顿的世界观在18世纪被逐渐剥夺了其宗教关联时,支持牛顿所描述的绝对空间和绝对时间的最终理由消失了,这两种东西变得很空洞,但是根据他那只得到部分辩护的描述,它们仍然是绝对的;至于其他方面,时间和空间虽然丧失了逻辑的和神学的理由,但仍被不加质疑地视为一个无限的舞台和不变的背景,世界机器在其中继续着其钟表式的运动。时间和空间从上帝的偶性变成了物质运动的全然的、固定的几何度量。其神性的这种丧失完成了自然的去精神化(de-spiritualization)。由于上帝遍布整个空间和时间,所以在外在于人的世界中,仍然留下了某种精神的东西——这使那些虔诚的灵魂有所宽慰,否则他们会惊恐地看待笛卡儿二元论的最终形式以及目前的第一性质和第二性质学说——然而,上帝的存在性已被消除,世界中留下的所有精神性都被封闭在分散的人的感觉中枢中。巨大的外在世界只是一部数学机器,是一个由在绝对空间和绝对时间中运动的质量构成的体系。因为不需要设定任何进一步的东西。通过这三种东西,它的一切形形色色的变化似乎都能得到严格的最终表述。

至于空间,我们已经在笛卡儿一章中触及了此结论中牵涉的形而上学困难。然而在牛顿的表述中,语言的巧妙运用之下掩盖的是近代科学时间观中的反常。牛顿说绝对时间"均匀流动,与任何外在的东西无关"。但在什么意义上我们能说时间在流动?我们是说事物在时间中流动。那么,牛顿为什么要用这样一个词来描述时间呢?事实是,近代科学强加于世界的时间观念是由两种特殊观念混合而成的。一方面,时间被设想成一个同质的数学连续体,从无限的过去延伸至无限的未来。由于是一个完成的东西,其整个范围是以某种方式一同呈现的;它必然结合在一起,并且一同被认识。运动定律连同能量守恒学说必然会导致这样一种图景:整个时间延续是一个可以按照目前的合适知识在数学上加以确定的领域。但如果把这种观念推到极限,那么作为某种与空间有根本不同的东西,时间难道不就消失了吗?一旦柏拉图意义上的时间被发现,任何可能发生的事件当前的事件。因此,时间观念中还有另一个要素,它与中世纪晚期的一些学者和大多数早期英国科学家的唯名论偏好更加意气相投。时间是离散的部分或时刻的相继,没有两个时刻同时出现,因此,除了现在这个时刻,什么东西都不存在。但现在这个时刻正在变成过去,一个未来的时刻正在变成现在。因此从这种观点看,时间不断平静下来,直至收缩成过去与未来之间的一个数学界限。显然,我们可以把这个极限描述成在时间中均匀流动,但很难说它就是时间本身。运动是无法通过这样一种观念得到阐明的;任何既定的运动所占据的时间都要多于在已经逝去者和尚未到来者之间的那个纯粹的界限。如何把这两种要素结合成一个在数学上可用的观念,而且还能在实际经验中得到某种辩护呢?牛顿的做法是把只适用于这个运动界限的语言巧妙地应用于作为一个无限连续体的时间,因此在说"均匀流动"时,他只不过是遵循了他的前辈巴罗的说法。正如在伽利略一章中所指出的,这里的基本困难是,科学的时间观念与直接经验到的延续几乎完全失去了联系。倘若不能重新获得一种更密切的关系,科学可能永远无法对时间作出令人满意的描述。假如牛顿的数学训练和形而上学假定没有导致他满足于一种模糊的表述,作为经验主义者的牛顿或许会为我们提供这样一种描述。倘若对这个概念的历史进行更加彻底的研究,当代科学哲学家解决这个问题的努力可能会更富有成果。

第五节 牛顿的以太观念

牛顿时空学说中出现的神学假定表明其哲学有非常保守的一面;在本节和下一节中,我们将会介绍他的这样一些观点,在其中他的保守主义对其形而上学立场产生了更明确的影响。在伽利略、笛卡儿尤其是霍布斯那里表现非常显著的宇宙论中的激进主义倾向在牛顿的思想中却找不到。反倒是,摩尔和波义耳等宗教狂热者据以向这些人发起挑战的每一个要点,牛顿都表示赞同。然而,我们将会看到,他的做法使得其形而上学中的这些要素迅速失去了影响,思想受到牛顿成就影响的大多数人仍然会对更具革命性的学说感到尴尬。

在上一节我们注意到,通过仿效笛卡儿,设定一种遍布一切空间、凭借对物体的压力或其他作用而产生那些剩余现象的以太介质,牛顿试图解释不能划归在质量观念之下的经验到的物体的一切性质。但牛顿比笛卡儿更加一致地认识到,以太与可感物体之间有某些明显区别。在牛顿看来,世界显然不能由已经援引的那些基本范畴完整地解释。散布在人脑中的思想实体为许多否则便无法阐明的杂七杂八的东西提供了一个避难所;空间、时间和质量这些概念解释了外在世界,因为它在数学上可以还原;但迄今为止,还有一些特征尚未得到形而上学考虑;为了恰当地解释它们,还需要另外两个范畴——以太和上帝。至于以太观念,我们已经指出了关于其历史的某些显著事实,并且注意到吉尔伯特、摩尔、波义耳等人在处于形而上学困境时是怎样转向这种观念的,这些困境源于他们思想中延续着某些更早思想的假定,或是认识到了一些无法用极端机械论观点来解释的事实。思想家们的确很难贯彻笛卡儿那大胆的建议,即世界上任何非数学的东西都要作为一种思想样式被塞入人的心灵,因为有许多问题很难只用这些术语来处理。事实上,在这些情况下,笛卡儿本人曾经诉诸一种以太物质,尽管他声称与可见物体不同,以太拥有一些无法由广延推导出来的性质。这里,牛顿遵循着一般潮流;他试图借助以太提出另一种关于宇宙的思辨解决方案,这种以太几乎见诸他的所有早期著作,在与《光学》相联系的疑问中,他详细提出了关于以太的最终设想。那么,是什么事实要求作这样一种解释呢?

1. 以太的功能

牛顿更明确地进一步发展了波义耳的观点。正如我们看到的,到了波义耳时代,以太介质概念提供了两种不同的功能;它可以跨距离传递运动,拥有一些性质可以解释电、磁、内聚等力学以外的现象。牛顿在波义耳停止的地方开始入手。对他来说,至少在其早年的工作中,超距作用同样是不可设想的。尤其是其光学研究使他认为,必须有这样一种介质来解释光的传播。无论是他与胡克、巴蒂斯(Ignace-Gaston Pardies)等人就光的本性和他关于光的某些性质的实验结论之有效性的各种争论,还是与之相伴随的他对假说的严厉谴责,以及严肃地试图从自己的声明中清除任何想象的成分,他从未想到要怀疑存在着一种至少实现光的传播功能的介质。尽管他与胡克有严重分歧,但在这一点上却同意胡克的看法,即存在着一种以太,它是一种能够振动的介质。[①] 既然已从时代潮流中承袭了这一概念,而且觉得有充分的依据,牛顿很容易把它的应用拓展到其他一些涉及超距作用以及别人用同样方式来解释的现象,如重力、磁力、电吸引等等。在牛顿致本特利的第三封信中有一段有趣的话,它把超距作用不可能的信念与其他一些让人想起摩尔哲学的东西结合起来:"没有某种非物质的东西从中参与,那种全然无生命的物质竟能在不发生相互接触的情况下作用于其它物质,并且发生影响,这是不可想象的;而如果依照伊壁鸠鲁的看法,重力是物质的本质属性并且内在于其中的话,那就必然如此。这就是为什么我希望你不要把重力是固有的这种观点归于我的理由之一。至于重力是物质内在的、固有的和本质的,因而一个物体能够穿过真空超距地作用于另一物体,无需其他任何东西的中介就能把它们的作用和力从一个物体传递到另一个物体,这种说法对我来说荒谬绝伦,我相信但凡在哲学方面有足够思考能力者绝不会陷入这种谬论之中。重力必定是由某个遵循特定规律的动因所产生的,但这个动因究竟是物质的还是非物质的,我

---

① *Opera*, IV, 380.

留给读者自己去思考。"①

其次,在牛顿生活的时代,科学家们尚不相信可以假定能量守恒而无需诉诸除公认的力学原理以外的其他东西来保持能量的恒定性。如果在空间中碰撞的两个物体因不完全弹性和摩擦等理由而未能以接近时的速率彼此分离,当代科学家能够把表面上损失的能量安置于其他形式,比如以热的形式表现出来的物体内部分子运动的增加。在牛顿时代,这样一种学说已经得到了莱布尼茨的拥护,但对牛顿毫无影响,甚至可能不为他所知。因此在他看来,物质世界似乎是一部很不完美的机器,运动处处都在衰减。

大自然本身是很一致的,并且是很简单的,天体的巨大运动是由天体之间的引力相互平衡来完成的,并且这些天体微粒几乎所有的微小运动都是由作用于这些微粒之间的某些别的引力和斥力来完成的。惯性力是一种被动本原,各个物体因这个本原而保持运动或静止。它们所获得的运动与加于其上的力的大小成正比,所抗拒的运动则与其所受的阻力相当。如果仅有这样一个本原,世界上就永远不会有任何运动了。要使物体运动就得有某种别的本原;而物体现已运动,就需要有某种别的本原使这个运动保持下去。因为从两个运动的各种合成来看,可以肯定地说,世界上运动的量并不总是一样大小的。如果用一根细杆连接两个球,以均匀速度围其共同重心旋转,而该重心又在它们圆周运动的平面内作匀速直线运

---

① *Opera*, IV, 438.

动；那么，当这两个球处于其共同重心运动所描绘的直线上时，其运动之和将超过处于这条直线的垂直线上时的运动之和。从这个例子似乎可以看出，运动可以获得，也可以失去。但是由于流体的黏性及其各部分之间的摩擦，以及固体中的微弱弹性，失去运动要远比获得运动容易得多，因而运动总是处于衰减之中。因为绝对坚硬的物体或柔软得完全没有弹性的物体相碰，彼此就不会弹回去。不可入性使它们只能停止不动。如果两个相同的物体在真空中直接相遇，那么按照运动定律，它们就要在相遇的地方停下来，失去它们的全部运动，并将保持静止。除非它们有弹性而从其弹力中获得新的运动。如果它们的弹性大得足以使其以原来相碰时的力的 1/4、1/2 或 3/4 弹回去，它们就要分别损失其原有运动的 3/4、1/2 或 1/4。[1]

在用几个例子作了进一步说明之后，牛顿继续说：

所以，在看到我们世界上发生的各种运动总是在减小之后，就有必要用一些主动本原来保持并弥补这些运动，例如重力这种原因，它使行星和彗星保持在其轨道上运动，并使物体下落时获得大的运动；再如发酵这种原因，它使动物的心和血保持在永恒的运动与热之中，使地球内部不断变热，并且在有些地方变得很热，使物体燃烧发光，山上起火，洞穴爆炸，太阳

---

[1] *Opticks*, p. 372, ff.

保持极度的热和明澈,并通过阳光使一切物体热起来。因为除了因这些主动本原而发生的运动,我们在世界上所能遇到的运动很少。并且,倘若不是由于这些本原,那么地球、行星、彗星、太阳以及它们内部的所有东西都将冷却而冻结,变成不活动的物质,而且所有腐烂、生殖、生长和生命都将停止,行星和彗星将无法保持在轨道上运动。

牛顿建议通过采纳波义耳关于以太的双重构想并作更明确的表述来提供这两种需要,与此相联系,他提出了各种暗示性的或幻想性的思辨。牛顿本人关于这一主题的思想似乎受到了波义耳的直接激励,两人的密切交流正是集中在这些问题上,一如牛顿1678年写给这位著名化学家的信所表明的。然而,牛顿没有一处表述是足够明确的或决定性的;他关于以太的观点总在变动,他本人只承认它们是一种形而上学假说,而非实验定律。当它们刚开始在其思想中显著成形时,牛顿已经卷入了关于其光学发现之含意的令人气馁的争论之中,并已明确区分了假说和实验定律,要把假说从实证的科学声明中清除。

2. 牛顿的早期思辨

需要注意的是,牛顿从一开始似乎就完全拒绝接受笛卡儿的以太介质观念,在笛卡儿那里,以太介质是一种稠密、致密的流体,只有这样才能凭借其涡旋运动使行星沿轨道运转,这种观念在当时的英国科学家和大陆科学家中都很流行。牛顿由波义耳的前提

发展出了一种更具原创性的思辨。① 在反对这样一种以太观念的

---

① *Opticks*,336,ff. "把光设想为一种在流体介质中传播的挤压或运动的一切假说难道不是错的吗?因为在所有这些假说中,迄今都设想光的现象是由于光线的新变化而产生的,但这是一个错误的设想。"牛顿进而引述了一些倾向于反驳这些假说的实际或实验观察到的事实,然后继续说:"用这些假说同样难以解释光线怎么会交替发生易反射猝发和易透射猝发,除非我们也许可以假设在整个空间中有两种振动着的以太介质,其中一种介质的振动形成光,而另一种介质的振动较快,当这些振动赶上前一种介质的振动时,就使它们发生那些猝发。但是两种以太,其中一种会给另一种以作用,而结果又会得到反作用,它们如何能遍布于整个空间之中而不使彼此的运动相互阻碍、扰乱、分散和混乱,这确实不可想象。对于天空为流体介质(除非它们极为稀薄)所充满的那种主张,一个最大的反对理由在于行星和彗星在天空中各种轨道上的运动是那样规则和持久。因此很明显,天空中没有任何可觉察到的阻力,所以也就没有一切可觉察到的物质。"

"流体介质的阻力部分源于介质各部分的摩擦,部分源于物质的惯性。"……

"任何介质,由于其黏性以及各部分的摩擦所造成的那部分阻力,可以通过把物质分成更小的部分并使这些部分更加光滑来使之减少,但是由其惯性所引起的那部分阻力正比于物质的密度,它不能通过把物质分成更小的部分或用任何别的办法来予以减少,除非是减小介质的密度。根据这些理由,流体介质的密度很接近于和它们的阻力成比例。……因此,如果天像水一样致密,则它的阻力就不会比水的阻力小很多;如果像水银一样致密,它的阻力就不会比水银的阻力小很多;如果是绝对致密,或者充满着物质而没有任何真空,即使这种物质是那样精细和容易流动,它也将比水银有更大的阻力。在这样一种介质中,一个固态圆球只要走过 3 倍于其直径的长度,就会损失超过一半运动,而一个非固态的圆球(如行星)将被更快地阻滞下来。因此,要为行星和彗星的规则而持久的运动铺平道路,或许除了某些非常稀薄的水蒸气、蒸汽,或从地球、行星和彗星的大气以及上述极度稀薄的以太介质中排出的气体以外,须从天空中扫清一切物质。要想解释自然界中的现象,一种致密的流体可能是没有什么用处的,不要它,行星和彗星的运动反倒更容易解释。它只能起到扰乱和阻碍这些巨大物体的运动的作用,并使自然体系失去活力,在物体的孔隙中它只会妨碍物体各部分的振动,而振动正是它们的热和活动性的来源。既然它毫无用处,只会妨碍自然界的运作并使之失去活力,所以它的存在是没有根据的,因而应当将它抛弃。而如果把它抛弃,那么光是在这样一种介质中传播的挤压或运动的这种假说,也就和它一起被抛弃了。"

"要拒斥这样一种介质,我们有古希腊和腓尼基的一些最古老、最著名哲学家的权威的支持。他们把真空和原子以及原子的重力作为他们哲学的基本原则,暗中把重力看作由其他原因而不是由致密物质所引起。"

论证中,牛顿预设了他在《自然哲学的数学原理》中对整个行星运动的涡旋理论的反驳。显然,如果稠密的以太流体处于静止,而不是处于一系列涡旋的漩涡之中,那么它的阻力将使规则而持久的天体运动变得不可能。那么,牛顿打算用什么来替代这种流体,以满足所需要的两种功能呢?他第一次相当详细地介绍以太是在1675年底致奥尔登堡的一封信中,他当时是在表述自己关于假说的地位和功能的看法。[①] 应当注意,关于以太的存在性及其一般本性的信念在这里并不是作为假说的一部分提出来的,虽然牛顿不加限制地假设了许多东西。"如果我要提出一种假说,那么它应该是这样,它不是用来确定光是什么,而只是更一般地说明光是某种能在以太中激起振动的东西,因为这样它将变得一般而涵盖其他假说,而不需要发明什么新的假说。因此,由于我注意到一些了不起的学者都热衷于假说,就好像我的论述缺乏一种假说来解释现象似的,而且我还发现当我抽象地谈到光和颜色的本性时,有些人并不懂得我的意思,而当我用某种假说来说明我的话时,他们却很容易理解,因此,我认为有必要寄给您一份对这个假说情况的描述,它也可以用作这里附上的几篇论文的说明。"牛顿补充说,他并不认为这个假说或任何别的假说是真的,尽管为了方便起见,他写得好像把它当成真的一样,因此绝不要以此来衡量他的其他著作的确定性,或者认为他有责任来回应有关的反驳:"因为我不愿卷入这些麻烦的、毫无意义的争论。"然而,牛顿此时显然认为关于以太的以下推测很可能是真的。

---

① Brewster, I, 390, ff. 奥尔登堡时任皇家学会秘书。

第七章 牛顿的形而上学

现在就让我们来讨论这个假说：1. 在这假说中必须假定有一种以太介质，它的结构与空气十分相似，但要稀薄得多，精细得多，而且更有弹性。关于这种介质的存在，在抽去空气的玻璃容器中的摆几乎运动得和在空气中一样快，就是一个并非无关紧要的论证。但是不能认为这种介质是一种均一的物质，而是部分由迟钝的以太主体、部分由其他各种以太精气所构成，很像空气是由迟钝的空气主体和各种蒸汽与散发物混合而成一样。因为电的和磁的流质以及重力的本原似乎都为这种多样性提供了证明。或许整个自然体系只是某种以太精气或蒸汽像在沉淀过程中那样凝结而成的各种结构，这很像蒸汽凝结成水，或者像散发物凝结成较为粗大的物质那样，只是没有那么容易凝结而已。凝结之后形成各种不同的形状，这最初是由于造物主的直接插手，此后则永远是自然的力量所致，因为自然在"增加和繁殖"的命令下就成为原型给它规定的范本的忠实模仿者。因此，可能一切东西都源于以太。

与这种有趣的推测相联系，我们也许会问：牛顿所谓的"以太的迟钝主体"是否可能指笛卡儿所说的流体，只是后来才拒斥了它呢？然而，根据他在这里使用的描述性语言与他后来对笛卡儿主义者的攻击之间的相似性，这种可能性是不存在的——在这两个地方，以太都被描述成非常稀薄、精细、有弹性等等。现在，除了"迟钝的以太主体"（通过差异法，无疑只能把它视为一种传播媒介），在它之中还弥漫着各种"以太精气"，它们为电力、磁力和重力等不涉及运动传播的其他本原的一些现象提供了解释；此外，牛顿还设想物质自然体系可能是由一种非常浓缩的以太精气构成的。牛顿进而详细说明了如何可能借助于这种假说来解释各种类型的现象；电力、重力、内聚力、动物的感觉和运动、光的折射、反射和颜色都是最明显的讨论主题。为了说明牛顿这时的思想倾向，我们将简要介绍他通过以太对重力的解释。

在提出电吸引和电排斥或许可以通过所假设的一种以太精气的凝聚和浓缩来解释之后，牛顿继续说：

> 所以地球的重力吸引可能是由于有另一种这一类的以太精气在不断凝聚所引起。这种以太精气不是迟钝的以太的主体，而是极其稀薄和精细地弥漫于其中的某种东西，或许还具有一种像油或树胶那样粘韧而有弹性的性质，它和以太的关系很像为维持火焰和生命运动所必需的有活力的空气精气和空气的关系一样。因为如果这样一种以太精气可以凝聚在发酵的或燃烧的物体之中，或者凝结在泥土和水的孔隙之中（像蒸汽凝聚在容器壁上那样附着在那些孔隙的侧面），成为某种潮湿的主动物质以供自然界的连续使用，那么，巨大的地球（其上任何地方，直到其中心都可能在永恒地发生作用）可能不断凝聚大量这种精气，使之从高处迅速下降以保证供应；在下降中，这种精气可能用一定的力把遍布着它的物体一起带下来，该力正比于受它作用的物体各部分表面的大小，而同时大自然让同样多的物质以空气的形式从地球内部缓慢上升

而形成一个环流,这种空气在一定时间内组成大气,但是由于继续不断地受到下面升起的新的空气、散发物和蒸汽的托浮(除掉一部分蒸汽在雨中回落下来外),它们终于又消失在以太空间之中,在那里或许终究会缓和而弥散,回到它的原始本原中去。因为自然界是一个永恒的循环工作者,它从固体中产生出流体,从流体中产生出固体,从易蒸发的东西中产生出不易蒸发的东西,而从不易蒸发的东西中产生出易蒸发的东西,从粗大的东西中产生出精细的东西,而从精细的东西中产生出粗大的东西;某些东西上升而成为高空地带的液汁、河流和大气,结果就有其他一些东西下降作为对前者的一种补偿。像地球一样,或许太阳也吸收了大量的这种精气,以维持它的发光运动,并防止行星进一步远离它。如果愿意,还可以设想这种精气把太阳燃料和光的物质本原一同带去提供给行星,而且我们与恒星之间的巨大以太空间是储备这种太阳和行星的食粮的足够大的仓库。[①]

通过以太精气在地球、太阳等吸引物体凝聚下的持续循环来解释重力,这对牛顿来说很有吸引力,部分原因在于其数学条件符合他从开普勒行星定律中推导出来的结果。就在《自然哲学的数学原理》出版之前,他在与哈雷的通信中便指出了这种一致性,当

---

① Brewster, pp. 393, ff.

时他似乎仍然很偏爱这个概念。①

3年后,牛顿在写给波义耳的一封信中讨论了许多同样的主题。然而在这封信中,他以前那些放纵的思辨已经明显大大缓和,在信的末尾,他开始对重力提出一种新的解释,虽然还是用以太术语进行的,但却对事实作了一种更简洁和不那么富于幻想的力学说明。迟钝的以太主体与弥漫于其中且执行个别功能的各种以太精气之间的区分似乎已经完全消失,取而代之的则是一种均一的介质,只不过在密度和粗糙性上有程度的区别。显然,牛顿的思想正在竭力摆脱一切魔法的、幻想的可能要素。我们把这封信的引言包括进来,以表明当时牛顿与波义耳的亲密关系。

尊敬的先生:

很久以前我就答应把我关于我们所谈到的那些物理性质的一些想法寄给您。要不是我认为有责任遵守诺言而把这些想法寄给您,我根本就应当感到惭愧。事实是,我并没有很好地消化关于这类事物的观念,以致我本人对它们十分不满。而把我不满意的东西告诉别人,我很难认为是适宜的,尤其是

---

① W. W. R. Ball, *An Essay on Newton's Principia*, London, 1893, pp. 166, ff. "在那里[即在上述假说中],我假定下降的精气作用于这里地球表面上各个物体的力,正比于物体各部分的表面;但这是不可能的,除非在作用于它首先碰到的任何物体的各部分时它速度的减小,会被由于这种阻滞所引起的密度增加而重新得到补偿。是否真的如此并不重要。只要指出这是一个假说,就已足够。如果这种精气是从上面匀速下降的,则它的密度,因而它的力,都将和它与地球中心距离的平方成反比。但如果它是加速下降的,则它的密度将到处随着它的速度增加多少而同样减小多少。所以它的力(根据这个假说)的大小将和以前一样,也就是说,仍然和它与地球中心的距离成反比。"亦参见 pp. 158, 161。

第七章　牛顿的形而上学

在自然哲学方面,在那里没有根据的想象是层出不穷的。但由于我已经答应了您,而且昨天我还碰见了一位朋友莫利维勒先生,他告诉我他正在前往伦敦途中并打算拜访您,所以我就忍不住利用这个机会请他把这封信带给您。

由于您希望我只是对一些事物的性质加以阐明,所以我现在就以假定的形式把我所领会到的东西叙述如下。

1. 我假定存在着一种无所不在的以太物质,它能收缩和膨胀,非常富有弹性,简言之,它在各方面都很像空气,只是远比空气精细。

2. 我假定这种以太能渗进所有粗大物体,但在它们的孔隙中要比在自由空间中稀薄,而且孔隙愈细则愈稀薄。我认为正因如此(以及其他原因),光入射到这些物体时才会向垂线一边弯折,两块抛得很光的金属才会在一个抽空的容器中附着在一起,水银有时才能上升到玻璃管的顶端,虽然这高度已超出 30 英寸很多;它是一切物体中各部分能够内聚在一起的主要原因之一,是产生过滤现象的原因,也是水在插入静止水中的细玻璃管中能升到高出水面的原因,因为我相信以太不但在感觉不到的物体孔隙中较为稀薄,甚而在像这些管子的感觉得到的腔穴中也比较稀薄。同一个原理也可以解释何以溶剂会剧烈地渗透到为它所溶解的物体的孔隙中去,因为周围的以太和大气一道把它们挤压在一起。

3. 我假定以太在物体之内稀薄,而在物体之外稠密,其间不是由数学表面把它们分开,而是一个逐渐扩展到另一个中去。在离物体表面某一距离不大的地方,外面的以太就开始逐渐变得稀薄,里面的则开始逐渐变得稠密,在这中间地带以太经历着所有中间程度的密度变化。[1]

接着,牛顿通过这种以太观念对光的折射、内聚力和酸对各种物质的作用提出了详细说明。临近这封信的结尾,他显然想用以太随着与固体中心孔隙的距离增加而在密度上逐渐累进的观念来简单解释重力。

> 我也想在这里提出一个猜测,这是我在写这封信时想到的;它是关于重力的原因问题。为了解释它,我假定以太由许多在其**精细度**上相差极其微小的部分所构成。与较精细的以太成比例,物体孔隙中较粗大的以太要少于空气范围内较粗大的以太。但空气中较粗大的以太影响地球上方区域,而地球中较精细的以太影响空气的下方区域,以太就是按照这种方式从空气顶端到地面,再从地面到地球中心,不知不觉地变得越来越精细。试想有某个物体悬浮在空气中,或者躺在地上,根据假设,物体上部孔隙中的以太比下部孔隙中的要粗大,这种粗大的以太和下面精细的以太相比不大会滞留在这些孔隙之中,它力争跑出去让位于下面精细的以太,而如果上面没有物体下降,以便在上面留出位置,下面的以太也不能跑进去。

> 如用以太各部分的精细度逐渐变化的假定,前面提到的

---

[1] Brewster, I, 409, ff.

一些事物也许可以得到进一步说明而变得更容易理解;从我所说的话中,您将很容易辨别我这些猜测是否有些许可取之处,这正是我所希望达到的目的。就我个人而言,我对这种性质的东西很少有兴趣,要不是您的鼓励打动了我,我想我绝不会为它们而多费笔墨。①

在《光学》的疑问 21 中,牛顿又认真思考了这个相当粗糙的重力假说,并且采取了一种更为成熟的形式,我们将在下面引用相关内容。这些来自于牛顿早期通信的引文清晰地表明,虽然在把这种以太理论应用于这些现象的详细方法上他的观点是摇摆不定的,而且由于他那公然宣称的实验主义,他总是试探性地、缺乏自信地提出这些观点,但是对于这种介质的存在性以及用它来解决某些困难的正当性,他却没有丝毫怀疑。对摩尔来说,如果没有以太精气,世界将会分崩离析;对牛顿来说,要不是寄居于以太中的主动本原持续对运动进行弥补,世界就会耗尽而静止下来。牛顿从未放弃希望,也许最终会有一些实验证据能够确立或明确推翻这些特定猜测中的某一些。②《光学》所附的 31 条疑问中的许多条都是本着这种精神和为此目的而提出的。

这种对牛顿以太假说的判断有趣地得到了《自然哲学的数学原理》最后一段话的确证。

---

① Brewster, pp. 418, ff.
② *Opticks*, p. 369.

现在我们不妨再谈一点关于能够渗透并隐藏于一切粗大物体之中的某种异常精细的精气。由于这种精气的力量和作用，物体中各微粒在距离较近时能互相吸引，彼此接触时能互相凝聚；带电体施其作用于较远的距离，既能吸引也能排斥其周围的微粒；由于它，光才被发射、反射、折射、偏折，并能使物体发热；而一切感觉被激发，动物四肢遵从意志的命令而运动，也正是由于这种精气的振动沿着动物神经的固体纤维，从外部感官共同传递到大脑并从大脑共同传递到肌肉的缘故。但是，这些都不是寥寥数语就可以讲清楚的事情；而且要准确地确定和论证这种精气发生作用的规律，我们还缺乏必要和充分的实验。[①]

换句话说，这种精气的存在以及它与这些现象的因果关联被认为是无可置疑的；唯一的不确定性，从而导致这些问题在《自然哲学的数学原理》中没能得到恰当处理的理由是，我们至今尚不能得到表达这种弥漫介质运作的精确实验定律。值得注意的是，这里也没有暗示1675年那封信中所作的关于以太的多重区分；以太似乎被视为一种单一的介质。

3. 提出一种更确定的理论

在《光学》尤其是最后为这部著作附加的一个疑问中，牛顿对

---

① *Principles*, II, 314.

以太的本性和功能作了最终表述。在这里,我们发现他早期的思辨得到了更为详细的澄清和发展,他在给波义耳写信过程中想到的重力解释也得到了精炼和简化的表达。

这段话一开头说的是一个有待解释的有趣事实:①把一支处于真空中的温度计从冷的地方移到暖的地方,它"的温度将和不在真空中的温度计升得一样高而且升得几乎一样迅速。……暖地方的热是不是由一种比空气精细得多的介质的振动穿过真空传过去的,而这种介质在空气被抽出后仍然留在这真空中?……这种介质是不是远比空气更为稀薄和精细,而且更有弹性和活动性?它是不是容易弥漫在所有物体之中?它是不是会(因其弹性力的作用)扩展到整个天界中去?"

"在太阳、恒星、行星和彗星这些稠密物体的内部,这种以太介质是否远比它们之间空虚的宇宙空间中的以太介质要稀薄得多?从这些天体一直到距离很远的地方,是否这种介质的密度在不断变大,从而由于每个物体总是力图从介质的较稠密部分走向较稀薄的部分,引起了这些巨大物体彼此吸引并使物体的各个部分吸向各自的那些物体?因为如果这种介质在太阳内部比在太阳表面稀薄,太阳表面的介质又比离太阳1/100英寸的地方稀薄,那里的又比离太阳1/50英寸的地方稀薄,而那里又比土星轨道处的稀薄,那么我就看不出密度有什么理由应该在某个地方停止增加,而不能从太阳到土星并一直到土星之外的所有距离内连续变化下去。并且尽管密度的这种增大在遥远的地方可以极其缓慢,可是

---

① *Opticks*, p. 323, ff.

如果这种介质的弹性力非常之大,那么它足以用我们所谓的重力把各个物体从介质较稠密的部分推到较稀薄的部分。至于说这种介质的弹性力非常之大,这一点可从其振动的迅速来推知。"接着牛顿援引声速和光速作为说明,并且着手写一篇专题论文,其中重复了他借助于以太来解释折射、感觉、动物运动、磁力等等的一些早期猜测。然后他开始对这种介质作进一步的描述。"如果有人假定以太可能(像我们的空气那样)包含力图彼此分离的许多微粒(因为我不知道这种以太究竟是什么),而且这些微粒远远比空气微粒要小,或者甚至远远比光微粒还小,那么这些微粒的极其细小将有助于使这些微粒彼此分离的那个力变得极其巨大,从而使这种介质比空气更为稀薄,更富有弹性,从而更不能阻碍抛射体的运动,并且由于它力图膨胀自身而更能挤压粗大物体。"

"行星和彗星以及所有粗大物体,在这种以太介质中是否可以比在任何一种完全充满空间而未留下任何孔隙、从而比水银和金还要致密得多的流体中运动得更自由,更不受阻碍? 其阻力是否小到可以忽略的地步? 比方说,假定这种以太(我就是这样来称呼它的)的弹性比我们的空气大 70 万倍,其稀薄程度比空气大 70 万倍以上,则其阻力将比水的阻力小 6 千万倍以上。这样小的阻力在 1 万年里都不大会对行星运动产生什么可以察觉得到的改变。"

于是,牛顿最终描述的以太是一种本质上与空气同类的介质,只不过比空气更稀薄罢了。它的微粒很小,而且距离固体内部的孔隙越远,存在的量就越大。它们有弹性,即具有相互排斥的能力,它们总是力图相互远离,这种努力便是引力现象的原因。上述其他类型的现象则被归因于以太所另外具有的主动力(active powers),偶尔也类似地被说成是源于这些排斥力的作用。然而,主动力显然是不可或缺的,因为宇宙机器在不断衰退,以太要负责通过运用这些主动本原来不断补充宇宙的活力和运动。由牛顿的传记可以注意到一个有趣的事实,与早年的努力相比,在其晚年的著作中,用来解释各种超力学现象的难以理解的要素或性质的数目已经大大减少。事实上,在《光学》的很有启发性的一节中,他用一个宏大的宇宙假说重复了他在《自然哲学的数学原理》前言中的建议:一切自然现象都可以通过原子论以及确定的引力和斥力来解释。他早年关于固体可能最终源于以太物质的思辨,以及他不断表明自己相信自然界中一切种类的转变,都已为此铺平了道路。简而言之,这一假说是:整个物理世界是由微粒构成的,这些微粒的相互吸引与微粒的大小成正比,当我们认真考察构成以太的非常细小的微粒时,这种吸引便经由零点变成了排斥。[①] 于是,相互吸引的较大微粒形成固体以及遍布一切的带有排斥力和密度变化的以太介质就立即显得合理了。遗憾的是,在发展出关于整个物理宇宙最简单的明确理论之前,牛顿并未发挥他那训练有素的想象力继续思考这些建议。

牛顿把以太看成了一种物质的东西还是非物质的东西?我们在许多地方看到的摩尔对他的影响足以使他仿效其前辈——伟大的柏拉图主义者吉尔伯特的做法,把以太介质设想成某种精神的而非物质的东西吗?读者已经注意到,在迄今引用的引文中,除了在致本特利的第三封信和提到"迟钝以太的主体"时以外,牛顿对

[①] *Opticks*, pp. 363, ff.

"精气"的使用几乎与"介质"的使用同样频繁。同样,在《自然哲学的数学原理》中,[①]他提出了行星之间的介质是物质的还是非物质的这一问题,并且显然未做最后决定。相比于那些英国前辈,牛顿是在同样意义上使用这些术语的吗?

如果这样来提出问题,那么它是不可能得到回答的。事实上,如果我们集中关注方才考虑的宇宙理论,那么我们就不得不否认以太与固体之间有任何实质差异,因为固体使以太必然是物质的;但牛顿在早年的信件中却提出,固体是由各种以太精气的凝结而产生的,这似乎使物体最终成了精神的东西。事实是,过于强大的实证主义使牛顿没能沿这个方向把他的思辨推得太远。他始终否认我们能够认识任何事物的最终本性,所以在这一点上,我们的好奇心必定仍然无法得到满足。物体存在着,显示出某些性质,依照某些数学方式起作用;他确信以太也类似地存在着,并且在需要的地方传递和增加世界中不断衰减的运动;他称之为一种精气,完全相信自然中有可能发生普遍转变;但至于它们的内在本质或最终关联等问题,牛顿认为大大地超出了有益的科学的范围,因而不值得认真关注。而且在他看来,有一个事实充分保证了宇宙的精神性,那就是,一个精神的造物主最初赋予了一切事物及其力量以存在性和方向。于是,从宗教的角度来看,我们所提出的这样一个问题也是不重要的。我们现在来讨论牛顿的有神论及其与牛顿科学的关系。

[①] *Opticks*, Vol. I, 174.

第六节　上帝
——世界秩序的创造者和维护者

到目前为止，我们一直在分析的牛顿的形而上学观念主要例证了本章第二节区分的三种类型中的前两种。它们要么是不加批判地从当时的科学潮流中盗用的，要么其最终辩护依赖于牛顿方法的某个特征。不过，他对时间和空间的讨论已经把我们预先引入了他关于宇宙最终的有神论解释的重要性之中，现在当我们更直接地面对这种解释时，有必要先指出他的神学观点主要代表了第三种类型的一个形而上学要素。宗教是牛顿的一个根本兴趣所在。它涉及的领域和方法与科学对象很不相同，因为它的结论基本上不受根据科学标准所提出的证明或否证的影响。的确，正如我们将要看到的，牛顿深信，人人都能觉察到的某些经验事实绝对地暗示着一个具有某种特定本性和功能的上帝的存在。上帝并非与科学试图认识的世界相分离；事实上，自然哲学中每一个真正的步骤都使我们更加接近对第一因的认识，①并因此值得高度重视——它也将扩大道德哲学的边界，因为"就我们通过自然哲学所能认识的范围来说，第一因是什么，他对我们有什么威力，我们从他那里得到什么好处，迄今我们对他的义务以及相互之间的义务，也将由自然之光呈现给我们"。② 因此，虽然宗教和科学是关于宇

---

① *Opticks*, p. 345.
② *Opticks*, p. 381.

宙的两种根本不同的解释,但都以各自的方式有效,但在牛顿看来,科学领域归根结底依赖于那个宗教的上帝,它使虔诚的心灵更加确信上帝的实在性,更乐于服从他的命令。因此虽然二者本质上难以比较,而且他非常成功地将宗教偏见从他那些实证的科学定理中去除,但神学论文几乎与经典科学著作写得同样多的这位思想家从未怀疑过上帝的存在和统治,这对他所谓的纯科学见解产生了强大的反作用。

1. 作为神学家的牛顿

牛顿在那个宗教动荡时代的位置是一个需要认真研究的有趣话题。极端正统派基于充分理由指控他是一个阿里乌斯教徒(Arian)。在各种异端意见中,他写了一篇短论——《对〈圣经〉两处显著讹误的历史叙述》(*An Historical Account of Two Notable Corruptions of Scripture*),[①]在每一个情形中,他的论点都旨在怀疑一个传统假定,即三位一体教义是在《新约全书》中讲授的。一种强烈的阿里乌斯意味渗透在他的大多数神学著作之中,我们将从中选取一两段引文来表明,宗教对他来说是某种根本的东西,而绝不只是科学的附属物或其形而上学的偶然附加物。牛顿相信科学事实涉及有神论,但如果他的科学能力一直处于休眠状态,他可能就是一位有神论者了。牛顿明显怀有一种宗教体验,它在很大程度上当然源于一种可与被设定为科学推论的有神论大体分离的传

---

① *Opera*, Vol. V.

统。这一事实对他的一个清晰而持久的信念产生了重大影响,那个信念就是,科学世界绝非整个世界。

> 所以我们必得承认有一个上帝,他是无限的、永恒的、无所不在、无所不知、无所不能的;他是万物的创造者,最智慧,最公正,最仁慈,最神圣。我们必须爱他,畏惧他,尊敬他,信任他,祈求他,感谢他,赞美他,称颂他的名字,遵守他的诫命,并根据诫命中第三条和第四条的规定,按时举行礼拜仪式,因为遵守诫命是爱上帝,而且他的诫命不是难守的(《约翰一书》5:3)。以上这些,除只对上帝自己而外,决不要应用于他和我们之中的任何居间者。上帝可以派遣他的天使来管理我们,由于这些天使和我们一样都是他的仆人,所以他们会因我们崇奉他们的上帝而感到高兴。这是基督教义中头等重要的部分。从世界开始一直到世界末日,这总是而且将永远是上帝子民的宗教信仰。①

牛顿较长的神学论著,如《对预言书的评论》(*Observations on the Prophecies*)②,只不过确证了这样一些迹象,即他不仅是一位科学大师,而且也是一位虔诚的、笃信的基督徒。对那个时代来说,他的阿里乌斯主义很是激进,但这并不妨碍他对科学世界进行探究,他必定认为科学世界遍布着一种神的荣耀,贯穿着宗教含

---

① Brewster, II, 348, ff.
② *Opera*, Vol. V.

义，它源于这样一种信念：科学世界是上帝亲手创造和安排的，他作为基督教救主和《圣经》绝对可靠的作者被人崇拜。

部分是受到这种传统宗教灌输和宗教体验的滋养，部分是由于不得不接受宇宙秩序中存在着智慧目的的无可置疑的证据，我们现在所熟知的关于世界神圣起源的论证散布于牛顿的经典著作之中。

> 自然哲学的主要任务是不用杜撰的假说而是从现象来讨论问题，并从结果中导出其原因，直到我们找到那个第一因为止，而此原因一定不是机械的；自然哲学的任务不仅在于揭示宇宙的结构，而且主要在于解决下列那些以及类似的一些问题。在几乎空无物质的地方有些什么，太阳和行星之间既无稠密物质，它们何以会相互吸引？何以自然不作徒劳之事，而我们在宇宙中看到的一切秩序和美又从何而来？出现彗星的目的何在，并且何以行星都以同一种方式在同心轨道上运动，而彗星则以各种方式在很偏心的轨道上运动？是什么阻止一颗恒星下落到另一颗上面？动物的身体怎么会设计得如此巧妙，它们的各个部分分别为了哪些目的？① 没有光学技巧，能否设计出眼睛？没有声学知识，是否能设计出耳朵？身体的运动怎样依从意志的支配，动物的本能又从何而来？动物的感觉中枢是否就是敏感物质的所在地，也就是通过神经和脑把事物的各种感觉传出去的地方，在那里，它们是否能够因直接出现在敏感物质之前而被感知？这些事情是这样井井有

---

① 亦参见 *Principles*, II, 313; *Opticks*, pp. 378, ff. 。

第七章 牛顿的形而上学

条,所以从现象来看,似乎有一位无形的、活的、智慧的、无所不在的上帝,他在无限空间中,就像在他的感官中一样,仿佛亲切地看到形形色色的事物本身,彻底地感知它们,完全地领会它们,因为事物直接地呈现于他。①

这里,牛顿通常把其最终原因归于以太的那些事实似乎被看成了上帝的直接操作,比如重力以及经由意志产生的身体运动等等。同样,自然简单性假定的神学根据也很显著,在这方面,牛顿与他那些伟大的科学先辈是一致的。在这些神学论证中,牛顿认为最有说服力且不厌其烦强调的一个论证反映了他对天体现象的透彻了解,即"行星总是以同一种方式沿同心轨道运动,而彗星总是以各种方式沿着没有共同圆心的轨道运动"。② 1692年,时值本特利博士担任波义耳讲席,牛顿在给他的第一封信中较为详细地提出了这个论证。本特利曾给牛顿写信概述了一个宏大的宇宙假说,认为宇宙是由均匀分布于整个空间的物质创造出来的,在这个假说的一些要点上,他希望听取牛顿的建议,因为他自认为是从牛顿的原理中推出这一假说的。牛顿在回复中对这种方案的主要特征表示赞同,但主要是讨论上述论证。

先生:

在我撰写关于我们体系的著作时,我曾着眼于这样一些

---

① *Opticks*, pp. 344, ff.
② 参见 *Opticks*, p. 378; *Principles*, II, 310。

原理,用这些原理也许能使深思熟虑的人们相信上帝的存在;而当我看到它对这个目的有用时,喜悦之情无可言喻。如果我这样做对公众有所效劳,那只是由于我的辛勤工作和耐心思考的结果。

……这同一个把太阳置于六个主要行星的中心的力量,不论它是自然的或是超自然的,也把土星置于它五个卫星轨道的中心,把木星置于它四个卫星轨道的中心,把地球置于月球轨道的中心,因而如果它是一种盲目的原因,没有设计和安排,那么太阳将是一个与土星、木星和地球同类的物体,也就是说,它不会发光和发热。至于为什么我们的体系中只有一个物体才有资格给其他一切物体以光和热,那么除了我们体系的创造者认为这样是合适的而外,我不知道还有任何别的什么理由,至于为什么这样的物体仅仅只有一个,那么除了一个这样的物体就已足够温暖和照亮其他一切物体而外,我也不知道有什么其他理由。笛卡儿关于太阳失去它们的光以后变成彗星,彗星又变成行星的假说,在我的理论体系中是没有地位的,而且它显然是错误的;因为可以肯定,每当彗星出现在我们眼前时,它们已落入我们的行星体系,有时进入到了木星轨道以内,有时进入到了金星和水星的轨道以内,然而它们从来不在那里停留,而总是以一种和趋近太阳时相同的运动速度离开太阳返了回去。

对于您的第二个疑问,行星现有的运动不能单单出于某个自然原因,而是由于一个全智的作用者的推动。因为既然彗星落入我们的行星区域,而且在这里以各种方式运动,运动

第七章　牛顿的形而上学

的方向有时和行星相同,有时则相反,有时相交叉,运动的平面与黄道面相倾斜,其间又有各种不同的交角;那么非常明显,没有一种自然原因能使所有的行星和卫星都朝着同一个方向和在同一个平面内运动,而不发生任何显著的变化,这必然是神的智慧所产生的结果。也没有任何自然原因能够赋予行星或卫星这样合适的速度,其大小与它们到太阳或其它中心体的距离相适应,而且也是使它们能在这种同心轨道上绕着这些物体运动所必需的。假如行星的运动和彗星一样快,……或者与自己绕之旋转的中心体的距离比现在要大些或小些,……或者假如太阳的质量或土星、木星和地球的质量以及根据质量确定的重力比现在的要大些或小些,那么,行星也许不可能像现在那样围绕太阳作同心的圆周运动,卫星也不可能像现在那样围绕土星、木星和地球作同心的圆周运动,而将沿着双曲线或抛物线或偏心率很大的椭圆运动了。因此,要造就这个宇宙体系及其全部运动就得有这样一个原因,它了解而且比较过太阳、行星和卫星等各天体中的质量以及由此确定的重力;也了解和比较过各个行星与太阳的距离,各个卫星与土星、木星和地球的距离,以及这些行星和卫星围绕这些中心体中所含质量运转的速度。要在差别如此巨大的各天体之间比较和协调所有这一切,可见那个原因决不是盲目的和偶然的,而是非常精通力学和几何学的。[1]

---

[1] *Opera*, IV, 429, ff.

在支持太阳系由一位熟练的数学家创造出来的这个有趣论证的结尾,牛顿表明,他不允许目的论被滥用。本特利博士在热心探求有神论证据的过程中,曾经提出把地轴的倾斜作为一个额外证明。牛顿认为这做得过分了,除非小心翼翼地护卫这个推理。

最后,在地球的转轴倾斜这件事中,我看不出有什么特别的东西可以证明有一个上帝存在,除非您一定要把它看作一种设计,使地球有冬夏之分,以及使人在地球上一直到两极到处都可居住。至于太阳和行星的那些周日转动,它们既然几乎不可能出自任何纯粹的机械原因,那就只能由确定周年和周月运动完全一样的方法来加以确定,所以它们似乎完成了这宇宙体系中的一种和谐,这种和谐,正如我前面已经解释过的那样,与其说发生于偶然,不如说是选择的结果。

我认为还有一个关于上帝存在的论证,而且它是非常强有力的,但是在它以之为基础的那些原理被人们很好接受以前,我想最好还是不谈为宜。

牛顿的晚期著作中并没有指明,这里未向热心护教的本特利博士透露的论证是什么。

在给本特利的几封信中,牛顿数次趁机反驳了本特利的一个假定,即重力是物体的一种本质属性。正如我们在第四节中所指出的,他的实验原则使他拒绝这样认为。① 与此同时,万有引力定律的声望和它在物质世界中明显的普遍性又助长了一种总体印象,即根据牛顿的原理,重力是物质所固有的;罗吉尔·科茨(Roger Cotes)在《自然哲学的数学原理》第二版的序言中明确拥护这一学说,这又进一步加深了这种印象。"您有时说到重力是物质的一种根本而固有的属性。请别把这种看法归于我。因为重力的原因是什么,我不能不懂装懂,还需要更多的时间对它进行考虑。"② 不过,牛顿认为即使凭借固有的重力,太阳系的物质也不可能独自形成目前的样子;"重力也许可以使行星运动,但若没有神的力量就决不能使它们像现在这样绕太阳作圆周运动。"③ 而且,"倘若物质赋有固有重力,那么地球和所有行星与恒星的物质,如果没有一个超自然的力量,就不可能从这些物体中飞离出去而均匀散布于天空的所有地方,而且可以肯定,凡是今后没有一个超自然的力量便不可能发生的事,也是在这以前没有这同一个力量所决不可能发生的事。"④ 因此,无论对物体来说重力是否是本质性的,都暗示着神的创造。

2. 上帝在宇宙体系中的现时职责

于是,由于牛顿继承了强大的宗教传统,而且敏锐地感受到了

---

① 参见 *Principles*, II, 161, ff.; 313。
② *Opera*, IV, 437.
③ *Opera*, IV, 436, ff.; 439.
④ *Opera*, IV, 441.

关于世界中的秩序和适应的所有事实，他便以其权威的写作全力支持那种当时为一切派别所接受的观点，即宇宙最终具有宗教起源。上帝最初创造了质量，并使之运动；同样，正如我们所看到的，上帝通过其在场和持续存在构成了质量在其中运动的时间和空间。正是由于上帝，事物结构之中才会具有那种智慧的秩序和规律性的和谐，从而使事物成为精确认识和虔诚沉思的对象。正是在探究上帝后来与其造物的关系时，我们碰到了牛顿神学中那些变得具有最深刻历史意义的要素。别忘了，在对自然作力学解释的他的先驱者当中，没有一个人敢于完全一致地把世界构想为一部数学机器。让上帝与他过去创造活动的对象脱离连续不断的联系，似乎要么不够虔诚，要么很危险。于是，尽管笛卡儿对机械论抱有极大热情，他仍然说上帝要凭借其"普遍协同"来维持这部巨大的机器，甚至由于时刻被认为是离散的而需要不断重新创造这部机器。在摩尔那里，"机械的"一词实际上仅限于惯性原理，上帝要为进一步的原理或直接或间接地负责，这些原理把事物主动结合成一个循环系统。而波义耳尽管经常把世界与斯特拉斯堡的大钟进行比较，但还是虔诚地重申了笛卡儿的"普遍协同"，尽管他没有指出这个术语可能包含什么含义。他还试图分析上帝把当下的神意施加于其劳动成果的种种方式。正是惠更斯和莱布尼茨第一次敢于公然把神的活动仅限于创世，莱布尼茨还轻蔑地批评其同时代的英国人侮辱了神，并且暗讽说，上帝当初没有能力制造出一部完美的机器，结果为了使之保持运转，还必须不时对其进行修补。"照他们的看法，上帝必须为他的'钟表'不时上紧发条，否则它就会停下来。他似乎缺乏足够的预见力以使其"钟表"能够运转不息。而且,在这些先生看来,上帝创造的这个机器是如此不完美,以至于他不得不时时通过一种非常规的协助来给它清洗,甚至要加以修理,就像钟表匠修理他的钟表那样;这个钟表匠越是时常需要把他的钟表进行修理和矫正,他就越是个蹩脚的钟表匠。在我看来,同样的力量和活力是永远在世界中继续存在的,只是遵照自然法则和美妙的前定秩序从一部分物质传递到另一部分物质而已。我认为当上帝施行神迹时,他这样做并不是为了提供自然所需,而是为了提供恩典。谁要是不这样认为,就必定对上帝的智慧和能力有一种非常低劣的看法。"①

现在,就像在波义耳的著作中那样,牛顿的著作中也有很多段落似乎认为,自然界在初创之后,其持续存在和运动便完全独立于上帝了。世界不可能是通过纯粹的自然律从混沌之中产生出来的,"尽管一旦形成,它可以凭借那些定律持续很长时间"。② "凝结之后形成各种不同的形状,这最初是由于造物主的直接插手,此后则永远是自然的力量所致,因为自然在'增加和繁殖'的命令下就成为原型给它规定的范本的忠实模仿者。"③ "一切事物都包容于上帝之中,并且在其中运动,却不相互影响:上帝并不因为物体的运动而受到什么损害,物体也并不因为上帝无所不在而受到阻碍。"④但如果我们进行更彻底的分析就会发现,牛顿和波义耳一样,绝不想让上帝不再对那部巨大的机器进行当下控制和偶然干

---

① Brewster, II, 285.
② *Opticks*, p. 378.
③ Brewster, I, 392.
④ *Principles*, II, 311.

预。仅把《圣经》的神迹和属灵恩典的成就当成神不断接触人类事务的证据是不够的,还必须赋予上帝在整个宇宙中的现时功能;我们绝不允许上帝在六天创世工作之后就放弃辛劳,让这个物质世界自行运转。牛顿的宗教偏见和他那些审美的-科学的看法都源于对上帝的这样一种不确定休假的反抗。

值得注意的是,与中世纪哲学和近代哲学中英国整个唯意志论传统相一致,牛顿也倾向于让上帝的理智服从他的意志;对造物主能力和统治权的强调要超出对其智慧和知识的强调。这种强调在有些段落中没有出现,但通常这些部分是明确无误的。最引人注目的例子便是《自然哲学的数学原理》第二版中那个讨论神的本性的著名段落:

> 这个主宰者不是以世界灵魂,而是以万物主宰的面目来统治一切的。他统领一切,因而人们惯常称之为"我主上帝"或"宇宙的主宰"。……至高无上的上帝是一个永恒的、无限的、绝对完美的主宰者,但一个主宰者,无论其如何完善,如果没有统治权,也就不成其为"我主上帝"了。……上帝之所以为上帝,就是因为他作为一个精神的存在者有统治权;真正的、至高无上的或想象中的统治权,就构成一个真正的、至高无上的或想象中的上帝。由于他有真正的统治权,所以上帝才成为一个有生命的、有智慧的、强大的主宰者;而由于他的其他一切完美性,所以他是至高无上的,也是最完美的。……我们只能通过上帝对万物的最睿智、最巧妙的安排以及终极的原因,才会对上帝有所认识;我们因为他的至善至美而景仰

第七章 牛顿的形而上学

他;因为他统治万物,我们是他的仆人而敬畏他、崇拜他;如果上帝没有统治万物之权,没有护佑人类之力,没有终极的原因,那就不成其为上帝,而不过是命运和自然而已。……以上就是我关于上帝所要说的一切;从事物的表象来论证上帝,无疑是自然哲学所要做的工作。[①]

事实上,要想剥夺这样一个存在者对其造物的当下控制很是荒谬。因此,我们发现牛顿把日常宇宙体系中的两项非常重要的专门职责赋予了上帝。其一,他主动阻止恒星在空间之中彼此相撞。《自然哲学的数学原理》中没有讲这一点,在那里牛顿只是指出,为了防止这种相撞,上帝使这些恒星彼此相距极为遥远。[②] 当然,这种权宜之计很难在整个漫长的时间中奏效,因此牛顿的读者会感到惊奇,牛顿居然从未把这个困难当作不把重力归于我们无法通过实验观察到的物质的一个理由。如果恒星没有引力的话,显然就没有什么问题。然而我们发现,牛顿暗地里认为恒星具有引力,因为在《光学》和在致本特利的第三封信中,他都把不断使恒星保持适当间距指定为神的一项职能。[③] 在《光学》中,他指出了这样一个问题:"是什么东西阻止了恒星彼此相撞呢?"在致本特利的第三封信中,在基本赞同本特利的创世假说之后,牛顿补充说:"虽然开始时一切物质被分成几个系统,每一个系统都像我们的一

[①] *Principles*, II, 311, ff. 亦参见 *Opticks*, p.381。
[②] *Principles*, II, 310, ff.
[③] *Opticks*, p.344; *Opera*, IV, 439, ff.

样由神的力量建立起来,但是外边的那些系统将会落向处于最中央的那个系统,所以如果没有神力来维持,事物的这样一种结构是不可能继续存在下去的。"

然而,在《光学》的最后一个疑问中,我们发现上帝担负起了一项更加复杂的应用力学任务:当整个机制出了毛病需要改进时,上帝就需要按照神意改造这个宇宙体系。以太的主动本原为运动的维持提供了保证,但并不足以克服行星和彗星(尤其是彗星)运动中显著的无规律性。由于彗星会在太阳热的影响下逐渐解体,[①]而且由于彗星的相互吸引以及与行星之间的吸引,它们会在其远日点减速;同样,主要出于同样的原因,由于行星体积的逐渐增大,自然界的无规律性越来越多,所以终须对事物进行改造,使其恢复正常。

"因为既然彗星能在偏心率极大的轨道上以各种不同位置运行,除了出现一些微不足道的不规则性以外,自然规律绝不可能让所有行星都以同样方式在同心圆轨道上运转。这些不规则性可能来自彗星与行星之间的相互作用,而且还将倾向于变大,直到这个系统需要重新改造为止。"[②]牛顿主张,为了满足这一需要,在科学上就必须有上帝存在,因为他是一个"全能的永恒存在的动因。神是无处不在的,他能凭借自己的意愿在他那无边无际的统一的感觉中枢里使各种物体运动,从而形成并改造宇宙的各个部分,这比我们用意愿来使我们身体的各个部分运动容易得多。然而,我们

---

① *Principles*, II, 293-8.

② *Opticks*, p. 378.

不应该认为世界是上帝的身体,或者认为世界的某些部分就是上帝的某些部分。上帝是一个统一的整体,没有器官,没有四肢或部分,虽然这些都是他的创造物,从属于他,并为他的意愿服务;……由于空间是无限可分的,而物质不一定在各处都存在,所以,也可以认为上帝能创造各种大小和开端不同的物质微粒,它们同空间有各种比例,或许还有不同的密度和力,从而出现不同的自然规律,并在宇宙各个不同的部分创造出各种不同的世界。在这些方面,至少我看不出有什么矛盾。"[1]

于是,牛顿似乎把一个极为重要的假定视为理所当然的;就像把审美趣味引入科学的许多其他人一样,他认为必须永远维护整个天界所特有的那种无与伦比的秩序、美与和谐。维护它们不能只凭时间、空间、质量和以太,而是需要上帝连续不断地行使其意志,神意把这种秩序与和谐自由地选为他最初创造性辛劳的目的。上帝现在已经从整个宇宙的原型降格为诸多范畴中的一个;没有他,便无法说明在世界中觉察到的那些关于持续不断的秩序、体系和齐一性的事实。

3. 牛顿有神论的历史关联

让我们将牛顿的这种目的论与经院哲学体系的目的论作一比较。在经院哲学看来,上帝是万事万物的最终原因,它与万物的第一因同样真实,而且更为重要。自然之中的目的并非以天文学和

---

[1] *Opticks*, p. 379.

谐为顶峰；天文学和谐本身乃是为了达到进一步的目的，例如一种更高级的生命体所表现出的认识、乐趣和用处，而创造这个生命体又是为了一个更高贵的目的以完成神圣的巡回线路，那就是认识上帝，永远爱上帝。上帝没有目的，他是目的的终极目标。在牛顿的世界中，遵照伽利略早期的建议，这种进一步的目的论被随随便便地抛弃了。按照定律运动的质量的宇宙秩序本身就是最终的善。人存在以认识它和称赞它，上帝存在以照管它和维护它。人的各种热情和希望绝无机会得到实现；如果它们无法服从理论力学的目的，则其拥有者便不再属于真正的上帝，对他们来说，天国没有入口。我们要把自己奉献给数学科学；宇宙的主要技师上帝已经成为宇宙的维护者，他的目标是维持现状。新奇事物的时代已经过去，在时间上没有进一步的发展。如有必要，上帝可以在所要求的空间点上添加指定的质量来做周期性的改造，但没有新的创造活动——上帝现在只是做这种料理世俗家务的日常活动。

于是，从历史的角度来看，牛顿使上帝持续负责的努力具有非常深刻的意义。事实证明，牛顿所珍爱的宗教哲学真正的自食其果之处是，由于其种种虔诚的努力，他所能赋予上帝的主要神意职能便是这种对宇宙工厂的管理，悉心保护自己任意施加的力学定律免遭无规律性的入侵。的确，认为上帝的目光始终在宇宙中四处巡游，以便在这部巨大的机器上寻找需要修补的漏洞或需要更换的齿轮，会显得相当可笑，好在它那副可怜状早就变得很明显了。因为把上帝现时的存在和活动都系缚于宇宙机器的不完美性之上，将迅速给神学招致灾难。当然灾难不是直接招致的，实际上，在当时的许多人看来，从世界中清除所有第二性质，强调世界运作的那种惊人的规律性,只是给创造世界的上帝和支配世界的意志带来了更多的理性宽慰而已。

> 为何以这样庄严的肃静,
> 围绕这黑暗的地球运行?
> 为何在他们闪耀的轨迹,
> 没有真正的音响和语声?
> 他们那欢乐荣耀的声音,
> 理智的耳朵都能够聆听,
> 他们永远地发光又歌颂:
> "那造我们的手是神圣。"[1]

然而科学在前进,在一个不够虔诚但却更富有成效的假说——可以把机械观念拓展到一个更广的领域——的指导下,牛顿的后继者们一个接一个地解释了无规律性,而在牛顿看来,这些无规律性似乎是本质性的,如果让这部机器自行运转,无规律性将会增加。这种消除世界秩序中的神意因素的过程在拉普拉斯的伟大工作中达到了顶峰。通过表明宇宙中所有的无规律性都是周期性的,都服从一个防止其超过一定量的永恒定律,拉普拉斯相信自己已经证明了宇宙的内在稳定性。

随着机械论科学的进一步发展,上帝被剥夺了他的职责,人们

---

[1] *The Spacious Firmament on High*,Joseph Addison 为海顿清唱剧《创世记》写的赞美诗,第三节。

开始怀疑这部自我保持的机器是否确实需要任何超自然的开端。此时,休谟沿着另一条路径对能力和因果性观念的彻底清理正在用一个疑惑困扰着学术界,即第一因并不像它看起来的那样必然是一种理性观念,康德则正在准备作深刻的分析,公然声称要把上帝从知识领域中移除。简而言之,牛顿所珍爱的神学被那些能够领会他的天才人物迅速剥掉外皮,而由于完全失去了宗教背景,他其余那些形而上学实体和假定便满不在乎地坦露出来,徘徊于后来思想的前提之中,并未受到彻底批判的挑战,因为它们被视为这位第一次使无边的天穹附属于数学力学领域的伟人的实证科学成就,因此有着永恒的基础。空间、时间和质量被当作无限宇宙秩序的永恒的、不可摧毁的构成要素,而以太概念则继续表现为无法预测的形态,直到在今天的科学思想中,它仍然是古代万物有灵论的一个残余,仍然在破坏着人们直接思考世界的可怜尝试。留给上帝的唯一位置便是事物可理解的秩序这个不可还原的基本事实,整个宇宙的秩序注定会遭到休谟这位怀疑论者的攻击,而道德关系领域的秩序则几乎被那位无情地摧毁了古老的有神论证明的伊曼努尔·康德假定为实在的。在早期宗教哲学奇迹般的神意论与后来倾向于把上帝等同于纯粹的理性秩序和和谐之间,牛顿的学说是一个非常有趣的、历史上最重要的过渡阶段。上帝仍然是神意,但他施加其奇迹般的力量主要是为了保持宇宙体系中精确的数学规律性,如果没有这种数学规律性,宇宙的可理解性和美便会消失。不仅如此,随后把上帝融入美与和谐之中的努力也必定会因为一种非常令人气馁和不可靠的存在性而进行抗争。许多思想家的神学一直不可避免是拟人化的,他们很难在这种有神论的替代物中感觉到宗教的有效性。而在那些受到了科学或哲学深刻影响的人看来，上帝已从场景中消除，接下来唯一要做的事情就是把世界机械化。这里剩余的是人的灵魂，它们无规律地散布在被以太蒸汽围绕着在时空中机械游荡的物质原子当中，仍然保留着笛卡儿思想实体的遗迹。而人的灵魂也必须被还原为自我调节的宇宙钟表的机械产物和部件。霍布斯和洛克这两位比牛顿略早的同时代的英国人已经为此提供了原材料，他们在这个领域中运用了按照最简单部分进行解释的方法，只不过放弃了数学要求；这些原材料也需要清除掉一种非常异己的神学背景，才能恰当地符合关于整个宇宙的最终的拟机器假说。在启蒙运动晚期一些杰出的法国思想家特别是拉美特利（La Mettrie）和霍尔巴赫（d'Holbach）男爵那里，这样一种时钟机械自然主义的普遍化以一种与19世纪进化论略有不同的形式达到了顶峰。

追溯这些发展显然超出了对近代早期科学的形而上学进行分析的范围。然而，把上帝从这些范畴中迅速消除使得我们在导论中提到的那个至今仍然让思想家绞尽脑汁的著名问题对近代哲学的影响变得不可逆转，因此我们不能不考虑这个问题与牛顿形而上学方案的本质联系。我指的是知识问题。只要上帝（他能直接呈现于整个物质领域并且认识它）的存在性成功地保持为一种无可置疑的信念，则封闭在大脑暗室中的人的灵魂如何可能获得关于在时空中盲目游荡的外界物质的可靠知识的问题自然不再成为一个可怕的难题，因为在上帝那里已经提供了把无限场景中的所有环节都联系起来的一种精神连续性。这就是波义耳的认识论观点为何如此缺乏说服力的原因。但是随着上帝的一去不复返，这种情况的认识论困难几乎必定会构成一种巨大挑战。理智如何可能把握一个在其中没有理智作出应答或控制的无法企及的世界呢？休谟和康德最先把上帝从形而上学哲学中实际驱逐出去，通过一种怀疑论批判，他们也摧毁了当时那种对理性的形而上学能力过于自负的信任，这一点绝非偶然。他们觉察到，在没有上帝的牛顿世界里，如果知识确实有可能存在，则知识的范围和确定性显然必定是严格有限的。洛克在《人类理解论》的第四卷中已经预示了这一结论，在那里，一种虔诚的有神论把这位不一致的作者挽救出来，使他不致陷入怀疑论的地狱中去。然而，在这些敏锐的批判性思想家当中，没有一位把自己的批判武器对准那位处于整个重要转变中心的人物的工作（对于 20 世纪哲学家来说，这是一项具有教育意义的重要教训）。在学术界，还没有谁既能在物理运动领域保全辉煌的数学胜利，同时又能揭示新的因果性学说所涉及的重大问题，揭示那种尝试性的、折衷的、无法作理性解释的笛卡儿二元论的内在模糊性，在这场运动的过程中，这种形式的二元论就像一个部落神祇那样如影随形。这是因为，以牛顿名义进行的绝对而无法反驳的证明已经横扫全欧洲，几乎每一个人都臣服于它的权威统治。只要在某个地方万有引力定律被当作真理传授，那里就会悄然潜入一种信念作为它的光环，即人只不过是一部无限的自动机器的可怜而局域的旁观者以及它的毫不相干的产物，这部自动机器在人之前永恒地存在着，在人之后也将永恒存在，它把严格的数学关系奉为神圣，而把一切不切实际的想象视为无能；这部机器是由在无法觉察的时空中漫无目的地游荡的原始物质所构成的，一般来说，它没有任何性质能够满足人性的主要兴趣，只有数学物理学家的核心目标除外。实际上,如果对这种目标本身进行明确的认识论分析,它就会显得不一致和毫无希望。

然而,倘若真的沿着他的方向作了理性批判,他们可能得出哪些激进结论呢?

第八章 结 论

我们已经看到,新科学形而上学的核心是把最终的实在性和因果效力归于数学世界,数学世界被等同于在时空中运动的物体的领域。更充分地说,在使这种形而上学观点获得胜利的转变中,需要区分三个本质要点:关于(1)实在性、(2)因果性和(3)人类心灵的流行观念发生了变化。首先,人所生活的真实世界不再被看作一个实体的世界,在这些实体中能够经验到多少基本性质,它们就拥有多少基本性质,相反,这个世界已经变成了一个原子世界(现在是电子世界),原子只具有数学特性,按照可以完全表示为数学形式的定律运动着。其次,在这个世界以及不太独立的心灵领域,通过事件的形式因和目的因所进行的解释已经被明确抛弃,取而代之的则是通过事件最简单的要素进行的解释,这些要素当时被称作动力因,是那些能够作力学处理的物体运动。与该变化的这一方面相联系,上帝不再被视为至高无上的目的因,而是变成了世界的第一动力因。同样,人也丧失了作为早期目的论等级结构一部分的一直属于他的那个高于自然的地位,人的心灵开始被描述为感觉(现在是反应)的结合,而不是通过经院哲学所谓的能力来描述。第三,科学哲学家们试图根据这两种变化来重新描述人的心灵与自然关系的努力表现为通俗形式的笛卡儿二元论,连同

第八章 结论

其第一性质和第二性质的学说,把心灵定位于大脑的一个角落,以及机械地解释感觉和观念的起源。

这些变化几乎制约了整个近代的严格思考。今天,关于这些问题的新理论正在被源源不断地提出,它们比早先反驳科学形而上学的近代尝试更有希望,因为在它们诞生的时代,物理科学本身已经被迫脱离了它的牛顿支柱,而不得不重新考虑自己的基础。从这些理论的冲突中将及时地创造出一种新的科学世界观,它也许会像中世纪伟大的世界观一样长久,对人类思想的控制也将同样深刻。鉴于科学的基本观念目前正在迅速发生转变,我们还不能清楚地预见到这种新图景的形成——它的到来必定是从容不迫的。不过无论如何,试图仅仅通过对科学数据进行综合或对其假定进行逻辑批判来提出这种新观点,一定是不够的,这应当是我们目前的历史研究所得出的首要教训。最重要的是,除此之外,还要对决定着中世纪形而上学及其数学-力学后继者兴起的重要因素进行充分洞察,现在所有思想家都认为需要对此进行彻底的批判考察。如果没有这种洞察,那么新的形而上学到来时,将只是对一种也许是间歇的、暂时的时代情绪的客观表达,而不是对一切时代思想洞见的合理表达。除非我们能比以往更接近这种一般化的解释,否则新宇宙论根本不值得我们不辞劳苦去努力构造。然而,除了进行广泛的历史分析以外(本研究也许可以算作一项微薄的贡献),我们还提不出什么全景似的东西。

详细讨论这种说教超出了结论章节的范围,但简单考虑一下刚才提到的向机械世界观转变的三个基本方面,看看历史研究如何有助于澄清其中涉及的问题也许是有价值的。

就实在的本质问题而言,在近代物理学取得了丰硕成果之后,似乎应该很明显,我们周围的世界是一个物质世界,这些物质在时空之中按照可以用数学表示的定律运动。对这一点不满,就是否认近代科学研究物理世界的本质所取得的切实可用的成果。但人们在为了严格的数学分析而清扫场地时,却把所有非数学的特性都从时空领域中清除,把它们集中到了一个脑叶之中,声称它们只是外间原子运动半真实的效应,这样一来,他们已经实施了一项相当激进的宇宙外科手术,这值得我们认真考察。如果说,为了灵魂得救而做的幻想在中世纪实在等级结构的构造中发挥了强有力的作用,那么,假设另一种幻想构成了近代早期物理学的这种极端学说的基础,难道不也是一个似乎同样合理的假说吗?——是否因为假定在人的心灵之外没有什么东西不可以还原为数学方程组,可以更容易把自然还原为一个数学方程组,于是自然研究者就立刻作出了这个方便的假定?这里有一种专横的逻辑。只要一个人相信自然界不仅存在着数学单位和关系,而且充满着颜色和声音,充满着感觉和目的因,从而不再一心只专注于几何学,那么他怎能把物质世界还原为精确的数学公式呢?我们很容易过于严厉地评判思想史上的这些巨人。我们应该记住,当一直面对着诱人的分心事物时,人们是无法进行艰苦而深刻的思考的。所以必须否认或消除引起精神涣散的根源。为了满怀信心地推进自己的革命性成就,他们不得不把绝对的实在性和独立性赋予那些被他们用来还原世界的东西。一旦做到这一点,他们宇宙论的所有其他特征都可以自然地推出。数个世纪粗俗的形而上学无疑值得拥有近代科学。为什么他们都没有看到这其中涉及的巨大困难呢?根据我

第八章 结论

们的研究,这里也能对核心理由进行怀疑吗?科学哲学的这些奠基者们都全神贯注于对自然的数学研究。在他们能够回避形而上学的范围内,他们越来越倾向于回避形而上学;就他们无法回避形而上学而言,形而上学就成了他们用数学进一步征服世界的工具。对于不断跳将出来的基本问题的解决方案,无论多么肤浅和不一致,只要能平息状况,能用他们现在熟悉的范畴对其疑问给出一个看似比较合理的回答,特别是能够开辟一个自由的领地可供他们对自然进行更充分的数学探索,那些方案就很容易被他们不加批判地接受而埋藏于心。这对于像霍布斯和摩尔那样是哲学家而非数学物理学家的人来说并非完全正确,笛卡儿可能是个例外,尽管我们很难确切地感受到他极力呼吁一门纯粹的数学自然科学在多大程度上影响了他的第一哲学。

现在,化学、生物和社会科学在现代思想中正在达到一种支配地位,这种发展已经给这一简单方案造成了诸多困难,如果机械论物理学没有预料到这些科学的实际发展,那么即使是这些著名的机械论者也必须认真面对这些困难。从非机械论科学的观点来看,不得不认为事物属于心灵之外的真实世界,而心灵在简单的牛顿形而上学中是毫无地位的。至少第二性质和在人类制度中体现出来的第三性质必须被赋予一种与早期机械论哲学绝不相宜的不同地位。这些发展有力地表明,只能始终如一地把实在视为一种更复杂的东西,第一性质只是就自然可以作数学处理而言刻画了它的特征,而就自然是由一些有序但不可还原的性质所组成的混合体而言,它也同样真实地包含着第二性质和第三性质。如何由自然的各个不同方面来理解一种理性构造,这是当代宇宙论的一个巨大难题；如果考虑到突现进化论（它目前似乎是处理这个问题的最流行的方案）的逻辑不充分性，那么我们显然还没有满意地解决这个问题。在这种理论中，我们要么必须假定自然中存在着根本的不连续性，从而不允许从早先存在的性质推出后来出现的性质，要么必须认为较为复杂的性质甚至在经验上可被观察之前就以某种方式存在着，并且合作产生了它们的物质体现。第一种备选方案承认自然秩序之中存在着诸多无理性的东西，第二种备选方案则把我们带回了前科学的逻辑。它实际上已经放弃了理解实在各个阶段的一种连贯秩序的任务。这些困难表明，在解释性假说方面，我们可能需要比迄今为止所做的更加激进。外在事实的世界也许比我们敢于猜测的还要丰富和有弹性得多；所有这些宇宙论以及更多的分析和分类可能都是对自然向我们的理解力提供的东西进行整理的真正方式，决定我们在它们之间作出选择的主要条件可能在我们之中，而不在外在世界。通过一种历史研究可以极大地澄清这一可能性，这种历史研究旨在查明每一种这样的典型分析所涉及的基本动机和其他人类因素，确定能够用什么进展来评价这些分析，发现哪些分析有更为持久的意义以及为什么。

当我们面对牛顿转变的第二个方面即因果性问题时，这就变得更加明显。对于什么才是对事件可靠的因果解释，不同的思想家和时代会有极为不同的看法，只有历史研究才能揭示是什么因素影响着每一种解释的面貌，并且向我们提供某种根据，以确定其中哪种解释看起来更合理，或至少是能够最充分地满足我们对解释的理解。

从它们在西方科学哲学中的历史表现来看，到目前为止，在因

第八章 结论

果性问题上似乎有三种根本不同的信念。第一种信念是柏拉图和亚里士多德哲学的目的论观点，它极为精确地表达为经院哲学的格言——原因必须足以产生结果，"要么在形式上，要么在显著程度上"。简单地说就是，原因必须至少和结果一样完美。如果详加贯彻，这就意味着一种本质上宗教性的世界图景，必须把一个与经院哲学的神（一个最真实和最完美的东西）相似的东西设定为事件最终的、无所不包的原因。第二种信念是机械论的观点，我们在前面已经研究了它是如何变得重要的。其基本假定是：一切原因和结果都可以还原为物体在时空中的运动，通过这种运动所表现出来的力，原因和结果在数学上是等价的。从这种观点来看，完美性的概念彻底淡出了视线；解释的任务变成了把事件分解成为它们所由以构成的基本质量单元的运动，并用方程形式来表述任何相关事件组的行为。这里，除了在特定解释中得到例证的最一般形式的定律之外，并不存在像最终解释那样的东西。除了通过发现这些一般定律而力图把科学知识尽可能地统一起来以外，如果对某个事件的解释发现了另外某个在数学上等价的事件，从而使我们能够精确预言前一事件或后一事件的发生，则这个事件的解释会被视为完全恰当。牛顿世界观正是这个关于解释本性的假定的一个比较合乎逻辑的形而上学推论，除了反常的心灵领域所提供的限制之外，它被贯彻到底而不允许有任何限制。第三种信念是进化论的看法，它源于最近的一种日益增强的感受，即生长（无论是有机的还是无机的）现象要求一种与上述两种观点截然不同的因果解释。这种观点的核心假定是，原因可以比结果更简单，同时还能在发生方面为结果负责。这些因果假设中的最后两种有一个共同之处,那就是把一个有待解释的事件分解为较为简单的(而且往往是预先存在的)成分这一方法,以及可以通过原因对结果进行预测和控制。从目的论的观点来看,这两种特征都是不必要的,而且往往在解释中并不存在。第二种观点试图为因果关系补充数学精确性的要素。

现在,至少一个可能的假说是,就科学数据而言,对于这些关于什么构成了合适的因果解释的看法,我们无从作出判定,影响我们对这些看法进行选择的因素主要见于对世界进行思考的我们,而不是我们所思考的世界。我们现代人在这个问题上的偏好,也许是因为人类尽可能精确地控制自然进程的需求渐渐成了统治一切的野心。在这种情况下,如果我们想深刻洞察早期思想各自的前景,对它们进行调和的可能性,以及强调某种进路的宇宙论构造的相对合理性,就必须对这种需求的产生和发展进行历史分析,对早期思想背后的相应动机进行研究,并对影响这些兴趣兴衰的因素进行系统探究。

在整个近代时期,知识人的偏见一直在越来越强烈地抗拒着这种目的论类型的解释。这种感受至少有部分原因可以从前面几章明显地看出。然而,今天有某种迹象表明,这种偏见也许做得过头了。如果我们承认在宇宙中存在着像价值这样的东西,那么我们就会发现,若不赋予目的论一个位置,就很难理解宇宙。对一种价值进行分析,揭示它的要素,或者研究其历史和显现方式,将会回答关于它的一些问题,但却无法说明它作为价值的本性。当然,如果我们像老于世故的现代人那样坚持说也许值得为一种理想而活着,也就是说,证明它本身就是理想的,即使它出身卑下,经验命

第八章 结论

运极不确定,那么情况肯定是这样的。这意味着分析和起源的问题与价值本身的地位无关。除了把各种价值组织成一个系统,在这个系统中,被视为至高无上的价值决定了所有其他价值的价值,我们还有其他方式来合理地解释价值吗?现在,科学尽管拒绝接受目的因,但在其所选择的基本范畴以及运用这些范畴的方式中,科学也许揭示了价值的存在和运作。如果是这样,那么若没有某种形式的目的论,一门恰当的科学形而上学将无法达成,于是,那是怎样一种形式便成了至关重要的问题。[①] 当然,对科学思想发展过程中的不同阶段进行比较研究将会有助于说明这个问题,并会给出一些假说,与仅仅系统考察当时的科学程序所能得出的假说相比,它们更加令人信服。

更详细地考察牛顿形而上学的第三个方面,即它的心灵学说,也许是有价值的,因为正是在这一点上,哲学批判显示出了处理近代科学所产生的形而上学问题的最大优势,而且它在未来的独特贡献可能也是在这个方向上。贝克莱以后的英国观念论者和实在论者大都致力于表明,笛卡儿二元论的通俗形式,以及它把心灵构想为某种与物质有本质不同、但却处于物理大脑之中的东西,这会毁灭科学本身(它会使关于科学世界的一切知识变得不可能和不一致)。而德国唯心论者及其追随者则主要试图表明,科学以及艺术、哲学和一般的人类文明的存在本身暗示着,需要把一种与传统二元论所承认的极为不同的实在性和本性赋予心灵。

---

① 我已经在一本名为《科学时代的宗教》(*Religion in an Age of Science*)的小书中初步讨论了这个问题的一个方面。

让我们对照这些要点批判性地总结一下,先从前者开始。关于这个特殊问题的恰当文本可见于我们已经引用两次的笛卡儿的那个极为有趣的说法:"如果有人告诉我们,他看到物体有颜色,或者手臂感到疼痛,这就相当于说,他在那里看到或感觉到了某种毫不知其本性的东西,或者说,他并不知道自己看到或感觉到了什么。"在作历史分析的过程中,我们已经发现有充分的理由相信,最初在伽利略和笛卡儿那里,这种观点只不过得到了一句数学格言的支持,不过当然,它从未或很少公然以此为基础。随着生理学和光学的继续发展,从这两位科学巨人那里接受了二元论的思想家们自认为已经收集了足够的经验证据来维护这种观点。在《休谟以及对贝克莱研究的帮助》(*Hume, with Helps to the Study of Berkeley*)①中,赫胥黎教授最近对许多近代科学家所接受的这种状况作出了典型的辩护。

> 假定我偶然用一根针刺自己的手指,我立刻会知道我的意识状况——一种被我称为疼痛的感觉。我毫不怀疑这种感觉只在我自己身上;如果有人说我所感到的疼痛是某种内在于针的东西,仿佛它是针这个实体所具有的一个性质,那么我们一定会嘲笑这种说法荒谬绝伦。事实上,除了把疼痛当作一种意识状态,根本就不可能用其他方式来设想疼痛。

因此就疼痛而言,很明显的是,贝克莱的名言严格适用于我们设想其存在性的能力——它的存在是被感知或知道的,

---

① *Hume, with Helps to the Study of Berkeley*, New York, 1896, pp. 251, ff.

第八章 结论

而且,只要它没有被我实际感知到,或者不是存在于我的心灵或任何别的造物的心灵中,它就必定要么根本不存在,要么存在于某个永恒精神的心灵中。

关于疼痛就说这么多。现在让我们考虑一种日常的感觉。把针尖轻轻地放在皮肤上,我知道了一种感觉或意识状况,它与前一种感觉很不相同,我把它称为"触觉"。但这种触觉和疼痛一样也在我自己身上。我简直不能设想我所谓的触觉能够离开我而存在,或者能像我一样具有同样的感觉。同样的推理也适用于所有其他简单感觉。略加反思便足以使我们相信,当我们闻、尝、看一个橙子时,我们所知道的气味、滋味和黄色就像这个橙子碰巧太酸而产生的痛苦一样完全是我们的意识状态。同样清楚的是,任何声音都是听到它的人的一种意识状态。如果宇宙中只有瞎子和聋子,那么除了一片寂静和黑暗之外,我们简直无法想象其他东西。

于是,对所有简单感觉来说,这无疑都是真的,正如贝克莱所说,它们的"存在"(*esse*)是"被感知的"(*percipi*)——它们的存在即是被感知或认识。但进行感知或认识的东西被称为心灵或精神;因此,感官所提供的知识终究是关于精神现象的知识。

关于这些第二性质……所有这一切都为贝克莱的同时代人明确或暗中承认,甚至是为他们所强调。

赫胥黎进而开始讨论在贝克莱时代所持的第一性质观念,然后又回到了他的针刺实验。

我们已经看到,当用针刺手指时,就产生了被我们称为疼痛的那种意识状态;大家都承认,这种疼痛并不是某种内在于针的东西,而是只存在于心灵之中,在其他地方没有相似物。

但稍微注意就会发现,与这种意识状态相伴随的是另一种无论如何都无法去除的意识状态。我不仅有感觉,而且这种感觉是定域性的。就像我确信有疼痛一样,我也确信这种疼痛在手指上。任何想象力都无法使我相信这种疼痛不在我的手指上。

它不在而且不可能在我感觉到它的那个地点,也不在距那个地点几英尺的地方,没有什么比这更确定了。因为手指的皮肤通过一束遍布整个手臂的纤细的神经纤维与脊髓相联系,而脊髓又使神经纤维与大脑相连,我们知道针刺所引起的疼痛感依赖于那些神经纤维的整体性。如果在靠近脊柱的地方把它们切断,无论怎样伤害手指,也感觉不到疼痛;如果拿针去刺与脊柱仍然相连的末端,由此产生的疼痛将和以前一样清楚地出现在手指上。而且,如果把整个手臂切断,则针刺神经残端所产生的疼痛将出现在手指上,就好像手指仍然连着身体一样。

因此很明显,疼痛在身体表面的定位是一种心灵活动。它是把位于大脑的那种意识引渡到身体的一个确定点上——这种引渡的发生并非出于我们的意愿,也许会产生与事实相反的观念。……和疼痛一样,地点也不在针上;和疼痛一样,地点的"存在就是被感知",离开一个思维的心灵,它的存在是

第八章 结论

不可设想的。

如果不是用针刺手指,而是把针尖轻轻地放在手指上,从而只产生一种触觉,上述推理也不会受到丝毫影响。这种触觉向外指向接触点,似乎存在在那里,但可以肯定的是,它实际上不在那里,也不可能在那里,因为大脑是意识的唯一处所,而且,我们可以提出与支持感觉在手指上的证据一样强的证据来支持明显荒谬的命题。例如,人人都知道头发和指甲缺乏可感性。然而,如果触及头发或指甲的末端,即使非常轻,我们也会感到它们被触及了,这种感觉就好像位于指甲或头发上一样。再有,如果牢牢握住一根一尺长左右的手杖的把手,触摸其另一端,那么,那作为我们自己意识状态的触觉立即就指向了手杖的末端,但没有人会说触觉在那里。

我们无需再进一步引用此文。赫胥黎教授深受贝克莱论证的感染,以致最后他和这位优秀的大主教都承认,第一性质和第二性质一样都必须被视为意识状态,因此,如果他最终必须在绝对唯物论和绝对唯心论之间进行选择,他肯定会毫不犹豫地接受后者。推论似乎是,他宁愿留在牛顿的二元论之中。

但是现在,关于它赋予心灵的地位,赫胥黎教授在这里已经为我们提供了迄今为止了支持那种二元论而提出的似乎非常合理的科学论证。笛卡儿曾经强调,必须把第二性质从广延物质中剥夺,甚至连疼痛也必须从我们的四肢中拿掉,而把除数学特性以外的一切性质都贮藏于在大脑的松果腺运作的灵魂之中。让我们看看如何来理解赫胥黎为这种观点所作的辩护。

针刺了我的手指,我在那里感觉到了疼痛。但赫胥黎教授向我保证说,疼痛不可能在手指上。为什么呢?因为如果从手指通向脊髓的神经纤维被切断,我就不再能感到针刺;因此痛感实际上必定处于那些纤维的另一端,即大脑之中。这初看起来似乎是一个古怪的论证;它仿佛是说,由于切断克鲁顿水道系统(Croton aqueduct)①会使引入纽约市区的供水中止,因此我们曾以为在下卡茨基尔地区(lower Catskills)的水库实际上必定在纽约市。不仅如此,很难说神经纤维的确终止于大脑。在这种情况下,从大脑或脊髓向外通常有一条连续的神经道路向下通过手臂传到肌肉,肌肉把手指从针那里拉开。因此,按照这种论证方式,痛感必定存在于肌肉中。但迄今为止还没有谁愿意持这种看法。这些考虑显然表明,假如思想家们不是已经相信感觉必定出现在大脑中,他们就不会认为这些论证支持了这种看法。

但赫胥黎教授提醒我们注意进一步的事实。完全切断手臂,拿针去刺同一根神经纤维的细端,那么又会在同样的地方(即本来手指感觉到疼痛的地方)感觉到疼。但现在那里空无所有,所以赫胥黎教授得意洋洋地宣称,疼痛必定在大脑之中。但这个结论到底是如何得出的呢?我们无需重复上述评论(它们在这里也适用,而且如果前后一致地运用这个论证,那么疼痛将被归于手臂上的某些肌肉)就会发现,结论显然距离事实很远。在这种情况下,我所感觉到的疼痛和针刺显然并不出现在同一个地方。然而,是什

---

① 1837年至1842年建造的"克鲁顿水道系统"是今天纽约三大供水系统中最早的一个,它将30英里外郊区的河水引入纽约市区。——译者

第八章 结论

么使我们认为自己正通过把疼痛归于第三个地方即大脑来解决这个问题的呢？我在大脑中肯定没有感觉到疼痛。正如生理学家所发现的，大脑中有别的事情在发生，但不是疼痛。如果我们承认简单事实所强加给我们的东西，即疼痛和针刺处于不同的位置，那么，认为疼痛就在我感到痛的那个地方，即使那里看起来空无一物，这难道不是摆脱这一困难最为简单和一致的办法吗？的确，如果不是因为某种形而上学偏见而事先确信疼痛必定在大脑之中，没有人会把疼痛定位在那里。

这还不是最糟糕的。让我们彻底接受赫胥黎的明显前提，把我们的所有感觉都定位于受影响的从身体各个部分发出的神经纤维在大脑中终止的地方。赫胥黎正确地觉察到，由于神经结构和直接知觉在一切感官的情形中都是类似的，因此它们在这一点上都服从类比推理；于是，正如感觉到的疼痛必定在大脑中一样，听到的声音也必定在大脑中。我们还可以进一步说，我们所看到的有颜色和广延的事物也在大脑中。这实际上只是对赫胥黎教授承认的观点和方法的前后一致的发展。所有感官的对象或内容也类似地集中于它们在大脑中固有的神经末端。但是现在，既然已由我们的前提推出了这一结果，我们所感知和自认为居住于其中的宇宙变成了什么样子呢？它整个收缩成了大脑中一系列微小的点（如果不是数学点的话）。不仅如此，这样一来，我们所谓的大脑究竟指什么呢？它以及通向它的神经纤维存在在哪里呢？它们也只是凭借我们的各种感官才被知道的；它们也必定只是微小的点——在同一个大脑中吗？不，那将是无法理解的胡说——在哪里？请等一下。毕竟，我从未感知过我自己的大脑。就它是被直接知道的而不只是被推论出来的而言,它是某种被其他一些也许碰巧有兴趣来研究它的人所感知到的东西。因此,我所感知到的整个宇宙再加上这个宇宙存在于其中的大脑必定处于另外某个人的大脑之中。那个大脑又存在于何处?当然是在第三个大脑之中。那么,感知其他大脑、但自己的大脑不幸没有感知者的那些人的最终的大脑又存在于何处呢?

我们肯定是在哪里脱离了明智的思考。难道是因为我们没能区分感觉到的性质与相应的真实对象的特征吗——前者存在于感知者的大脑中,后者存在于外在世界中?但如果真实对象是与感觉到的性质有本质不同的某种东西,那么真实对象的特征又是什么意思呢?这两者之间的对应是什么意思?如果在这种关系中只有一项出现在知觉领域,那么如何才能证实那种对应呢?实际上,我们是通过诉诸进一步的知觉来纠正可疑的知觉,而从来不是通过与某种未被感知到的东西进行比较来纠正的。更有挑战性的是,真实对象空间与知觉空间之间可能有什么样的关系呢?二者似乎都是无限的,而且包含着那个空间中所有的一切;知觉空间甚至还把我的身体作为一个非常小的对象包含在内。但是根据这种理论,它的整体必定封闭在我真实的大脑之内。那么这个大脑必定是一个多么巨大的东西!我通过任何可感材料或工具所能测量的最大距离也只能跨过我自己大脑的一小部分,因为所有这些测量都处于我知觉到的空间世界之内。更奇怪的是,与我自己的大脑相比较,其他人的大脑似乎非常微小;它们只是感知到的空间的微小部分,整个感知到的空间都存在于我自己的大脑之内。根据同样的假定,他们也把我的大脑与他们的大脑进行同样客气的比

第八章 结论

较。于是肯定又有什么东西错了。难道是,我在另一个人的头颅中感知到的大脑只是那个人自己真实大脑中的一个无足轻重的点?我感知到的他的大脑是我大脑中的这样一个点,而他感知到的我的大脑又是他大脑中的点。那么他的真实大脑与我的真实大脑之间的空间关系是什么样的呢?哪个包含哪个,为什么?

那些把实在论与牛顿的二元论结合起来的人很难对上述问题给出一致的回答。实际上,他们迟早会被迫放弃其中涉及的假定;知觉空间与真实对象的空间太过相像,以至于很难显示出与它有任何本质差异。知觉空间所需要的全部就是从幻觉、私人意象和其他缺乏社会客观性的经验中解放出来,能够合人意地充当真实空间。一旦达到这一点,似乎就不再有理由坚持感觉到的性质与相应的真实特征之间的区分了。在真实的知觉中,它们都位于同样的空间区域,我们从不实际去查明我们所感知到的事物对应着什么进一步的未被感知的事物。但这便是放弃了任何与牛顿形式类似的二元论。要想解释这种状况,使科学知识的基本结构不致沦为不可理喻的杜撰,就需要一种完全不同的心灵理论。

事实上,所谓真实对象只能指两种东西。它们要么是一个完全超验的、不可知的 X,对于它我们只能勉强提及;要么是若干组感觉性质之间关系的不变性。在后一情形中,它们是经验对象,它们存在于其中的空间本质上等同于知觉空间。在日常生活中我们都假设了这一点,并且基于我们本人的空间知觉理所当然地认为位置判断的普遍有效性。

如果不把我们对空间方向和空间关系的直接知觉的可靠性看成理所当然的,就不可能有关于感觉现象领域的科学。你认为把我的疼痛归于大脑是正当的，因为当神经纤维被切断时你看到了发生的事情，而且你正确地认为，对于那些神经纤维所占据的那部分空间中正在发生的事情你的视觉给了你正确的图像。而当其他观察者向你确认时，你对此变得更加确信。这意味着所看到的空间世界就是真实的空间世界，而不是别的东西。但是，当我说疼痛在我的手指上时，你为什么会转而指控我错了呢？疼痛就在手指上，甚至在我的手臂被切断之后的空无所有之处，这确实没有什么逻辑上的不可能性。只有那些已经假定感觉必定在大脑之中的人才会认为那是不可能的，如果他们是一致的话，就必须承认视觉也在大脑之中——我们已经看到了这种推理在哪里结束。那么请问，为什么要认为我的感觉是在撒谎，而你的视觉总是真实的呢？既然你无法避免假设视觉就在你看到它的那个地方，那么为什么不承认那种感觉就在我感觉到它的那个地方呢？事实上，只要我坚持一种经验的真理标准，你就无法使我确信我所直接感觉到的东西的所在地与我感觉到它的地方有所不同。从经验上说，在这方面，感官之间并无任何差异。通过所有感官，我们直接经验到了处于各种空间关系、位置或方向的事物。在赫胥黎所引述的经验中，无疑有一些重要而有趣的问题在冲击着我们，比如神经残端的问题、对手杖感觉的问题等等，就像有一些关于视觉幻觉的问题一样，但无论是哪种情形，这些问题都很难通过全盘否认感官的可靠性来解决，而只能通过更仔细地分析我们基于感觉经验所作出的判断。当我在某个空间地点感到疼痛时，假定感觉证据在这一点上很准，那么我怎能在经验上否认我在那里感觉到了疼痛呢？即使那个地点看上去与身体有一定距离。在那种情况下，我只能断

第八章 结论

言各种感官日常的空间关联还没有确立。类似地，如果我看到了一个鬼的形状，而其他人告诉我那里什么也没有，或者我称某些物体是绿的，而其他人却称它们是红的，那么我还是很难否认我看到了我所看到的东西，这些东西与我看到的其他对象处于某些确定的空间关系之中。[①] 然而，就我是一个社会存在物而言，我也需要领会一个共同的空间世界，可以证实它对于所有人来说都在那里；同样，为了成功地生活，我必须领会一个有秩序的可靠的世界，并学会清楚地区分我纯粹个人的、不可靠的空间经验和构成那个共同的可靠世界的空间经验。但用一种思辨的先验论来代替改进和矫正感官的这种完全经验的过程，如果推到其逻辑结论，只能使科学彻底混乱和神秘化，因为这种先验论明显违背了直接的感觉证据，并且把它的对象置于一种与感觉到的情形完全不同的空间关系之中。

自牛顿时代以来的哲学家们已经逐渐认识到了这些考虑。但在讨论用一种实证性的心灵理论来取代这个不可能的学说时，就会出现各种不同的观点，我们仍然有待于发明一种哲学，它能够公平对待一切材料，并能满足对解释这些材料作出指导的所有基本需要。总体来说，可以说人们沿着两个主要方向进行过探索。一些人渴望使心灵自身、物理世界的认知者成为科学研究的对象。要想精确而客观地做到这一点，就意味着通过把心灵纳入运动物

[①] 当然，视觉的直接证据只包括所见之物的方向和空间关系，而不是它们与观看者的距离，也不是从同一距离处所看到的它们的相对大小。其他感官也各有其类似的限度。

体的世界而破除二元论。另一些人则急于基于一种在近代更可接受的基础来证明中世纪赋予心灵在宇宙万物中的高贵地位和命运。总体来说，这两种趋向一直处于激烈的较量之中。

让我们暂时赞成前一种人的观点，这些牛顿派的科学家把一切难以作精确数学处理的东西都负载到心灵上去，从而使心灵比以前更难作科学研究，以此来推进他们对外在自然的征服，这看起来的确颇为背理。他们是否从未想过，迟早会出现这样一些人，他们渴望得到关于心灵的可证实的知识，就像渴望得到关于物理事件的可证实的知识一样，他们可能会合乎情理地咒骂其科学前辈，因为那些人把多余的障碍悉数抛弃，轻易换来了自己事业上的成功，但却阻挡了其后辈作社会科学的道路？显然不是；对他们来说，心灵是一个盛放科学垃圾和碎屑的容器，而不是科学知识的可能对象。

的确，如果当时的一些思想家愿意作的冒险得到了明智的、预言式的发展，那么它可能已经导向了一门客观的心灵科学。除了霍布斯对行为主义的粗糙预示，从这种观点来探究亨利·摩尔心灵的空间广延学说也很有趣。摩尔愿意赞同唯物主义者的看法，即任何东西都实际占据着空间。于是，心灵也占据着空间，拥有自己的几何学，要通过与确定物体运动的几何学技巧类似的技巧来研究。于是，似乎可以提出一门可以证实的心灵科学。让我们沿着这种推测所暗示的道路进行设想。"当我的手感到疼痛时，"支持这种观点的人会说，"我感到了地球对我双脚的抵抗力，以及我对山那边绚烂夕阳的凝视，难道我不是在空间中延展的吗？如果再加上对以前某次更绚烂的夕阳的回忆，以及对很快就要降临的

第八章 结论

黄昏的预期,难道我不是也在时间中延展的吗?诚然,在我的时空广延与物体的时空广延之间存在着重要差异。至少就其数学性质和表现而言,物体的时空广延是规则的、可靠的、有秩序的,而且可以分成各个部分;而我所占据的空间和时间则是一个庞大的、不可还原的单元,它在大小、形状和关注点上一直在迅速而剧烈地变化。然而,我通过所有感官所得到的直接经验肯定否认了这样一种想法,即它们与我之间的差异在于它们有广延,而我无广延。科学完全依赖于我对方向和关系的空间知觉的有效性——倘若我不是已经占据着空间,这些知觉怎么可能是空间的或有效的呢?近代思想的主流偏离了笛卡儿二元论更加逻辑一致的形式(此形式在斯宾诺莎那里得到了最宏伟的表达),而是转向了这样一种观点,它至少为灵魂留下了某个空间处所,并且提供了一种实际但却极不一致的方式来解释它与广延物的关系。的确,我们能因此而责备它么?不,因为关系存在着。我们知道我们的空间世界,我们在其中生活,享受它,使用它。倘若我们是绝对非空间的自我,这些如何可能呢?除了一个数学点,我们能清晰地设想任何不占据空间和时间而存在的东西吗?"

"现在,如果要求心灵有广延,"他继续说,"那么我们将把这一广延限定于何处呢?我们身体的每一部分都能感觉,而且在某些需要分析和确定的条件下,或许在身体之外也能感觉。但我们能局限于把这一广延限定于身体周围一种稀薄流质的摩尔的精气广延学说吗?在身体中听到或看到的东西难道不比这样一个幽灵似的边缘更远吗?记忆和目标的情况怎么样?是否有某种有说服力的理由能让我们认为,理想和记忆意象就处于现在的身体之中?

关于它们的心理学和生理学困难之所以会出现，难道不正是因为我们决意把它们推入了大脑吗？这对此毫无帮助，我们必须确定无疑地宣称，一种一致的经验论一定会坚持说，在心灵的知识和沉思所遍及的整个领域，心灵在空间和时间中延展着。否则如何表达这些事实呢？"

但这一结果当然表明，要借助于这些观念来提出一门精确的心灵科学是多么不可能。如此研究的心灵仍然是一种内省的对象，而不是协作分析的对象；它所占据的空间是一个极为起伏不定的单元，我们用来精确测量其他科学对象的任何技巧都无法确定它。不，这种动机显然会把我们引向这样一个方向，它把心灵等同于有机体的活动，这种活动提供了某种可以用公认的科学方法来客观处理的东西，而且与传统意义上的心灵事件充分相关联，从而使转变的程度被掩盖起来，使该学说的极度新颖性被减至最小。如果毫无限制或保留地这样做，心理学不再保持独特性，而是仅仅变成了客观生理学的一个分支，那么结果便是行为主义；如果同样的动机占主导地位，但允许每一门科学都有在定性意义上独特的术语和关系，那么就会得到一种不太极端的功能性的心灵观念。于是心灵成了一种可协作证实的程序的经验对象，被一种已跨过卢比孔河（Rubicon）①的心理学没收的主观性问题本身则被移交

---

① 卢比孔河在罗马共和国时代是阿尔卑斯山南麓高卢与意大利的分界线。公元前49年，恺撒率兵跨过此河进入意大利。这一行动违背了将军不得领兵越出他所派驻的行省的法律，等于向罗马元老院宣战，结果引起3年内战，恺撒从此称雄于罗马世界。"跨过卢比孔河"因此成为俗语，指下定决心投身于某一行动而必须采取的步骤。——译者

第八章 结论

给了哲学。

然而,希望使心灵成为按照其他科学对象的方式进行精确预言和控制的题材,即使我们承认这种动机的正当性,古代人和中世纪的人认为面对着巨大的物理自然,心灵在某种意义上是一种有特权的、优越的东西,他们的这一学说难道完全误入歧途了吗?在这种科学情况下,是否有某种东西为科学世界的认知者暗示了这样一种地位呢?通过对这些问题给出详细的肯定回答,许多哲学家已经对牛顿主义作出了回应。在思考他们的反思之前,我们先提醒自己注意一个相当有启发性的事实,即古希腊的一切思想流派,甚至是原子论者,都一致同意把一种独一无二的特权和能力赋予心灵;我们现代人在这样做时显得犹豫不决,可能主要是因为笃信宗教者渴望滥用这些思辨来证明灵魂的非物质性和不朽。诚然,由于我们思考和说话时正在充当心灵,因此在论及我们的宇宙地位时我们最好谦逊一些,而且,如果强调某些关于心灵奇迹的真相容易鼓舞某些脆弱的灵魂去幻想他们在宇宙中很重要,那么或许就不该强调这些真相,但在一定意义上,心灵的确是整个人类经验活生生的视角,是我们人类认识到的所有事件及其意义的至关重要的积极组织者。

科学所揭示的整个广阔领域在心灵的认知活动中找到了它的理性秩序和意义。心灵远远不是存在于大脑一个小角落中的一种奇特的敏感的东西,甚至也不是神经系统的一种活动,而像是某种独特的东西,包括大脑和身体在内的整个时空领域都能向它呈现而且正在向它呈现。或者如果有不同意此看法的实在论者提出,意义结构就像物理自然一样是外在于心灵的,那么至少必须承认,心灵是在现存世界中最有能力积极参与这一意义领域的东西。指出这种情况和它所涉及的东西绝非愚蠢的沾沾自喜。所谓人的更高的心灵能力似乎是对我们经验所揭示的实在的最完备透视；正如亚里士多德所强调的，这些心灵能力包括其他存在等级之所为以及此外的更多东西。在其更大的成就中，理性、感觉和目的构成了一种奇妙的功能统一体。当我们在与一位朋友谈笑风生时看到它们在工作时，我们纵情地赞赏和高兴，无论我们回过头来作哲学时需要何种小心谨慎的顾虑。我在这里几乎引入了"精神"一词，一度忘记了老于世故的现代人一看见这个词，就立刻会把我称为一个毫无希望的过时的人。如果我们可以从蒙昧主义神话的迷雾中恢复"精神"一词本有的位置，并且借助于它来表达这样一些事实，那么也许最好是使"心灵"这个古老的术语听任行为主义者的摆布。假设自然秩序一直是那样巨大和引人入胜——这仍然只是作理性构想的心灵的对象。至于目的，难道我们没有从经验上指出，心灵的每一个对象同样也是实现进一步目的的一种手段吗？在一个已知事物的不可还原的关系中，难道没有它与所服务的一个更有价值的目的的关系吗？如果是这样，那么目的就是一种比知识和感觉更为基本的功能，包括这些认知、理解和目的性活动的心灵必须在物质世界之外才能得到完整解释。心灵似乎是某种不可还原的东西，它能知道广延物的世界，热爱它的秩序和美，并且按照一种更具吸引力和支配性的善不断改变这个世界。除了认识世界，心灵还有感觉这个世界的能力，能够把这个世界理想化，并将其重新创造成某种更好的东西。

我们现代人理论与实践之间有一种奇怪的二元论——电子是

第八章 结论

唯一真实的事物,但电子世界已经被应用科学前所未有地降格为实现理想目标的一种手段!毕竟,自然界更是心灵的家园和舞台,而不是心灵的隐形暴君,具有理性和精神功能的人的所处之地更是一个有特色和创造性的丰饶的宇宙,而不是他热衷于沉思的整个时空对象。

也许我们必须等到神学迷信完全灭绝之后才能不带误解地谈论这些东西。与希腊思想相比,这就是近代思想的不幸。但是在这两方面的考虑中,暴露出了近代形而上学问题的重大困难。只有当一种恰当的心灵哲学出现时,才能开始书写一种恰当的宇宙论,这样一种心灵哲学必须充分满足行为主义者和唯心主义者的动机,前者希望对心灵材料进行实验操作和精确测量,后者则希望看到一个没有心灵的宇宙和由得到恰当说明的心灵所组织成的一个有生命的敏感统一体之间存在着惊人差异。我希望一些读者能够依稀看出如何才能实现这种看似不可能的调和。至于我本人,我必须承认,到目前为止它超出了我的能力。我只是强调,无论问题最终如何解决,其基础的一个必不可少的部分将是对我们目前思想世界的前提进行清晰的历史洞察。如果本书对于澄清这些前提有所帮助,它那小小的愿望也就实现了。

参考书目

关于本书各章所论人物的二手文献浩如烟海,因此本书目绝非完备。其目的只是要包括这样一些著作,它们对于继续此项研究极有帮助,从而为那些对这些人工作的形而上学方面感兴趣的人提供一份补充文献的指南。

一、讨论本领域整体或主要部分的著作

E. F. APELT, Die Epochen der Geschichte der Menscheit, 2 vols., Jena, 1845.

Theorie der Induktion, Leipzig, 1854.

J. J. BAUMANN, Die Lehren von Raum, Zeit, und Mathematik in der neuren Philosophie, Berlin, 1868.

ARTHUR BERRY, A Short History of Astronomy, London, 1910.

THOMAS BIRCH, History of the Royal Society of London, 4 vols., London, 1756.

M. CANTOR, Vorlesungen über Geschichte der Mathematik, 4 vols., Leipzig, 1900 – 8.

E. CASSIRER, Das Erkenntniss-problem in der Philosophie und Wissenschaft der neueren Zeit, 3 vols., Berlin, 1906 – 20.

J. P. DAMIRON, Mémoires pour servir à l'histoire de philosophie au dix-huitième siècle, Paris, 1858, ff. Essai sur l'histoire de la philosophie en France au dix-septième siècle, Bruxelles, 1832.

P. DUHEM, L'évolution des théories physiques, Louvain, 1896.

E. DÜHRING, Kritische Geschichte der allgemeinen Prinzipien der Mechanik, Leipzig, 1887.

JOS. EPSTEIN, Die logischen Prinzipien der Zeitmessung, Berlin, 1887.

L. FEUERBACH, Geschichte der neueren Philosophie von Bacon von Verulam bis Benedikt Spinoza(in his Werke, Stuttgart, 1903 – 11).

E. GRIMM, Zur Geschichte des Erkenntniss-problems von Bacon zu Hume, Leipzig, 1890.

J. HEINRICI, Die Erforschung der Schwere durch Galilei, Huyghens, Newton, als rationelle Kinematik und Dynamik historisch-didaktisch dargestellt, Heidelberg, 1885.

H. HÖFFDING, A History of Modern Philosophy (Meyer translation), London and New York, 1900.

F. LANGE, Geschichte des Materialismus und Kritik seiner Bedeutung in der Gegenwart, Iserlohn, 1887. English translation by Thomas, 3 vols., London, 1890 – 2.

L. LANGE, Die Geschichtliche Entwickelung des Bewegungsbegriffes und ihr voraussichtliches Endergebniss, Leipzig, 1886.

K. LASSWITZ, Geschichte der Atomistik vom Mittelalter bis Newton, Hamburg, 1890.

OLIVER LODGE, Pioneers of Science, London, 1913.

L. MABILLEAU, Histoire de la philosophie atomistique, Paris, 1895.

E. MACH, The Science of Mechanics (McCormack translation of his Die Mechanik in ihrer Entwickelung historischkritisch dargestellt)4th ed., Chicago and London,1919.

F. A. MÜLLER,Das Problem der Continuität in der Mathematik und Mechanik,Marburg,1886.

P. NATORP,Die logischen Grundlagen der exakten Wissenschaften, Leipzig, 1910.

CARL NEUMANN,Uber die Prinzipien der Galilei-Newton'schen Theorie,Halle, 1870.

F. PAPILLON, Histoire de la philosophie moderne dans ses rapports avec le développement des sciences de la nature,2 vols. ,Paris,1876.

J. C. POGGENDORFF,Geschichte der Physik,Leipzig,1879.

S. J. RIGAUD,Correspondence of Eminent Scientific Men of the Seventeenth Century,Oxford,1841.

P. VOLKMANN,Einführung in das Studium der theoretischen Physik,Leipzig,1900.

Erkenntnisstheoretische Grundzüge der Naturwissenschaften, Leipzig, 1896.

H. WEISSENBORN,Die Prinzipien der höheren Analysis,alshistorisch-kritischer Beitrag zur Geschichte der Mathematik,Halle,1856.

W. WHEWELL, History of the Inductive Sciences from the Earliest to the Present Time,new and revised edition,3 vols. ,London,1847.

The Philosophy of the Inductive Sciences,London,1840.

W. WINDELBAND, History of Philosophy(Tufts translation), New York, 1907.

二、主要讨论各章材料的著作

第二章
原始文献

NICHOLAUS COPERNICUS, De Revolutionibus Orbium Coelestium, Nüremberg,1543;German translation,Thorn,1879.

NICOLAI COPERNICI,De hypothesibus motuum coelestium a se constitutis Commentariolus,ed. A. Lindhagen,Stockholm,1881.

Joannis Kepleri Astronomi Opera Omnia, ed. Ch. Frisch, 8 vols. , Frankfurt and Erlangen,1858,ff.

二手文献

W. W. R. BALL, A Short Account of the History of Mathematics, 4th ed. , London,1912.

M. CARRIÈRE,Die philosophische Weltanschauung der Reformationszeit in ihrer Beziehung zur Gegenwart,Leipzig,1887.

M. CURTZE,Über eine neue Copernicus-handschrift,Königsberg,1873.

J. L. E. DREYER, Phanetary Systems from Thales to Kepler, Cambridge, 1919.

Tycho Brahe,a Picture of Scientific Life and Work in the Sixteenth Century,Edinburgh,1890.

P. DUHEM,Essai sur la notion de théorie physique de Plation à Galilée,Paris,1908.

Etudes sur Leonard de Vinci,Paris,1906-13.

Le système du monde:histoire des doctrines cosmologiques de Plation à Copernic,5 vols. ,Paris,1913,ff.

R. EUCKEN, Johann Kepler(Philosophische Monatshefte), 1878.

Nicholas von Kuss(Philosophische Monatshefte, 1878.)

C. FLAMMARION, Vie de Copernic et histoire de la decounverte du système du monde, Paris, 1872.

CH. FRISCH, Vita Joannis Kepleri (in his edition of the latter's Opera Omnia, Vol. VIII, pp. 668 – 1028).

E. GOLDBECK, Keplers Lehre von der Gravitation, Halle, 1896.

J. HASNER, Tycho Brahe und J. Kepler in Prag; eine Studie, Prag, 1872.

C. LIBRI, Histoire des sciences mathématiques en Italie depuis la renaissance des lettres, 2nd ed., Halle, 1865, 4 vols.

K. PRANTL, Galilei und Kepler als Logiker (Sitzungsbericht der Müncher Akademie, 1875).

Leonardo da Vinci als Philosoph(same, 1885).

L. PROWE, Nicholaus Copernicus, 3 vols., Berlin, 1883, ff.

H. RASHDALL, Universities of Europe in the Middle Ages, 2 vols., Oxford, 1895.

T. A. RIXNER and T. SIBER, Leben und Lehrmeinungen berühmter Physiker am Ende des sechszehnten und am Anfange des siebzehnten Jahrhunderts, 3 vols., Sulzbach, 1820 – 9.

J. SCHMIDT, Keplers Erkenntniss-und Methodenlehre, Jena, 1903.

F. SIGWART, Kleine Schriften, 2 vols., Freiburg, 1889. (Vol. I contains anniversary address on Kepler.)

CHAS. SINGER, Studies in the History and Method of Science, Vol. II, Oxford, 1921. Includes:

ROBERT STEELE, Roger Bacon and the State of Science in the Thirteenth Century, pp. 121, ff.;

H. HOPSTOCK, Leonardo as Anatomist, pp. 151, ff. ;

J. J. FAHIE, The Scientific Works of Galileo, pp. 206, ff. ;

J. L. E. DREYER, Mediæval Astronomy, pp. 102, ff.

K. F. STAUDLIN, Über Johann Keplers Theologie und Religion (Beiträge zur Philosophie der Religion, 1797 - 9, vol. I, pp. 172 - 241).

DOROTHY STIMSON, The Gradual Acceptance of the Copernican Theory of the Universe, New York, 1917.

H. O. TAYLOR, The Mediæval Mind, 2nd ed., 2 vols. London, 1914.

Thought and Expression in the Sixteenth Century, 2 vols., London, 1920.

第三章
原始文献

GALILEO GALILEI, Dialogues Concerning the Two Great Systems of the World. Translated by Thomas Salusbury, and included in his Mathematical Collections and Translations, Vol. I, London, 1661.

GALILEO GALILEI, Dialogues and Mathematical Demonstrations Concerning Two New Sciences, Crew and de Salvio translation, New York, 1914.

GALILEO GALILEI, Opere Complete di G. G., 15 vols., Firenze, 1842, ff.

GALILEO GALILEI, Letter to the Grand Duchess Cristina, 1615. (In Salusbury, Vol. I.)

GALILEO GALILEI, Le Opere: Edit. nazionale, vols. I - XX, Firenze, 1890 - 1909. (This is the best and most complete edition. That referred to in the text is the usually more accessible edition of 1842, ff.)

二手文献

COUNT VON BROCKDORFF, Galileis philosophische Mission. (Vierteljährig-Schr. für wiss. Philos. ,1902.)

S. F. DE DOMINICIO, Galilei e Kant; o, l'esperienza e la critica nella filosophia moderna, Bologna, 1874.

E. GOLDBECK, Die Gravitation bei Galileo und Borelli, Berlin, 1897.

W. JACK, Galileo and the Application of Mathematics to Physics, Glasgow, 1879.

K. LASSWITZ, Galileis Theorie der Materie(Vierteljährig-Schr. für wiss. Philos. ,1888).

L. LÖWENHEIM, Der Einfluss Demokrits auf Galilei(Archiv f. Gesch. d. Philos. ,1894).

H. MARTIN, Galilée, les droits de la science et la méthode des sciences physiques, Paris, 1868.

L. MÜLLNER, Die Bedeutung Galileis für die Philosophic, Wien, 1895.

P. NATORP, Galilei als Philosoph(Philosophische Monatshefte, 1882). Nombre, temps, et espace dans leurs rapports avec les foncitons primitives de la pensée. (Philosophie générale et métaphysique, 1900, pp. 343 - 89.)

E. DE PORTU, Galileis Begriff der Wissenschaft, Marburg, 1904.

A. RIEHL, Über den Begriff der Wissenschaft bei Galilei (Vierteljährig-Schr. für wiss. Philos. ,1893).

F. WIESER, Galilei als Philosoph, Basel, 1919.

E. WOHLWILL, Die Entdeckung des Beharringsgesetzes. (Zeitschrift für Völker psychologie, 1884, vols. XIV, XV.)

第四章
原始文献

RENÉ DESCARTES, Oeuvres (Cousin edition), 11 vols., Paris, 1824, ff.

Oeuvres (Adam et Tannery edition), 10 vols., Paris, 1897-1910.

Philosophical Works (Haldane and Ross translation), 2 vols., Cambridge, 1911.

二手文献

F. BARK, Descartes' Lehre von den Leidenschaften, Rostock, 1892.

A. BARTHEL, Descartes' Leben und Metaphysik auf Grund der Quellen, Erlangen, 1885.

F. C. BOUILLER, Histoire de la philosophie cartésienne, 3rd ed., 2 vols., Paris, 1868.

B. BOURDON, De qualitatibus sensibilibus apud Cartesium, Paris, 1892.

E. CASSIRER, Descartes' Kritik des mathematischen und naturwissenschaftlichen Erkenntniss, Marburg, 1899.

P. F. EBERHARDT, Die Kosmogonie des Descartes im Zusammenhang der Geschichte der Philosophie, Erlangen, 1908.

C. FELSCH, Der Kausalitätsbegriff bei Descartes, Bern, 1891.

A. FOUILLÉE, Descartes, Paris, 1893.

E. GOLDBECK, Descartes' mathematisches Wissenschaftsideal, Halle, 1892.

B. GUTZEIT, Descartes' angeborene Ideen verglichen mit Kants Anschauungs-und Denkformen a priori, Bromberg, 1883.

E. GRIMM, Descartes' Lehre von den angeborenen Ideen, Jena, 1873.

E. S. HALDANE, Descartes, His Life and Times, London, 1905.

O. HAMELIN, Le système de Descartes, Paris, 1911.

A. HOFFMANN, Die Lehre von der Bildung des Universums bei Descartes in ihrer geschichtlichen Bedeutung, Berlin, 1903.

M. L. HOPPE, Die Abhängigkeit der Wirbeltheorie des Descartes von William Gilberts Lehre vom Magnetismus, Halle, 1914.

R. JÖRGES, Die Lehre von den Empfindungen bei Descartes, Düsseldorf, 1901.

K. JUNGMANN, Die Weltentstehungslehre des Descartes, Bern, 1907.

L. KAHN, Metaphysics of the Supernatural as illustrated by Descartes, New York, 1918.

R. KEUSSEN, Bewusstsein und Erkenntniss bei Descartes, Bonn, 1906.

A. KOCH, Die Psychologie Descartes' systematisch und historisch-kritisch bearbeitet, München, 1881.

L. LIARD, Descartes, Paris, 1911.

J. P. MAHAFFY, Descartes, Edinburgh and London, 1880.

G. MILHAUD, Descartes savant, Paris, 1921.

J. MILLET, Histoire de Descartes avant 1637, Paris, 1867.

P. NATORP, Untersuchungen über die Erkenntnisstheorie Descartes, Marburg, 1882.

G. OPRESCU, Descartes' Erkenntnisslehre, Leipzig, 1889.

R. F. PFAFF, Die Unterschiede zwischen der Naturphilosophie Descartes' und derjenigen Gassendis und der Gegensatz beider Philosophen überhaupt, Leipzig, 1905.

G. RICHARD, De psychologico apud Cartesium mechanismo, Neocastri, 1892.

H. SCHNEIDER, Die Stellung Gassendis zu Descartes, Halle, 1904.

NORMAN SMITH, Studies in the Cartesian Philosophy, London, 1902.

A. TEUCHER, Die geophysikalischen Auschauungen Descartes, Leipzig, 1908.

K. TWARDOWSKI, Idee und Perception: eine erkenntnisstheoretische Untersuchung aus Descartes, Wien, 1892.

第五章
原始文献

ISAAC BARROW, Geometrical Lectures (Child translation, with many omissions), Chicago and London, 1916.

Geometrical Lectures (Sir I. Newton's edition), London, 1735.

The Mathematical Works of Isaac Barrow, D. D. ed., W. Whewell, 2 vols. in 1, Cambridge, 1860.

RALPH CUDWORTH, The True Intellectual System of the Universe, 3 vols., London, 1845. (First published 1678.)

THOMAS HOBBES, Works, Molesworth edition, 16 vols., London, 1839, ff.

HENRY MORE, Immortality of the Soul, Antidote against Atheism. (Included in A Collection of Several Philosophical Writings, 4th ed., London, 1712.)

A Platonic Song of the Soul. (First published, Cambridge, 1642; many subsequent editions.)

Divine Dialogues, 2nd ed., London, 1713.

Enchiridon Metaphysicum, London, 1671.

Opera Omnia, 4 Vols. (The English works are here rendered into Latin.) London, 1675 - 9.

二手文献

G. BRANDT, Grundlinien der Philosophie von Thomas Hobbes, insbesondere seine Lehre vom Erkennen, Kiel, 1895.

A. GASPARY, Spinoza und Hobbes, Berlin, 1873.

B. GÜHNE, Uber Hobbes' naturwissenschaftliche Ansichten, und ihrem Zusammenhang mit der Naturphilosophie seiner Zeit, Dresden, 1886.

MAX KÖLHER, Hobbes in seinem Verhältniss zu der mechanischen Naturanschauung, Berlin, 1902.

Also articles on Hobbes in Archiv f. Geschichte der Philosophie, vols. xv. xvi.

L. H. SCHÜTZ, Die Lehre von den Leidenschaften bei Hobbes und Descartes, Hagen, 1901.

H. SCHWARTZ, Die Lehre von den Sinnesqualitäten bei Descartes und Hobbes, Halle, 1894.

SIR LESLIE STEPHEN, Hobbes, New York and London, 1904.

F. TÖNNIES, Hobbes, Leben und Lehre, Stuttgart, 1896.

R. ZIMMERMANN, Henry More und die vierte Dimension des Raumes (Sitzungsbericht d. Königliche Akademie d. Wissenschaft, Lex. 8, p. 48).

第六章
原始文献

FRANCIS BACON, Philosophical Works. Edited by J. M. Robertson, after the text and translation of Ellis and Spedding, London, 1905.

ROBERT BOYLE, The Works of the Honourable Robert Boyle, ed. Thomas Birch, 6 vols., London, 1672.

P. GASSENDI, De Vita et Moribus Epicuri, Lugdovici, 1647.

WILLIAM GILBERT, De mundo nostro sublunari Philosophia Nova, Amsterdam, 1651.

WILLIAM GILBERT OF COLCHESTER, On the Loadstone and Magnetic Bodies (Mottelay translation), New York, 1893.

WILLIAM HARVEY, On the Motion of the Heart and Blood in Animals, London and New York, 1908.

二手文献

F. X. KIEFL, P. Gassendis Erkenntnisstheorie und seine Stellung zum Materialismus, Fulda, 1893.

J. MEIER, Robert Boyles Naturphilosophie, etc., München, 1907.

S. MENDELSSOHN, Robert Boyle als Philosoph, Würzburg, 1902.

第七章和第八章
原始文献

Isaaci Newtoni Opera quae exstant Omnia. Commentariis illustrabat Samuel Horsley, LL. D., etc. 5 vols., London, 1779 – 85.

SIR ISAAC NEWTON, The Mathematical Principles of Natural Philosophy (Motte translation), to which are added Newton's System of the World, etc., 3 vols., London, 1803.

Optical Lectures Read in the Publick Schools of the University of Cambridge, Anno Domini, 1669. (English translation), London, 1727.

Opticks: or, a Treatise of the Reflections, Refractions, Inflections, and Colours of Light, 3rd ed., corrected, London, 1721.

Universal Arithmetick: or, a Treatise of Arithmetical Composition and Resolution, etc. (Ralphson and Cunn translation), 3rd ed., London, 1769.

A Catalogue of the Portsmouth Collection of Books and Papers written by or belonging to Sir Isaac Newton, Cambridge, 1888.

C. J. GRAY, Bibliography of the Works of Sir Isaac Newton, together with a list of Books illustrating his Life and Works, 2nd ed., Cambridge, 1907.

二手文献

JOSEPH ADDISON, Oration spoken in the Theatre at Oxford, July 7, 1693. (In Fontenelle, Plurality of Worlds, Gardiner translation, 1757.)

R. AVENARIUS, Der menschliche Weltbegriff, Leipzig, 1891.

Philosophie als Denken der Welt, gemäss dem Prinzip des kleinsten Kraftmasses, Leipzig, 1876.

W. W. R. BALL, A History of the Study of Mathematics at Cambridge, Cambridge, 1889.

RICHARD BENTLEY, Correspondence, ed. Christopher Wordsworth, 2 vols., London, 1842.

Eight Sermons against Atheism, preached at Boyle's Lecture, London, 1693.

GEO. BERKELEY, Works, ed. A. C. Fraser, 4 vols., Oxford, 1871.

L. BLOCH, La philosophie de Newton, Paris, 1908.

SIR DAVID BREWSTER, Memoirs of the Life, Writings, and Discoveries of Sir Isaac Newton, 2 vols., Edinburgh, 1885.

JAMES CHALLIS, On Newton's Regula Tertia Philosophandi (Philosophical Magazine, Jan., 1880).

S. CLARKE, A Discourse Concerning the Being and Attributes of God, etc., London, 1706.

WM. DANMAR, Die Schwere: ihr Wesen und Gesetz; Isaac Newton's Irrthum, Zürich, 1897.

J. T. DESAGULIER, The Newtonian System of the World, the best model of government, an allegorical poem, etc. , Westminster, 1728.

C. DIETERICH, Kant und Newton, Tübingen, 1876.

JOS. DURDIK, Leibnitz und Newton: ein Versuch über die Ursachen der Welt auf Grundlage der positiven Ergebnisse der Philosophie und Naturforschung, Halle, 1869.

J. EDLESTON, Correspondence of Sir I. Newton and Prof. Cotes, including letters of other eminent men, etc. , London, 1850. (Contains appendix with other unpublished letters and papers by Newton.)

P. and J. FRIEDLANDER, Absolute und relative Bewegung, Berlin, 1896.

H. R. FOX BOURNE, The Life of John Locke, 2 vols. , New York, 1876.

P. GERBER, Uber die räumliche und zietliche Ausbreitung der Gravitation (Zeitschrift für Math. und Phys. , 1898, vol. II).

GEO. GORDON, Remarks upon the Newtonian Philosophy; wherein it is proved to be false and absurd, London, 1719.

H. GREEN, Sir Isaac Newton's Views on Points of Trinitarian Doctrine, etc. , 1856.

H. HERTZ, Die Prinzipien der Mechanik in neuem Zusammenhange dargestellt, Leipzig, 1894.

GEO. HORNE, A Fair, Candid, and Impartial State of the Case between Sir. I. Newton and Mr. Hutchinson. In which it is shown how far a system of physics is capable of mathematical demonstration, etc. , Oxford, 1753.

CH. HUYGHENS, Opera mechanica, geometica, astronomica, et miscellanea, ed. C. J. Gravesande, 4 vols. in I. , Ludg. Bat, 1751.

DAVID HUME, Philosophical Works, ed. by T. H. Green and T. H. Grose, London, 1874.

J. HUTCHINSON, Moses' Principia, London, 1724.

J. JURIN(Philalethes Cantabrigiensis), Geometry No Friend to Infidelity; or, a Defence of Sir Isaac Newton, London, 1734.

(Philalethes Cantabrigiensis), The Minute Mathematician.... Containing a defence of Sir Isaac Newton, etc., London, 1735.

P. LIND, Uber das Verhältnis Lockes zu Newton, Berlin and Leipzig, 1915.

J. H. MONK, Life of Richard Bentley, 2nd ed., 2 vols., London, 1833.

LORD MONTBODDO, Ancient Metaphysics, containing an Examination of Sir I. Newton's Philosophy, 6 vols. Edinburgh, 1779, ff.

HENRY PEMBERTON, A View of Sir Isaac Newton's Philosophy, London, 1728.

S. P. RIGAUD, Correspondence of Scientific Men of the Seventeenth Century, including letters of Barrow; Flamstead, Wallis, and Newton, etc., 2 vols., Oxford, 1841.

Historical Essay on the First Publication of Sir I. Newton's Principia, London, 1838.

BRYAN ROBINSON, Dissertation on the Ether of Sir I. Newton, Dublin, 1743, 2nd ed., with Appendix, 1747.

JACQUES ROHAULT, Systen of Natural Philosophy, illustrated with Dr. Samuel Clarke's notes taken mostly from Sir I. Newton (J. Clark translation), London, 1710.

F. ROSENBERGER, Newton und seine physikalischen Prinzipien, Leipzig, 1895.

H. SEELIGER, Uber das Newtonsche Gravitationsgesetz (Sitzungsbericht der

Münchner Akademie,1896).

H. G. STEINMANN, Uber den Einfluss Newtons auf die Erkenntnisstheorie seiner Zeit,Bonn,1913.

H. STREINTZ,Die physikalischen Grundlagen der Mechanik,Leipzig,1883.

EDMUND TURNER,Collections for the History of the Town and Soke of Grantham,containing authentic memoirs of Sir I. Newton new first published,London,1806.

P. VOLKMANN,Uber Newtons Philosophia Naturalis,Königsberg,1898.

F. M. A. DE VOLTAIRE, Eléments de la philosophie de Newton, Amsterdam,1738. (Eng. translation by John Hanna,in the same year.)

The Metaphysics of Sir Isaac Newton,Baker translation,London,1747.

Response à toutes les objections principales qu' on a faites en France contre la philosophie de Newton,Amsterdam,1739.

E. T. WHITTAKER, History of the Theories of Ether and Electricity from the Age of Descartes to the Close of the Nineteenth Century, London and New York,1910.

索 引

（所列页码为英文原书页码，参照本书边码）

Absolute motion,绝对运动,justification of,对～的辩护,254ff.

Absolute space and time,绝对空间和绝对时间,analysis of,对～的分析,256ff.

Actuality,现实性,26,94ff.

Al-farabi,法拉比,46

Analytical geometry,解析几何,106

Archimedes,阿基米德,193

Arianism,阿里乌斯主义,Newton's,牛顿的～,284f.

Aristarchus,阿里斯塔克,79

Aristotle,亚里士多德,37,45,52f.,67,70,78,89ff.,153,308,323

Astronomy, pre-Copernican, 前哥白尼时代的天文学,19,44ff.

Astronomy,Copernican,哥白尼天文学,49ff.,73f.,79,84,164

Atomism,原子论,68,87f.,168; More's theory of,摩尔的～,135; Newton's,牛顿的～,231ff.,242

Bacon,Francis,弗朗西斯·培根,87,125f.,168,194

Bacon,Roger,罗吉尔·培根,42,46,53

Ball,W. W. R.,W. W. R. 鲍尔,42ff.

Barrow,Isaac,艾萨克·巴罗,58,150ff.;brief summary,对～的简要总结,205

Beale,John,约翰·比尔,193

Bentley,Richari,理查德·本特利,194,258,266,282,288ff.,295f.

Bergson,柏格森,25,95

Berkeley,贝克莱,25,32,34,258,311ff.

索 引

Bessarion,贝萨里翁,54
Bessel,贝塞尔,38
Boehme,Jacob,雅各布·波墨,60,202
Boyle,波义耳,113,125f.,137,162,167ff.,241f.,259,265,275ff.,292,300;brief summary,对～的简要总结,205f.;lectures,～讲座,193f.
Broad,布罗德,28
Bruno,布鲁诺,53f.,56

Campanella,康帕尼拉,67,84
Cardanus,卡尔达诺,44
Cartesian dualism,笛卡儿二元论,90,105,115,118ff.,142,150,301,304ff.;Hobbes's attack on,霍布斯对～的攻击,126ff.
Cassirer,卡西尔,28f.
Categories,范畴,55;change in,～变化,306ff.;of metaphysics,形而上学～,26f.,29,33,34;of modem science 近代科学的～,126
Cavalieri,卡瓦列里,58,72
Causality,因果性,26,30,32,134f.;Galileo's view of,伽利略对～的看法,98ff.;Hobbe's view of,霍布斯对～的看法,Kepler's view of,开普勒对～的看法,64f.;nature of,～的本质,307
Chemistry,化学,Boyle's revolution of,波义耳的～革命,170
Cohesion,内聚力,139,142,148,273,276
Colour harmony,颜色和谐,Newton's theory of,牛顿的～理论,236
Commercial Revolution,商业革命,40
Conservation of energy,能量守恒,101,267
Contrast between medieval and modern thought,中世纪思想与近代思想的对比,17ff.,24,89ff.,94ff.,123f.,160f.,297ff.,303f.
Copernicus,哥白尼,35,36ff.;brief summary,对～的简要总结,203
Cosmic hypothesis,宇宙假说,Newton's suggestion of,牛顿提出的～,271ff.,281f.
Cudworth,Ralph,拉尔夫·卡德沃斯,148f.

Dante,但丁,20ff.,238

Deduction, 演绎, Newton's use of, 牛顿对～的使用, 224f.

Democritus, 德谟克利特, 68, 87f.

Desargues, 德萨格, 58

Descartes, 笛卡儿, 97, 104, 105 ff., 166, 167ff., 174f., 190ff., 264ff., 292ff., 306ff.; brief summary, 对～的简要总结, 204f.

Dimension, 量纲, nature of, ～的本性, 109

Duhem, P., 迪昂, 45

Dynamics, 动力学, 73f., 97f.

Eddington, 爱丁顿, 28

Einstein, 爱因斯坦, 27

Empiricism, 经验主义、经验论, 38, 52, 61, 71, 116f., 163, 168, 314ff. Galileo's, 伽利略的～, 76ff.; Newton's attitude toward, 牛顿对～的态度, 213ff., 220 f., 231ff., 242ff., 256

Enclyclopaedists, French, 法国百科全书派, 34

Epicurus, 伊壁鸠鲁, 68, 87f., 172, 266

Epicycles, 本轮, 38, 47f.

Ether, 以太, Boyle's conception, 波义耳的～观念, 189ff.; Descartes's view, 笛卡儿的～观念, 111 ff., 271ff.; functions of, ～的功能, 190 ff., 265ff.; Gilbert's view of, 吉尔伯特对～的看法, 165f.; Newton's use of, 牛顿对～的使用, 234f., 242f., 264ff.

Euclid, 欧几里得, 45

Evolutionary biology, 进化生物学, 30

Experimental method, 实验方法, 32; Boyle's, 波义耳的～, 170f.; Galileo's, 伽利略的～, 81

Experimental verification, 实验证实, Newton's use of, 牛顿对～的使用, 214 f.

Explanation, nature of, 解释的本质, 177ff.

Fichte, 费希特, 25

Force, 力, 26, 35, 87, 92, 97, 98ff., 109f., 152, 161, 241ff., 250ff.

Form, 形式, Boyle's conception, 波义耳的～观念, 176f.

Four elements, 四元素, 37

Fourth dimension, 第四维, 137

Fulbert, 富尔贝, 53

Galileo,伽利略,37,44,70,72ff.,126, 311f.;brief summary,对～的简要总结,203ff.

Gassendi,伽桑狄,87,167f.,173f.

Gauss,高斯,240

Gerbert,Pope,教皇热尔贝,53

Gilbert,吉尔伯特,41,163f.,205,282

Glanvill,格兰维尔,169

God,上帝,Boyle's conception of,波义耳的～观念,194ff.;Descartes's appeal to,笛卡儿对～的诉诸,113, 115,121;Hobbes's view of,霍布斯对～的看法,128;Galieo's view of, 伽利略对～的看法,98ff.;More's theory of,摩尔的～学说,143ff.; Newton's view of,牛顿对～的看法,282ff.,283ff.

God's relation to space and time,上帝与空间和时间的关系,154ff.; Newton's view,牛顿对～的看法, 257ff.

God's relation to the world,上帝与世界的关系,194ff.,295ff.

Gravity,重力,100,139f.,142,148, 177f.,192,226,241,243,266, 273f.,276f.,281,287f.,291,295

Halley,哈雷,274

Harvey,William,威廉·哈维,166, 186,205

Hegel,黑格尔,25,35

Hipparchus,希帕克斯,60

Hobbes,霍布斯,44,73,122,125ff., 166,306,320;brief summary,对～的简要总结,204;Boyle's refutation of,波义耳对～的反驳,170

Holbach,霍尔巴赫,300

Hooke,胡克,169,192,217,266

Horne,霍尼,32

Hume,休谟,25,34,230,299,301

Huxley,赫胥黎,311ff.

Huyghens,惠更斯,101,206,240,292

Hypothesis,假说,33,155;Boyle on, 波义耳论～,186f.;Copernicus on, 哥白尼论～,56f.;Kepler's view of,开普勒对～的看法,65ff.; Newton's attack on,牛顿对～的攻击,215ff.,222ff.;Newton's use of,牛顿对～的使用,269ff.

Induction,归纳,Newton's use of,牛

顿对~的使用,223f.
Inertia,惯性,241

James,Williams,威廉·詹姆士,25

Kant,康德,25,34,230,299,301
Kepler,开普勒,42,56ff.,140f.;brief summary,对~的简要总结,203

La Mettrie,拉美特利,300
Laplace,拉普拉斯,96,230,298
Law,定律,Boyle's conception,波义耳的~观念,198ff.
Law of planetary motion,行星运动定律,61f.
Leibniz,莱布尼茨,34,58,101,113,206,267,292
Leonaido da Vinci,列奥纳多·达·芬奇,42f.,53
Local motion,位置运动,72ff.
Locke,洛克,31,113,134,169,185,300f.
Logic v. mathematics,逻辑与数学,75f.
Lucretius,卢克莱修,172

Mach,马赫,28
Magnen,马尼昂,87
Magnetism,磁力、磁学,139,142,162ff.,273
Malebranche,马勒伯朗士,147,206
Man,人,nature of,~的本性,329;Boyle's theory of,波义耳关于~的理论,181 ff.;Galileo's picture of,伽利略对~的描述,88ff.;Newton's view of,牛顿对~的看法,233ff.
Marcilius,Ficinus,马西利乌斯·菲奇诺,54
Mass,质量,26,33,97,109 f.,164,166,239ff.
Mästlin,梅斯特林,57
Materialism,唯物主义,132,133,314
Mathematical interpretation of the world,对世界的数学解释,74ff.,78 ff.,106ff.,110ff.,115f.,168,172ff.;Newton's conception of,牛顿关于~的构想,209 f.
Mathematical method,数学方法,32;Barrow's conception of,巴罗对~的构想,220ff.;of Descartes,笛卡儿的~,107f.;Newton's theory of,牛顿的~理论,209f.

Mathematics, 数学, Aristotelian conception of, 亚里士多德的～观念, 54f.; Barrow's view of 巴罗对～的看法, 151ff.; Boyle on, 波义耳论～, 172f.; certainty of, ～的确定性, 118f.; Descartes' theory of, 笛卡儿的～理论, 107ff.; pre-Copernican, 前哥白尼时代的～, 41f.

Mechanical view of the world, 机械世界观, 24f., 101f., 113, 173f., 238f., 244, 267, 301f.; Boyle's, 波义耳的～, 201f.; More's criticism, of, 摩尔对～的批判, 137f.; Newton's 牛顿的～, 293ff.

Mechanics, 力学, Newton's conception of, 牛顿的～观念, 214f.

Medieval physics, 中世纪物理学, 17ff.

Mersenne, 梅森, 115, 126

Metaphysical ideas, 形而上学观念, types of, ～的类型, 229f.

Metaphysics, nature of, 形而上学的本性, 228f.

Milton, 弥尔顿, 238

Mind, nature of, 心灵的本性, 317 ff.; Hobbes' theory of, 霍布斯的～理论, 126ff., 132, 133ff.

Mind and body, 心灵与身体, problem of, ～问题, 121ff., 136f.

Mind and brain, 心灵与大脑, 122, 136f., 307ff., 323; Boyle's theory of, 波义耳的～理论, 184ff.; Newton's view of, 牛顿对～的看法, 237ff.

Mind and space, 心灵与空间, 319ff.

Miracles, 神迹, Boyle's admission of, 波义耳对～的承认, 200ff.; Newton's view of, 牛顿对～的看法, 299f.

Montaigne, 蒙田, 67

Morals and metaphysics, 道德与形而上学, relation of, ～的关系, 323

More, Henry, 亨利·摩尔, 125, 135ff., 169, 257f., 282, 292, 306, 320f.; brief summary, 对～的简要总结, 205

Naturalism, 自然主义, 26, 330; Hobbes', 霍布斯的～, 129

Nature, 自然, Boyle's conception 波义耳的～观念, 177

Neo-Platonism, 新柏拉图主义, 53f., 58, 70

Newton, Sir Isaac, 艾萨克·牛顿爵

士,29ff.,58,92,104,125,150f.,162f.,167,169,185,192,202,207ff.,304,310;genius of,～的天才,207f.;as philosopher,作为哲学家的～,32f.,207f.;his problem,～的问题,208f.

Nicholas of Cusa,库萨的尼古拉,41,53f.

Nominalism,唯名论,128,132f.

Novara, Dominicus Maria de,诺瓦拉,54,55

Oldenburg,奥尔登堡,220,271

Optics,光学,Newton's work in,牛顿在～上的工作,211f.,215ff.,235f.

Pacioli,帕乔利,43

Pardies,巴蒂斯,266

Pascal,帕斯卡,206

Patrizzi,帕特里齐,54

Pemberton,彭伯顿,31

Philosophy of science,科学哲学,Kepler's,开普勒的～,63ff.

Pico of Mirandola, John,皮科·德拉·米兰多拉,54

Plato,柏拉图,42,53f.,68f.,89f.,308

Pletho,普莱东,54

Pluralism,多元论,228

Point of reference in astronomy,天文学中的参考点,39f.,46,48f.,52

Pope,蒲柏,31

Positivism,实证主义,34,45f.,153,227ff.;Boyle's,波义耳的～,186ff.;Galileo's,伽利略的～,101ff.;Newton's,牛顿的～,282

Potentiality,潜能,26,94 ff.

Practical interest,实际兴趣,Newton's 牛顿的～,214f.

Primary and secondary qualities,第一性质和第二性质,33,306;Boyle's treatment of,波义耳对～的处理,181 ff.;Cudworth on,卡德沃斯论～,149f.;Descartes' treatment of,笛卡儿对～的处理,116 ff.;Hobbes's view of,霍布斯对～的看法,130ff.;Galileo's view of,伽利略对～的看法,83 ff.;Kepler on,开普勒论～,67f.;More's view of,摩尔对～的看法,135f.;Newton on,牛顿论～,235ff.

Problem of Knowledge,知识问题,15

f.,123f.,185ff.,300f.,308
Providence,神意,Newton's view of,牛顿对～的看法,291ff.
Psychology,心理学,contemporary,当代～,318f.
Ptolemy,托勒密,36,38ff.,45ff.,52,62
Pythagorean metaphysics,毕达哥拉斯的形而上学,42,45,52f.,55,63f.,68ff.,88

Qualitative explanations,定性说明,Boyle' use of,波义耳对～的使用,177 ff.
Quantity,量,nature of,～的本性,67f.

Reason and experience,理性与经验,relation of,～的关系,170 f.
Relativity,相对性,of motion,运动的～,44,47,113f.,145 f.;Newton's attack on,牛顿对～的处理,245ff.,249 ff.,255;of space,空间的～,113f.
Religion,宗教,19f.,40;Boyle's,波义耳的～,193ff.;Galileo's,伽利略的～,82f.;Newton's,牛顿的～,258ff.,261f.,283ff.
Renaissance,文艺复兴,40
Res externa and *res cogitans*,广延实体与思想实体,115ff.
Rheticus,雷蒂库斯,45
Royal society,皇家学会,194
Rules of reasoning,推理规则,Newton's,牛顿的～,218ff.
Russell,Bertrand,伯特兰·罗素,23

Sanchez,桑切斯,67
Science,科学,nature of,～的本性,Newton's conception,牛顿的～观念,226
Scientific method,科学方法,analysis of Newton's,对牛顿～的分析,220ff.
Sensation,感觉,nature of,～的本性,135,184,273,311ff.
Senses,感官,nature of,～的本性,84,115f.,123,132,314ff.
Sensorium,感觉中枢,135,236ff.;God's,上帝的～,259f.
Simple natures,简单性质,Descartes's conception,笛卡儿的～概念,108f.

Simplicity, postulate of, 简单性假定, 38f., 50f., 55f., 57f., 74f., 218, 287f.

Space, 空间, 26, 33ff., 44f., 106, 316f.; Barrow's view of, 巴罗对～的看法, 161; Galileo's conception of, 伽利略的～观念, 92f.; Hobbes's view of, 霍布斯对～的看法, 133f.; More's theory of, 摩尔的～理论, 144ff.; Newton's view of, 牛顿对～的看法, 244ff.; criticism of, 对～的批判, 256ff.; post-Newtonian View, 后牛顿时代的～观, 262; psychology of, ～心理学, 316f.

Spinoza, 斯宾诺莎, 134, 169, 206, 321

Spirit, 精气, Boyle's theory of, 波义耳的～理论, 183f.; Gilbert's theory of, 吉尔伯特的～理论, 165f.; More's theory of, 摩尔的～理论, 136ff.

Spirit of nature, 自然精气, 140ff., 162ff., 177

Stevinus, 斯台文, 43, 193

Sun-worship, Kepler's, 开普勒的太阳崇拜, 58f.

Sydenham, 西德纳姆, 169

Tartaglia, 塔尔塔利亚, 43

Teleology, 目的论, 18, 98f., 161, 169, 308f.; Boyle's attitude toward, 波义耳对～的态度, 178f.; Galileo's attitude toward, 伽利略对～的态度, 91, 93ff.; Hobbes's significance for, 霍布斯对于～的意义, 133ff.; Newton's, 牛顿的～, 288ff.

Theology, Kepler's, 开普勒的神学, 60f.

Thinking, modes of, 思想的样式, 120

Time, 时间, 26, 33f., 305; Barrow's theory of, 巴罗的～理论, 155ff.; Boyle's thought of, 波义耳关于～的思想, 188f.; Galileo's view of, 伽利略对～的看法, 92ff.; Hobbes' view of, 霍布斯对～的看法, 132; Newton's view of, 牛顿对～的看法, 244ff.; criticism of, 对～的批判, 256ff.; post-Newtonian view, 后牛顿时代的～观, 262; Problems of, ～问题, 93ff., 262ff.

Torricelli, 托里拆利, 92

Tycho Brahe, 第谷·布拉赫, 60f.,

64,71,96

Uniformity of nature,自然的齐一性,Newton's view of,牛顿对～的看法,219f.

Vortex theory,涡旋理论,of Descartes,笛卡儿的～,112f.,140

Vacuum,真空,133,145,190

Vives,比维斯,67,84

Whitehead,怀特海,28

William of Conches,孔什的威廉,53

译后记

埃德温·阿瑟·伯特(Edwin Arthur Burtt)1892年生于马萨诸塞州,父亲是浸礼会牧师,13岁时随做传教士的父亲来到中国南方。部分出于对父亲狭隘宗教观的不满,伯特在17岁前回到美国,先后在赫尔蒙山中学(Mount Hermon School)、耶鲁大学、纽约协和神学院(Union Theological Seminary)学习,获神学硕士学位,后在哥伦比亚大学获哲学博士学位。1921—1923年执教于哥伦比亚大学,1923—1931年于芝加哥大学,1932年于康奈尔大学塞奇哲学学院(Sage School of Philosophy),1941年任苏珊·塞奇(Susan Linn Sage)讲席教授,1960年退休,1989年去世,享年97岁。他强调各大宗教所共同秉持的基本信念,鼓励同情式地理解每种宗教的独特性。正是在这种精神的感召下,他成为贵格会[又称公谊会]成员(Quaker),1947年在印度成为一名佛教居士。伯特也是应邀参加1956年的佛陀涅槃2500周年纪念活动的两位西方人之一。

伯特一生主要关注哲学史、宗教史和宗教哲学,主要著作有:《近代物理科学的形而上学基础》(*The Metaphysical Foundations of Modern Physical Science*,1924)、《科学时代的宗教》(*Religion in an Age of Science*,1930)、《正确思考的原则和问题》(*Principles and Problems of Right Thinking*,1931)、《英国哲学家:从培

根到密尔》(*The English Philosophers, from Bacon to Mill*, 1939),《宗教哲学的类型》(*Types of Religious Philosophy*, 1939),《慈悲佛陀的教诲》(*The Teachings of the Compassionate Buddha*, 1955),《人寻求神:宗教史和宗教比较研究》(*Man Seeks the Divine: A Study in the History and Comparison of Religions*, 1957),《寻求哲学理解》(*In Search of Philosophic Understanding*, 1965),《人的旅程》(*The Human Journey*, 1981)等等,其中最有影响的则是《近代物理科学的形而上学基础》这部科学史和哲学史著作。

《近代物理科学的形而上学基础》最初是伯特在哥伦比亚大学的博士论文,原名为《艾萨克·牛顿爵士的形而上学:论近代科学的形而上学基础》(*The Metaphysics of Sir Isaac Newton: An Essay on the Metaphysical Foundation of Modern Science*)。第一版于1924年在伦敦Kegan Paul出版社出版。1932年,Routledge & Kegan Paul出版社出版了它的修订版,伯特只完全重写了最后一章,着重强调需要一种新的心灵哲学。此后该书被不同出版社累次重印,但未作进一步改动。有些重印本标题变为《近代科学的形而上学基础》(*The Metaphysical Foundations of Modern Science*),比如2003年的Dover版。

《近代物理科学的形而上学基础》是科学思想史领域的经典名著,也是关于科学革命的第一部历史论述,对科学史研究产生了重大影响。尽管《近代物理科学的形而上学基础》直到今天仍被不断重印和阅读,但它的重要性尚未得到广泛认识。在主张近代科学与中世纪科学是连续还是断裂的谱系中,伯特很可能是最早持"不连续"立场的人。伯特是科学思想史大师柯瓦雷（A. Koyré）的先驱，他们都站在人类文明史和思想史的高度看科学，强调科学与哲学、宗教等人类思想领域密不可分；都认为欧洲科学革命不仅使我们获得了丰富的认识，而且也带来了某种极为重大的损失：自主的人类心灵遭到了贬低，并从按照数学定律在几何空间中运动的真实的原子宇宙中流放了出去，人在世界中没有位置；他们也都主张，近代科学与中世纪科学之所以不连续，主要是因为自然的数学化对于我们的世界观所造成的后果，正是自然的数学化使近代科学这一有史以来最成功的思想运动成为可能。柯瓦雷曾说，阅读《近代物理科学的形而上学基础》对于使他从宗教史"皈依"科学史起了关键作用。他还在《伽利略研究》中明确表达了对伯特这本重要著作的赞赏："在我们看来，正是伯特先生最深刻地理解了经典科学的形而上学基础——一种柏拉图式的数学主义。"库恩的科学革命概念也经由柯瓦雷间接得益于伯特的思想。

伯特撰写《近代物理科学的形而上学基础》有明确的哲学动机，那就是搞清楚为什么近代思想的主流是这个样子，为什么认识论问题会成为近代哲学的中心问题。伯特认为，要想回答这个问题，就必须对近代科学的形而上学预设进行批判性的分析。哲学（更确切地说是形而上学）是近代科学的基础，而近代科学的出现又反过来对哲学提出了不得不面对的问题，即认识论问题，从而深刻地影响了哲学的进程。在伯特看来，哲学的首要任务是让"具有崇高精神要求的人"恢复到一个更恰当的位置，而不仅仅是让人还原为原子那样的东西。为此，伯特坚信必须转向历史。不过不是转向哲学史。原因在于，由于牛顿的巨大影响，以往的哲学家大多不加批判地接受了科学及其所蕴含的假定。自牛顿以来，哲学家们曾力图实现这种位置恢复，但大都徒劳无功。他们的失败表明，近代科学的形而上学基础从那时起一直牢牢控制着人的思想，使哲学家"无法经由这些变化了的术语来重新思考一种正确的人的哲学"。因此，要想获得一种更令人满意的关于人与自然的新哲学，就必须从历史上考察这种形而上学基础及其对我们思想的控制最初是如何产生的。它表明，如果不阅读伽利略、笛卡尔、吉尔伯特、波义耳、牛顿等科学家的著作，就无法深入理解笛卡尔、霍布斯、洛克等重要哲学家的思想。伯特旨在为将来的读者做准备，在近代科学成就和与之相伴随的形而上学废墟上建立一座新的哲学大厦，它能更好地满足人的精神需求，也更加符合人的精神的独特地位。从1932年直到1989年去世，伯特没有再详述或更新他在《近代物理科学的形而上学基础》中提出的历史哲学观点，大概是因为他在致力于"构建一种令人信服的、鼓舞人心的人的哲学"。[1]

虽然《近代物理科学的形而上学基础》出版距今已近一个世纪，但书中大部分内容并不过时，这不仅是因为伯特引用的大都是一手著作，而且也因为他在书中所提出的基本问题，如心与物的分离问题、人的精神在宇宙中的位置问题等等，至今依然未能解决，甚至表现得更为突出。此外，他主张研究哲学史时必须对科学史予以足够重视，这一告诫至今仍然有效，甚至显得更为迫切。该书并不是一部易读的书，其内容浓缩凝练，有着纯粹的思想关注和崇

---

[1] 本段部分内容参考了 H. Floris Cohen, *The Scientific Revolution. A Historiographical Inquiry* 的第 2.3.4 节。

高的精神关怀。读者在阅读时也许不必过分在意某些细节,但要留意每一位思想家当时所要解决的问题和给出的解决方案。读者需要有一定的知识背景,付出较大的耐心,才能有所收获。但这种努力绝对是值得的,书中许多内容今天读来依然让人感到震撼。它充分彰显了科学思想史的魅力,揭示了人类思想的统一性,揭示了近代科学与哲学、神学之间的密切关联。当然,就像任何一部经典著作一样,对于本书也可以提出一些批评意见,比如伯特对中世纪的某些理解可能缺乏根据,对数学化与机械论有某种程度的混淆,等等,这些内容需专文讨论,这里无法详谈,读者可参考其他科学史家和评论者的著述。[1]

本书曾有一个旧译本,[2]但其中含有一些严重的错误,语句读起来也不够顺畅。鉴于这部著作的经典地位和重要价值,我将其重新译出,以方便读者阅读。把本书译好实在是一件困难的事,许多术语和用法很难处理,有些细节我也没有足够的把握。但在翻译和校对时我已尽了最大努力,期待读者能够多多指正,以使这个中译本日臻完善。

张卜天

2012 年 5 月 9 日

---

[1] 比如 Lorraine Daston, "History of Science in an Elegiac Mode: E. A. Burtt's Metaphysical Foundations of Modern Physical Science Revisited", *Isis*, Vol. 82, No. 3 (Sep., 1991), pp. 522-531.

[2] 伯特:《近代物理科学的形而上学基础》,徐向东译,北京大学出版社,2003 年。